U0830063

科技体制改革进展报告

(2012—2020 年)

本书编写组◎编著

科学技术文献出版社
SCIENTIFIC AND TECHNICAL DOCUMENTATION PRESS
·北京·

图书在版编目（CIP）数据

科技体制改革进展报告：2012—2020年 / 《科技体制改革进展报告（2012—2020年）》编写组编著. —北京：科学技术文献出版社，2021. 4

ISBN 978-7-5189-8057-4

Ⅰ. ①科… Ⅱ. ①科… Ⅲ. ①科技体制改革—研究—中国—2012-2020 Ⅳ. ① G322

中国版本图书馆 CIP 数据核字（2021）第 134985 号

科技体制改革进展报告（2012—2020年）

策划编辑：李　蕊　责任编辑：张　红　责任校对：张永霞　责任出版：张志平

出 版 者　科学技术文献出版社
地　　址　北京市复兴路15号　　邮编　100038
编 务 部　（010）58882938，58882087（传真）
发 行 部　（010）58882868，58882870（传真）
邮 购 部　（010）58882873
官方网址　www.stdp.com.cn
发 行 者　科学技术文献出版社发行　全国各地新华书店经销
印 刷 者　北京时尚印佳彩色印刷有限公司
版　　次　2021 年 4 月第 1 版　2021 年 4 月第 1 次印刷
开　　本　710 × 1000　1/16
字　　数　290千
印　　张　23.25
书　　号　ISBN 978-7-5189-8057-4
定　　价　98.00元

编写组

组　　长：解　敏

副 组 长：邢怀滨

成　　员：（以姓氏笔画排序）

王再进　邓益志　田德录　邢怀滨　刘　辉　刘伟升
杨　云　张春鹏　张俊清　屈明剑　柳　春　施筱勇
徐耀玲　高文义　黄灿宏　韩　军　解　敏

统　　稿：邢怀滨　刘　辉　王再进　田德录

章节执笔人：（以姓氏笔画排序）

王　雯　王　薇　王再进　王越婷　王璐琳　包明帝
冯雨菲　曲敖廷　乔丽娟　任孝平　刘　辉　刘　霞
刘伟升　刘华仑　刘婧一　刘维佳　孙晓琦　李子愚
李思敏　杨　云　杨　耀　杨芳娟　汪晓辰　宋应登
迟婧茹　张　杰　张　倩　张仪帆　张欣亮　张春鹏
张保国　武思宏　范云涛　明　扬　周小林　屈明剑
孟　倩　赵　彤　赵正国　赵立新　赵志华　南　方
郭　昉　曹伟晓　翟　岩　翟翠霞

各章节执笔人

概　述　刘　辉　王再进
第 1 章　翟翠霞　刘　辉
第 2 章　王　薇　赵　彤　张　倩
第 3 章　屈明剑　张仪帆　王再进
第 4 章　汪晓辰　曹伟晓　杨　耀
第 5 章　孟　倩　王再进
第 6 章　刘　霞　范云涛
第 7 章　郭　昉
第 8 章　张保国
第 9 章　孙晓琦　刘伟升　王越婷
第 10 章　刘婧一　刘伟升　王　雯
第 11 章　王　雯　刘伟升　刘婧一
第 12 章　王越婷　刘伟升　孙晓琦
第 13 章　赵志华　刘　辉
第 14 章　王璐琳
第 15 章　张春鹏　李思敏
第 16 章　张春鹏　李思敏
第 17 章　张春鹏　张　杰
第 18 章　张春鹏　张　杰
第 19 章　刘维佳
第 20 章　刘华仑　孟　倩　王再进
第 21 章　杨芳娟
第 22 章　乔丽娟

第 23 章　杨　云　任孝平　李子愚
第 24 章　任孝平　周小林　南　方
第 25 章　任孝平　张欣亮　迟婧茹
第 26 章　武思宏　曲敖廷　冯雨菲　包明帝
第 27 章　杨　耀
第 28 章　宋应登
第 29 章　赵正国　赵立新　刘　辉
第 30 章　明　扬　刘婧一　刘伟升　翟　岩

前　言

习近平总书记指出，创新决胜未来，改革关乎国运。党的十八大以来，党中央、国务院把科技体制改革作为全面深化改革的重要组成部分，加强系统布局和整体推进，推出了一系列重大改革举措。在以习近平同志为核心的党中央坚强领导下，科技体制改革全面发力、多点突破、纵深发展，推动科技领域存在的多年来一直想解决但没有能解决的难题取得了实质性突破，我国科技事业取得历史性成就，发生历史性变革。

2015 年 9 月，中共中央办公厅、国务院办公厅以构建中国特色国家创新体系为目标，以促进科技体制改革各项举措落地见效为原则，批准印发《深化科技体制改革实施方案》，面向 2020 年提出 10 个方面百余项改革任务，对科技体制改革做出具体部署，加强创新驱动系统能力整合，打通科技和经济社会发展通道，不断释放创新潜能，加速聚集创新要素，提升国家创新体系整体效能。各级政府通过破除体制性障碍、打通机制性梗阻、推出政策性创新，将改革的顶层设计落实为具体改革方案和措施行动，形成了从宏观顶层设计到中观部署实施，再到微观具体操作的政策法规和措施体系，进一步提高了改革的整体性、系统性、协调性，显著增强了各类主体创新动力，优化了创新要素配置，国家创新体系建设取得显著成效。

国家科技评估中心作为专业科技评估、咨询和智库机构，多年来比较全面地参与和支撑了科技体制改革各重点领域工作。2020 年是党的十八大以来系统深化科技体制改革的收官转段之年，是具有里程碑意义的一年。为更好地发挥科技评估支撑改革、服务创新的作用，向社会各界分享研究成果，研究团队联合业界专家在有关成果积累的基础上，组织编写了《科技体制改革进展报告（2012—2020年）》。

本书以党的十八大以来科技体制改革现状为主线，主要体现若干重点领域改革的初衷和目的，梳理改革政策制度和主要措施，总结当前改革进展，提出未来思考和展望，力求比较系统、客观地展示党的十八大以来科技体制改革的主体脉络，为有关研究者、管理者提供一份资料性文献。本书共分为8篇、30章。第一篇是完善国家科技管理制度，主要包括中央财政科技计划管理改革、财政科研项目和资金管理改革、健全科技监督评估制度及完善科技管理基础制度等。第二篇是加强科技创新力量建设，主要包括强化企业技术创新主体地位、科研院所和高校科研管理改革、鼓励新型研发机构发展及强化科技创新基地与条件保障等。第三篇是激发科研人员创造活力，主要包括改进科技人才计划管理、科研人员激励制度改革、科技人才评价制度改革及科研人员流动制度改革等。第四篇是营造有利于创新的市场环境，主要包括创新要素配置市场化改革、知识产权制度改革、促进科技与金融结合等。第五篇是促进科技成果转移转化，主要包括科技成果转化制度改革、国家技术转移体系建设、推动大众创业万众创新等。第六篇是构建区域创新发展新格局，主要包括布局国家科技创新中心、区域全面创新改革试验、优化科技园区布局、健全区域协同创新机制等。第七篇是扩大科技创新开放合作，主要包括实施开放创新战略、科技创新体系的对外开放、打造具有国际竞争力的人才制度优势、构建以科技为支撑的开放型经济新体制等。第八篇是加强创新文化建设，主要包括加强科研诚信与作风学风建设、健全科技伦理制度、推进科技社团发展及促进科学普及等。

党的十九届五中全会提出，坚持创新在我国现代化建设全局中的核心地位，把科技自立自强作为国家发展的战略支撑。“十四五”期间需要持续完善国家创新体系，推进新一轮科技创新体制机制改革。本书梳理的若干重点领域改革进展情况期待能为读者研究科技创新政策和体制机制改革提供参考借鉴。本书编写过程中参考了大量文献，但由于科技体制改革涉及领域广、与其他相关领域改革关系密切、改革内容系统复杂，书稿内容深度和广度难免存在不足之处，欢迎广大读者批评指正。

编者

2020 年 12 月

目　录

概　述

党的十八大以来，以习近平同志为核心的党中央做出实施创新驱动发展战略的重大决策部署，以提升国家创新体系整体效能为目标，系统布局和深入推进科技体制改革，在重点领域和关键环节推出了一系列具有基础性、根本性、全局性的重大改革举措，实现改革全面发力、多点突破、纵深发展，解决了许多长期想解决而没有解决的难题，办成了许多过去想办而没有办成的大事，推动我国科技事业取得历史性成就、发生历史性变革，在我国科技体制改革的历程上留下浓墨重彩的一笔。

一、强化科技体制改革整体布局，提升国家创新体系整体效能

围绕党的十八大和十八届二中、三中、四中全会对科技体制改革和创新驱动发展的总体部署，党中央、国务院先后印发《关于深化体制机制改革　加快实施创新驱动发展战略的若干意见》《深化科技体制改革实施方案》等重大改革文件，明确了新时期科技体制改革的整体布局和安排。其中，《深化科技体制改革实施方案》以构建中国特色国家创新体系为目标，以促进科技体制改革各项举措落地见效为原则，面向 2020 年提出 10 个方面 143 项改革政策举措，对强化创新主体建设、激发科研人员积极性、加快科技成果转化、发展科技金融、

推动区域创新改革、深化开放合作创新、营造良好创新生态等方面做出具体部署，形成了改革的时间表和路线图。

在加强科技体制改革系统布局的同时，强化改革组织保障，形成更加高效的改革决策与落实机制。建立健全科技创新与改革重大议事协调机制，国务院将国家科技教育领导小组调整为国家科技领导小组，由李克强总理任组长、刘鹤副总理任副组长，专门负责对重大科技创新工作的统筹协调；根据机构设置、人员变动情况和工作需要，国务院调整国家科技体制改革和创新体系建设领导小组组成单位和人员，加强对重大改革政策的审议把关和改革落实。进一步加强科技主管部门职能，将原科学技术部、原国家外国专家局的职责整合，将国家自然科学基金委员会改由科学技术部管理，进一步明确了科技部作为国家创新体系建设和科技体制改革牵头部门的职责定位。

随着全面深化改革的整体推进，科技体制改革的主体架构基本形成，改革的顶层设计逐步落实为具体改革方案和措施行动，改革的系统性、协调性和可操作性进一步增强，在重点领域和关键环节破除了一大批制度性障碍，科技创新治理体系日趋完善，科技创新体系化能力明显提升。数据显示，到2020年，我国整体创新能力大幅提升，迈入创新型国家行列，创新指数全球排名达到第14位，较2012年提高20位①。2012—2019年，全社会研发经费支出从10 298亿元增长至22 143.6亿元②，增幅达115%，占国内生产总值的2.19%；科技进步贡献率由超过40%提高到59.5%③，科技创新实现跨越发展。

① 数据来源：世界知识产权组织《2020年全球创新指数》（简称GII）。

② 数据来源：《2020年全国科技经费投入统计公报》。

③ 数据来源：科技进步贡献率达59.5% 我国创新指数居世界第十四位，http：//www.xinhuanet.com/tech/2020-05/20/c_1 126 007 342.htm。

二、完善国家科技管理制度，提升科技创新治理水平

国家科技管理制度在科技创新中发挥着基础性作用。党的十八大以来，围绕实现科技创新治理体系和治理能力现代化的目标，以提升科技创新治理能力和水平、提高科技资源配置效率、提升重大科技活动组织的效能为重点，推出一系列重大改革举措。

对中央财政科技计划管理制度实行重大改革，将原有分散在 40 多个部门的近百项科技计划整合为五大类科技计划；建立部际联席会议制度、战略咨询与综合评审委员会等决策机制，政府部门不再直接管理具体项目，而是通过公开统一的国家科技管理平台宏观统筹，具体委托项目管理专业机构管理，并进一步规范对科研项目立项、过程监管、结题验收、绩效评估等的管理制度；建立覆盖科技计划项目与资金管理全流程的“嵌入式”监督评估制度，科技部专门成立科技监督与诚信建设司，完善“大监管”工作机制；全面推动项目、人才、基地等方面科技评价体系改革，推进政府科技管理职能转变。在科研项目经费管理上，大幅放宽预算科目管理限制，简化财务管理，鼓励设立科研助理，提高科研人员绩效激励比例，让科研经费更好地服务于人的创造性活动。

优化科技资源配置，持续加大中央财政支持力度，通过政府引导、央地联动、税收杠杆等方式，推动地方、企业和社会力量更加重视基础研究投入。2019 年，我国基础研究投入 1335.6 亿元，连续 5 年年均增幅达到 16.9%，大大高于全社会研发投入增幅；基础研究占全社会研发投入比重历史上首次达到 6%[①]。构建了科技资源开放共享机制

① 数据来源：国务院新闻办就深入实施创新驱动发展战略加快建设创新型国家有关情况举行发布会，http：//www.gov.cn/xinwen/2020-10/21/content_5553081.htm。

和政策体系，形成统一的重大科研基础设施和大型科研仪器设备国家网络管理平台，推动4000余家单位、10.1万余套大型科学仪器和80多个重大科研基础设施纳入开放共享的网络，进一步提高公共科技资源使用效率。

着眼国家重大科技决策需求，建立健全科技创新决策咨询机制，组建国家科技决策咨询委员会，定期向党中央、国务院报告国际科技创新动向，发挥科技界和智库对创新决策的支撑作用。着力完善“基本法＋专门法”的科技法律和政策制度体系，推动制修订《科技进步法》《生物技术研究开发安全管理条例》《人类遗传资源管理条例》等科技法律制度，在《专利法》《证券法》《外商投资法》等法律修订中充分体现科技发展需求。建立健全科技创新调查制度和科技报告制度，加强和规范科学数据管理，为科学决策提供客观、全面的信息支撑，进一步提升我国科研管理水平。

三、加强科技创新力量建设，夯实创新能力基础

强化国家战略科技力量，提升国家创新体系效能，关键在于增强企业、高校、科研院所、新型研发机构等各类创新主体能力。党的十八大以来，党中央对激发企业创新内生动力、改革科研单位体制机制、构建更加高效完善的科研体系做出重要部署，出台了一系列重大改革举措，最大限度地激发科技第一生产力、创新第一动力的巨大潜能。

围绕提升企业技术创新主体地位，一方面，加大激励企业创新的政策突破力度，丰富和完善政策工具，不断优化政策环境，着力提升企业创新能力和内生动力。企业研发费用加计扣除、高新技术企业税收优惠等重点政策大幅提高优惠力度、扩大享受范围、简化审批流程，

2019 年研发费用加计扣除[①]、高企税收优惠这两项政策合计减免企业所得税额超过 5000 亿元，远超同期财政科研经费投入。加大对中小微企业精准支持力度，明确科技型中小企业标准，在税收激励、政府采购、创新服务等方面加大政策供给，着力培育创新发展新动能。国有企业加快创新改革，创新导向的考核制度逐步建立健全，股权和分红激励试点政策推向全国，企业创新的动力和积极性进一步提高。另一方面，注重发挥企业在科技决策、科研攻关、成果转化等方面的重要作用，加强围绕企业需求的产学研用协同创新机制建设，推动企业成为技术创新主体。2019 年，企业研发投入占全社会研发总投入的 76.4%[②]，全国高新技术企业达到 22.5 万家，在国家重点研发计划中企业参与实施的占 75%[③]。

围绕科研机构改革，以扩大高校和科研院所自主权为主线，推动科研机构体制机制创新，在科研项目经费、成果转化、机构编制、干部人事、薪酬分配等方面赋予科研单位更大的自主权，着力破除制约科研单位创新活力的体制机制障碍。同时，鼓励高校建设“世界一流大学、世界一流学科”，鼓励中科院实施“率先行动”计划，鼓励新型研发机构发展，推动各类科研机构进一步聚焦使命定位、差异化发展，更好实现各司其职、各尽其能、协同高效。

四、激发科研人员创造活力，释放微观主体创新潜能

激发科研人员创新积极性始终是科技体制改革的重要着力点。党

① 数据来源：去年新增减税降费超二点五万亿元 市场主体信心足活力强：http：//paper.people.com.cn/rmrb/html/2021-02/04/nw.D110000renmrb_20210204_5-01.htm。

② 数据来源：《中国科技统计年鉴 2020》。

③ 数据来源：国务院新闻办就深入实施创新驱动发展战略加快建设创新型国家有关情况举行发布会，http：//www.gov.cn/xinwen/2020-10/21/content_5553081.htm。

的十八大以来，有关部门按照中央部署要求，加快推动人才体制机制改革，以激励、评价、使用等方面为重点改革科技人才制度，引导科研人员淡泊名利、潜心研究、追求卓越，围绕服务国家需要和经济社会发展多出好成果。

在科研人员激励制度方面，实行以增加知识价值为导向的收入分配政策，更加重视科研活动中人的因素，凸显知识价值，构建稳定提高基本工资、加大绩效工资分配激励力度、落实科技成果转化奖励的“三元”薪酬体系，对高层次人才实行更加灵活的收入分配机制，对承担关键核心技术攻关的科研骨干实行年薪制，不受（绩效）工资总量限制。

在科技人才评价方面，按照科技创新能力、质量、贡献、绩效导向，建立科学的人才分类评价机制，改革科技人才评价方式、评价指标和评价结果使用办法，采取若干“硬措施”破除“唯论文、唯职称、唯学历、唯奖项”错误倾向，进一步向科研单位下放职称评审等评价自主权，推行代表作评价和同行评议，改革国家科技奖励制度，同步推行教育领域、中科院系统相关改革，树立正确的科技评价导向。

在人才使用方面，加强科技人才计划、工程统筹，精简人才“帽子”，不允许同一人重复申报同一层次的人才计划，避免人才“帽子”与物质利益过度挂钩，推动人才称号回归学术性、荣誉性本质。推进院士制度改革，改进完善院士遴选机制，优化学科布局和年龄结构，规范兼职和待遇，实行院士退休制度，有关改革措施在 2015 年、2017 年、2019 年院士增选中得到落实。对科研人员实行分类管理，在出国、兼职、离岗创业、“裸官”等方面出台专门的管理制度，不再简单套用一般行政事业单位人员的管理办法。加强科技人才服务，开展减轻科研人员负担专项行动，破除人才流动体制机制障碍，完善离岗创业、兼职兼薪等制度，鼓励和支持科技人才更多到艰苦边远地区、基层一线发展，健全市场化、社会化的人才管理服务体系，促进人才顺畅有序流动。

五、营造有利于创新的市场环境，发挥市场配置资源的决定性作用

营造有利于创新的市场环境，更好地发挥市场在创新资源配置中的决定性作用，是提高国家创新体系整体效能的关键举措之一。党的十八大以来，围绕发挥市场竞争激励创新的根本性作用要求，在创新要素配置、强化知识产权保护和加强金融对科技的支撑等方面深化改革，为各类创新活动提供良好市场环境。

完善创新要素市场化配置机制，畅通创新要素流动渠道。加快发展完善技术要素市场，促进技术要素与资本要素融合发展，完善技术转移制度体系和创新资源配置方式。推动有利于创新的要素价格改革，促使企业从依靠过度消耗资源能源、低性能低成本竞争向依靠创新、实施差别化竞争转变。完善有利于创新的市场准入制度，制定和实施产业准入负面清单，建立实施公平竞争审查制度，打破制约创新的行业垄断和市场分割，营造公平、开放、透明的市场环境。

深化知识产权制度改革，加强知识产权创造、保护和运用。实施严格的知识产权保护制度，完善立法、司法、执法等知识产权法律体系，最高人民法院设立知识产权法庭，专门设立知识产权法院，加强侵权违法惩处力度，建立侵权惩罚性赔偿制度，大幅提高侵权违法成本。建立科技计划知识产权保护和管理的长效机制，在优势产业集聚区布局建设一批知识产权保护中心，强化知识产权保护。建立高效的知识产权综合管理体制，构建便民利民的知识产权公共服务体系，提升综合运用知识产权促进创新驱动发展的能力。2012—2019 年，我国知识产权拥有量大幅增长，PCT 专利申请量从 1.9 万件增至 5.9 万件，

跃居世界第一[①]。

改革金融服务于科技创新的制度机制，推动科技与金融深度融合。大力培育和发展服务科技创新的金融组织体系，加快推进科技信贷产品和服务模式创新，拓宽适合科技创新发展规律的多元化融资渠道，探索构建符合科技创新特点的保险产品和服务，建立健全促进科技创新的信用增进机制，专门设立科创板并试行注册制，推进科技银行建设，为创新发展提供有力的资本支撑。

六、促进科技成果转移转化，打通科技向现实生产力转化的通道

党的十八大以来，围绕供给侧结构性改革对科技创新供给和支撑能力的紧迫需求，在科技体制改革中着力破除科技向现实生产力转化的制度障碍，建立完善我国科技成果转化制度体系，加快推动创新创业发展。

2015 年，全国人大完成《促进科技成果转化法》修订，2016 年，国务院出台了《实施〈促进科技成果转化法〉若干规定》，同年，科技部会同 18 个部门实施促进科技成果转移转化行动，形成了从修订法律条款、制定配套细则到部署具体任务的科技成果转移转化工作“三部曲”。在推动科技成果使用、处置、收益“三权”下放给科研单位，提高科技成果转化收益对发明团队和个人的奖励比例，对科技成果转化收益实行税收优惠，简化国有资产评估备案管理等方面，从法律到政策，再到管理措施，实现了一系列重大突破。在此基础上，对我国科技成果转化和技术转移工作进行系统化设计，围绕技术转移的全过程、全链条、全要素，建设和完善国家技术转移体系。2019 年，全国技术交易市场已超过 1000 家，技术合同成交额首次迈上 2 万亿元台

① 数据来源：《2019 年中国知识产权发展状况评价报告》。

阶[1]，是 2012 年的 3.4 倍，改革取得显著成效。

将科技创新作为经济社会发展的新动能，着力推动大众创业、万众创新，搭建各类创新创业和成果转化平台载体，以资金链引导创业创新链、创业创新链支持产业链、产业链带动就业链，构建广覆盖、低门槛、便利化的科技创新创业服务体系。2019 年，全国创业孵化载体数量达到 13 209 家，累计毕业企业 16.1 万家[2]。

七、优化区域创新改革布局，打造创新发展高地

区域创新改革既是“领头雁”，也是“试验田”。通过区域创新改革，优化创新高地布局，打造创新增长极，并以区域为试点加强全面深化改革探索，促进区域创新、协调发展。

布局建设北京、上海、粤港澳三大具有国际影响力的科技创新中心，推动怀柔、张江、合肥等综合性国家科学中心建设，推动体制机制改革和开放创新，以制度创新增强区域发展活力，有效集聚全球创新资源，支撑区域经济社会高质量发展。对国家自主创新示范区和国家高新技术开发区进行“提档升级”。国家自主创新示范区在财税支持、组织体制、科技金融等方面开展了一系列改革试点，到 2020 年，21 家国家自创区和 169 家高新区成为地方创新发展“领头雁”，高新区国内生产总值从 8.1 万亿元增长到 12.2 万亿元，5 年增长超过 50%[3]。高质量建设国家农业高新区。在太原、桂林、深圳、郴州、临沧和承德 6 个城市建设 2030 可持续发展创新示范区，为全球可持续

① 数据来源：国务院新闻办就深入实施创新驱动发展战略加快建设创新型国家有关情况举行发布会，http：//www.gov.cn/xinwen/2020-10/21/content_5553081.htm。

② 数据来源：《中国创业孵化发展报告 2020》。

③ 数据来源：国务院新闻办就深入实施创新驱动发展战略加快建设创新型国家有关情况举行发布会，http：//www.gov.cn/xinwen/2020-10/21/content_5553081.htm。

发展提供中国经验。

在京津冀、上海、广东、安徽、四川、武汉、西安和沈阳8个地区开展区域全面创新改革试验，通过试验区域大胆探索和政策先行先试，在一些重点领域和关键环节上取得重要改革突破，率先实现创新驱动发展转型，并通过试验区域改革经验的复制推广和形成全局性、体系化的制度安排来引导和带动更多地方走创新驱动发展道路。到2020年，8个试验区域已形成三批56条改革经验举措并向全国推广①。加快推进区域协同创新机制改革，实行东部发达地区的高新区与宁夏、贵州、甘肃、青海、新疆、西藏等西部欠发达地区结对创新，提高区域整体创新能力，促进创新要素的有效配置和自由流动，突破地区间创新发展不平衡、不协调等重大瓶颈。

八、扩大科技创新开放合作，深度融入全球创新网络

我国始终坚持科技创新开放合作。党的十八大以来，我国聚焦改革完善开放创新的制度机制，积极应对国际环境深刻复杂变化，加强全方位、多层次、高水平的国际科技合作与交流，拓展科技对外开放的广度和深度，深度融入全球创新网络，为解决全球科技难题贡献中国力量。

健全以主动开放为导向的科技创新合作机制，对加强科技创新能力开放合作做出全面部署。国家科技计划项目加大对外开放力度，财政科研经费过境港澳使用、外籍科学家深度参与项目已形成制度保障。"双""多"边相结合扩大政府间国际科技合作"朋友圈"，与世界主要国家和地区开启了十大创新对话机制，与非洲、东盟、南亚等建立了七大科技伙伴计划。不断拓展科技合作范围，与160多个国家建

① 数据来源：《国务院办公厅关于推广第三批支持创新相关改革举措的通知》（国办发〔2020〕3号）。

立了科技合作关系，加入200多个政府间国际科技合作组织[①]。构建“一带一路”科技创新深度合作格局，深入实施“一带一路”科技创新合作行动计划，建设14个“一带一路”联合实验室和5个国家级技术转移平台，发起“一带一路”国际科学组织联盟，截至2019年年底，已有来自40多个国家的科研机构成为该联盟正式成员。积极主动参与全球科技治理，参与和发起国际大科学计划、大科学工程，参与国际热核聚变试验堆计划等国际大科学工程。

全面实施外国人来华工作许可制度，进一步简化、优化外国人才来华审批制度，推动外国人才出入境签证等制度便利化，建立外国人在华永久居留制度体系。推动改进和完善外籍专家在华工作、生活环境和配套服务，完善外国人在华居住生活便利化政策。推进和保障科技人才的国际流动，促进留学生、科研人员双向流动，对科研人员因公出国进行分类管理，为全球共同发展贡献科技人才。

九、加强创新文化建设，营造良好创新环境

创新文化是科技创新的根基，是实施创新驱动发展战略、实现世界科技强国目标的重要基础。党的十八大以来，以科研诚信建设为抓手，建立完善我国科研领域诚信管理的制度体系，弘扬科学家精神，关注科技伦理问题，加强科学普及，营造全社会崇尚科学、包容创新的良好生态环境。

科研诚信、科研作风学风和科技伦理制度改革统筹推进，在弘扬科学家精神、加强作风学风和科研诚信建设等方面密集出台系列配套政策措施，织密制度笼子。强化对科研活动的“底线”约束，加强科

① 数据来源：我国与158个国家和地区建立科技合作关系，http：//www.gov.cn/xinwen/2017-01/12/content_5159283.htm。

研诚信制度体系建设，建立由 41 个部门组成的科研诚信联席会议和联合惩戒制度，构建起科研领域的行为红线，在舆论引导、“清网”行动、打击学术黑中介、建立学术期刊诚信预警机制、推动评价改革试点等方面采取一系列改革措施，严肃查处了一批科研不端事件，建立对学术不端、违背科研道德和伦理行为的“零容忍”联合惩戒机制，净化科研生态环境。组建国家科技伦理委员会，并在若干重点领域推动筹建分委员会，加强对科技伦理问题的治理。

加强科学普及，提升全民科学素质。以《全民科学素质行动计划纲要实施方案（2016—2020 年）》为指引，加强科普基础设施建设，推动重点人群科学素质行动落实落地，支持科普产业加快发展，打造科学传播专家团队，鼓励各类社会主体开展科普活动。2020 年，我国公民具备科学素质比例达到 10.56%，超过了原定的 2020 年目标[①]。

2020 年是我国全面建成小康社会的决胜之年，是迈进创新型国家行列的冲刺之年，是“十三五”收官和“十四五”谋划的关键之年，也是应对新冠肺炎疫情等重大挑战的应急科技攻坚之年。世界面临百年未有之大变局，新一轮科技革命和产业变革深入推进，国际科技力量对比深刻调整，全球创新环境日趋复杂。面对国内外形势和环境的变化，立足我国发展新阶段，党的十九届五中全会将科技创新摆在了前所未有的历史高度，把科技自立自强作为国家发展的战略支撑，并将完善科技创新体制机制作为坚持创新驱动发展、全面塑造发展新优势的重要内容，凸显了以改革促创新、以创新促发展的重要性和紧迫性。“十四五”及今后更长一段时期，科技体制改革仍需持之以恒、不断深化，既要加快推进已部署改革举措落地见效，也要积极谋划新的改革突破，着力发挥改革对创新发展的强大驱动力，切实将我国制

① 数据来源：公民具备科学素质比例达 10.56%，https：//www.cast.org.cn/art/2021/1/27/art_90_146018.html。

度优势转化为未来长远发展潜力，加快实现高水平科技自立自强，为实现“两个一百年”奋斗目标、建成现代化社会主义强国和世界科技强国提供有力支撑。

第一篇
完善国家科技管理制度

党的十八大以来，党中央、国务院围绕加强政府职能转变、深化科技管理改革做出一系列重大部署，以中央财政科技计划管理改革为切入点，加快推进国家科技管理制度的完善，提升科技创新治理水平。

2012 年 9 月，中共中央、国务院印发《关于深化科技体制改革加快国家创新体系建设的意见》，提出要改革科技管理体制，推进科技项目和经费管理改革、科技评价和奖励制度改革，形成激励创新的正确导向，打破行业壁垒和部门分割，实现创新资源合理配置和高效利用。2015 年 9 月，中共中央办公厅、国务院办公厅以构建中国特色国家创新体系为目标，以促进科技体制改革各项举措落地见效为原则，印发了《深化科技体制改革实施方案》，围绕构建统筹协调的创新治理机制等任务部署了一揽子具体改革举措。2016 年 5 月，中共中央、国务院印发《国家创新驱动发展战略纲要》，提出建立健全国家科技决策机制、建立健全国家科技宏观协调机制、改革科技评审与评估制度等重点任务，旨在努力消除体制机制性障碍，加强部门之间、地方之间、部门与地方之间、军民之间的统筹协调，切实提高整合科技资源、组织重大科技活动的能力。纲要明确要求顺应创新主体多元、活动多样、路径多变的新趋势，推动政府管理创新，形成多元参与、协同高效的创新治理格局，提出了建立国家高层次创新决策咨询机制、合理确定中央各部门功能性分工、构建国家科技管理基础制度等方面的重点任务。

本篇对党的十八大以来国家科技管理制度重点改革任务实施进展情况进行分析梳理，包括中央财政科技计划管理改革、财政科研项目资金管理改革、健全科技监督评估制度、完善科技管理基础制度等 4 个方面（图 1–1），总结各项改革任务取得的成效，结合新形势新要求，对下一步推进改革提出思考和展望。

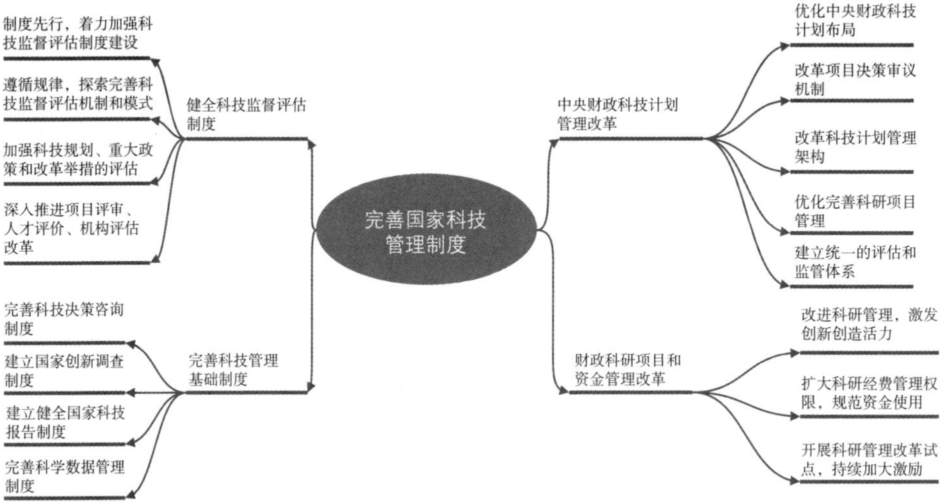

图 1–1 完善国家科技管理制度重点任务

第 1 章　中央财政科技计划管理改革

一、改革背景

科技计划（专项、基金等）是政府支持科技创新活动的重要方式。改革开放以来，我国先后设立了一批科技计划（专项、基金等），科技投入持续大幅增长，为增强国家科技实力、提高综合竞争力、支撑引领经济社会发展发挥了重要作用。但在科技投入的总量和强度都大幅提高的情况下，原有科技管理方式与快速增长的科研资金已经不能完全适应，资源配置的效率亟须进一步提高，科研项目和资金管理方面的一些问题比较突出。例如，由于顶层设计、统筹协调、分类资助方式不够完善，原有各类科技计划（专项、基金等）存在着重复、分散、封闭、低效等现象，以及多头申报项目、资源配置“碎片化”等问题，已经不能适应实施创新驱动发展战略的要求。

2012 年，中共中央、国务院印发《关于深化科技体制改革加快国家创新体系建设的意见》，明确指出推进科技项目管理改革，完善科技经费管理制度。按照党中央、国务院关于中央财政科技计划改革的有关要求，科技部、财政部在深入研究的基础上，报请国务院印发了《关于改进加强中央财政科研项目和资金管理的若干意见》（国发〔2014〕11 号）和《关于深化中央财政科技计划（专项、基金等）管理改革的方案》（国发〔2014〕64 号），两个文件的出台及 2015 年印发的《深化科技体制改革实施方案》，对党的十八大以来中央财政科技计划管理改革提出了具体措施，通过强化顶层设计，打破条块分割，加强部门功能性分工，建立具有中国特色的科技计划管理体制，更加聚焦国家目标，更加符合科技创新规律，更加高效配置科技资源，更加强化科技与经济的紧密结合，最大限度地激发科研人员创新热情。

二、主要改革举措

中央财政科技计划的改革是对原有科技计划体系的整体优化，是一项系统工程，重点改革举措包括：优化整合科技计划体系，破除条块分割，解决科技资源配置“碎片化”问题，重大战略任务部署更加聚焦面向世界科技前沿、面向国家重大需求、面向国民经济主战场；完善计划项目决策机制，促进科技与经济深度融合；转变政府科技管理职能，政府各部门不再直接管理具体项目，改由项目管理专业机构进行管理；建立统一的宏观管理和监督评估机制；改进完善项目全流程管理机制等。

（一）优化中央财政科技计划布局

优化整合原有的中央财政科技计划，将当时中央各部门管理的科技计划（专项、基金等）通过撤、并、改等方式整合成五大类，分别是国家自然科学基金、国家科技重大专项、国家重点研发计划、技术创新引导专项（基金）、基地和人才专项。其中，国家自然科学基金主要资助基础研究和科学前沿探索；国家科技重大专项聚焦在国家重大战略产品和重大产业化目标，主要依靠举国体制优势，采用设定期限内集体协同攻关方式；国家重点研发计划聚焦长期社会公益性研究、重大科学问题、重大共性关键技术和产品、重大国际科技合作等，采用重点专项的组织形式；技术创新引导专项（基金）主要服务于科技成果转移转化和资本化、产业化，通过风险补偿、后补助、创投引导等方式发挥财政资金杠杆作用；基地和人才专项用于支持科技创新基地和创新人才、团队。原有科技计划类别均不再保留。

（二）改革项目决策审议机制

建立部际联席会议制度。国发〔2014〕64 号文提出，建立由科技部牵头、财政部和发展改革委等相关部门参加的科技计划管理部际联席会议制度，负责审议科技发展战略规划、科技计划（专项、基金等）的布局与设置、重点任务和指南、战略咨询与综合评审委员会的组成、专业机构的遴选等事项。通过部际联席会议制度，加强科技计划（专项、基金等）预算统筹配置，做好产业和行业政策、规划、标准与科研工作的衔接，在提出重大共性关键技术需求、任务组织实施和科技成果转化推广应用中注重发挥各部门的积极作用。

建立战略咨询与综合评审委员会。更加科学有效地发挥专家作用，组建战略咨询与综合评审委员会（简称战略咨评委），成员由科技界、产业界和经济界高层次专家组成，主要对科技发展战略规划、科技计划（专项、基金等）布局、重点专项设置和任务分解等提出咨询意见，为联席会议提供决策参考；对制定统一的项目评审规则、建设国家科技项目评审专家库、规范专业机构的项目评审等工作提出意见和建议；接受联席会议委托，对特别重大的科技项目组织开展评审。为不断提高咨询意见的质量，战略咨评委建立了与学术咨询机构、协会、学会等的有效合作机制。

（三）改革科技计划管理架构

由专业机构管理项目。根据国发〔2014〕64 号文的总体设计，新的国家科技计划改变以往由科技主管部门直接管理项目的方式，政府不再直接管理项目，采取依托项目管理专业机构进行项目管理。科技主管部门加强宏观管理和统筹协调，围绕国家需求确定研发方向，发布指南，制定管理规则，强化监督管理和创新服务。项目管理专业机构通过统一的国家科技管理信息系统，具体负责受理各方面提出的项目申请，组织项目评审、立项、过程管理和结题验收等工作，对实现任务目标负责。同时，鼓励具备条件的社会化科技服务机构参与竞争，推进专业机构的市场化和社会化。

建立统一的国家科技管理信息系统。开发并运行国家科技管理信息系统，将分散在各相关部门和单位的科技计划项目信息全部纳入系统进行统一管理，实现对科技计划（专项、基金等）的需求征集、指南发布、项目申报、立项和预算安排、监督检查、结题验收等全过程进行信息管理，并主动向社会公开非涉密信息，接受公众监督。

（四）优化完善科研项目管理

改进科技计划项目管理方式。在中央财政科技计划改革总体框架内，继国发〔2014〕11号文、国发〔2014〕64号之后，中央持续印发《关于深化项目评审、人才评价、机构评估改革的意见》《关于优化科研管理提升科研绩效若干措施的通知》等文件，进一步优化完善科技计划项目管理制度，提升管理的科学化和效率。主要包括进一步改进完善项目指南编制和发布机制，更加突出听取多方意见，科学安排发布时间；规范项目立项评审等管理，对基础前沿科研、公益性科研、市场导向类项目、重大项目实行分类管理，保证过程的公开公平公正，完善评审专家管理和选取规则，提高项目评审质量和效率；加强项目验收和结题审查，强化科研项目绩效管理评价，合并财务验收和技术验收，改为综合绩效评价，加强评价结果的应用，推动项目管理从重数量、重过程向重质量、重结果转变。

（五）建立统一的评估和监管体系

对科技计划（专项、基金等）的实施绩效、战略咨询与综合评审委员会和专业机构的履职尽责情况等统一组织评估评价和监督检查，进一步完善科研信用体系建设，实行“黑名单”制度和责任倒查机制。对科技计划（专项、基金等）的绩效评估通过公开竞争等方式择优委托第三方机构开展，评估结果作为中央财政予以支持的重要依据。建立覆盖科技计划实施全流程的监督评估机制。事前，实行诚信承诺制度，申报人员、评审专家、工作人员均应签订诚信承诺书，明确行为规范并划定负面行为的底线。事中，实行重点监督和随机抽查相结合，强化重点环节监督，加强对各类主体履职尽责和任务完成情况的监督评估。事后，强化绩效评估和动态调整，按照合同（委托书、协议书）约定开展绩效评估，评估结果作为对相关主体今后监督管理和动态调整的重要参考。建立学术期刊预警监测制度，定期发布学术期刊预警名单和黑名单，对在列入黑名单的学术期刊上发表的论文，在各类评审评价中不予认可。加强对财政科技资金管理使用的审计监督，对发现的违法违规行为要坚决予以查处，查处结果向社会公开，发挥警示教育作用。科技部、财政部根据绩效评估和监督检查结果，以及相关部门的建议，提出科技计划（专项、基金等）动态调整意见。

三、改革实施进展

（一）优化整合科技计划体系，基本形成五大类科技计划格局

2014 年，科技部按照有关文件要求，对分散在 40 多个部门的近百项科技计划进行了整合，“十三五”期间已经按照国家自然科学基金、国家科技重大专项、国家重点研发计划、技术创新引导专项（基金）、基地和人才专项五大类计划运行。

面向基础研究和科学前沿探索部署任务的国家自然科学基金，聚焦国家重大战略产品和产业化目标的国家科技重大专项，均保留原资助格局。

整合部分原有计划形成国家重点研发计划。对科技部管理的原国家重点基础研究发展计划（973计划）、国家高技术研究发展计划（863计划）、国家科技支撑计划、国际科技合作与交流专项，发展改革委、工业和信息化部共同管理的产业技术研究与开发资金，农业部、卫生健康委等13个部门管理的公益性行业科研专项等进行整合归并，形成一类国家重点研发计划，至2019年年底下设4类专题67个重点专项。

国家科技重大专项不断聚焦调整。2016年以来，科技部会同发展改革委、财政部持续推进专项实施，梳理总结重大专项“十二五”进展成效和存在问题，研究确定“十三五”聚焦瘦身思路和重点任务。各专项进一步聚焦目标，明确“十三五”重点任务；深入落实管理改革措施，提高管理效率；强化多元化投入，加快推动成果应用；加强与其他科技计划的衔接配合，形成完整科研布局。

分类整合形成技术创新引导专项。按照企业技术创新活动不同阶段的需求，对发展改革委、财政部管理的新兴产业创投基金，科技部管理的政策引导类计划和科技成果转化引导基金，财政部、科技部、工业和信息化部和商务部共同管理的中小企业发展专项资金中支持科技创新的部分，以及其他引导支持企业技术创新的专项资金（基金）进行分类整合，形成技术创新引导专项（图1–2）。

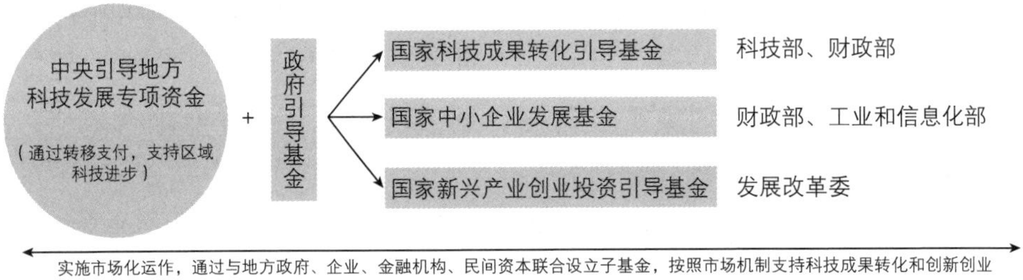

图1–2　整合后的技术创新引导专项构成

整合形成基地和人才专项。科学与工程研究类的原国家重点实验室和试点国家实验室，通过重新组建、优化调整为国家实验室、国家重点实验室和国家研究中心，由公共财政予以稳定支持；技术创新和成果转化类国家工程技术研究中心、国家工程研究中心、国家工程实验室，通过布局调整、优化整合为国家技术创新中心、国家工程研究中心，充分发挥市场配置资源的决定性作用；基础支撑与条件保障类的原国家科技基础条件平台和国家野外科学观测研究站，优化调整为国家科技资源共享服务平台和国家野外科学观测研究站，由公共财政予以稳定支持（图 1–3）。2017 年，科技部、财政部、发展改革委为解决现有基地之间交叉重复、定位不够清晰的问题，进一步推进国家科技创新基地建设，印发《国家科技创新基地优化整合方案》[①]，对科技创新基地优化整合做出部署。

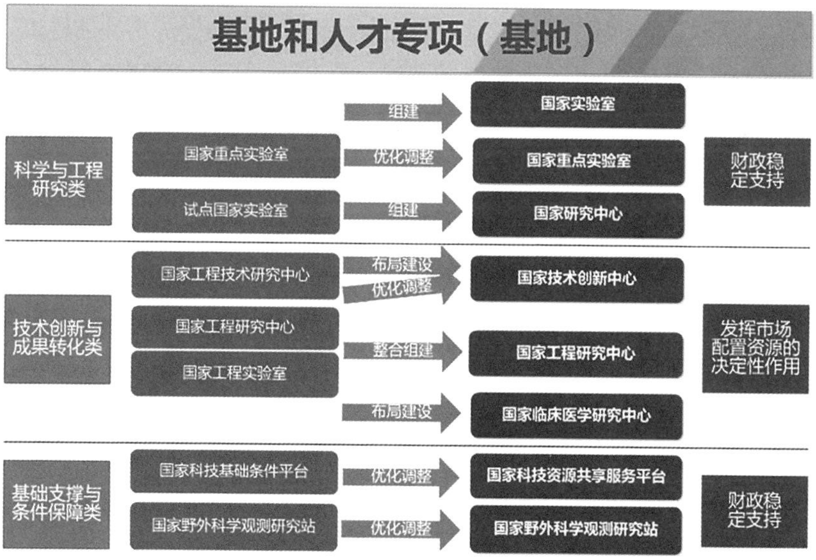

图 1–3　国家科技创新基地专项优化整合

① 科技部 财政部 发展改革委关于印发《国家科技创新基地优化整合方案》的通知，http：//www.gov.cn/xinwen/2017–08/24/content_5220163.htm。

人才项目经过撤、并、转等改革，重点建设杰出科学家队伍、科技领军人才、青年科技人才、科技型企业家和科技成果转移转化人才、服务基层的科技人员等5支高层次科技人才队伍。2018年，中共中央办公厅、国务院办公厅印发《关于深化项目评审、人才评价、机构评估改革的意见》，进一步提出统筹科技人才计划。加强部门、地方的协调，建立人才项目申报查重及处理机制，防止人才申报违规行为，避免多个类似人才项目同时支持同一人才。指导部门、地方针对不同支持对象科学设置科技人才计划，优化人才计划结构。

（二）改进完善组织管理机制，议事决策与过程管理更加科学高效

根据党中央、国务院关于中央财政科技计划管理改革的总体部署，已按照“一项制度、三根支柱、一个系统”构建了科技计划一体化组织管理机制。一项制度，即科技计划（专项、基金等）管理部际联席会议制度；三根支柱，即组建战略咨询与综合评审委员会、专业机构管理项目、构建监督评估与动态调整机制；一个系统，即公开统一的国家科技管理服务平台，包括科技管理信息系统和科技报告系统（图1–4）。

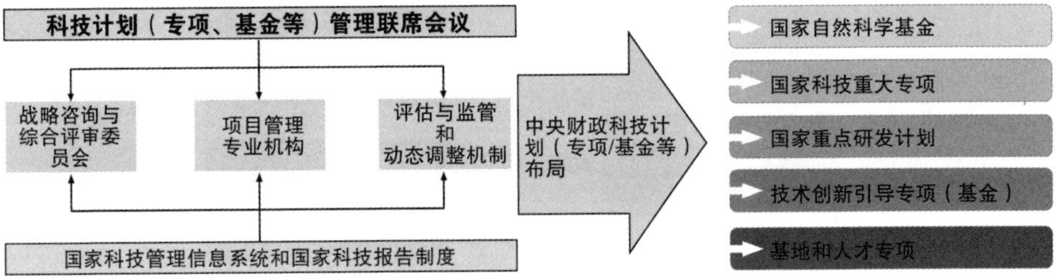

图1–4 面向中央财政科技计划的国家科技管理平台

完善议事协调决策机制。2015年，国务院批复《国家科技计划（专项、基金等）管理部际联席会议制度》，中央财政科技计划管理的议事协调和综合决策机制正式设立运行。由科技部牵头，财政部、发展

改革委等与国家科技计划管理密切相关的 30 多个部门（单位）参与的部际联席会议制度，在提高决策科学性、充分征求各部门意见等方面发挥了重要作用。根据管理改革要求，科技部牵头组建了战略咨询和综合评审委员会特邀委员会，由科技界、产业界和经济界高层次专家构成。

7 家项目管理专业机构实现常态化运行。经过特邀战略咨询与综合评审委员会专家组的答辩评审，遴选出科技部高技术研究发展中心、中国生物技术发展中心、工业和信息化部产业发展促进中心、中国 21 世纪议程管理中心、中国农村技术开发中心、国家卫生计生委医药卫生科技发展研究中心、农业部科技发展中心等 7 家具备条件的科研管理类事业单位，将其改造成规范化的项目管理专业机构。截至目前，7 家专业机构已全面承接重点研发计划和部分民口重大专项管理工作。

国家科技管理信息系统建成运行。国家科技管理信息系统服务平台和科技报告系统已启用（图 1–5）。根据《关于加快建立国家科技报告制度的指导意见》，首次建立并实施国家科技报告制度，将分散在各相关部门、尚未纳入国家科技管理信息系统的项目信息，以及已结题的项目信息全部纳入统一的国家科技报告系统，推动科技成果的完整保存、持续积累，并面向社会公众、专业人员、管理人员开放共享和转化应用。通过统一的国家科技管理信息系统平台，全面优化中央财政科技计划项目管理流程，有机嵌入需求征集、任务布局、实施方案、专项设立、发布指南、项目管理等主要环节。

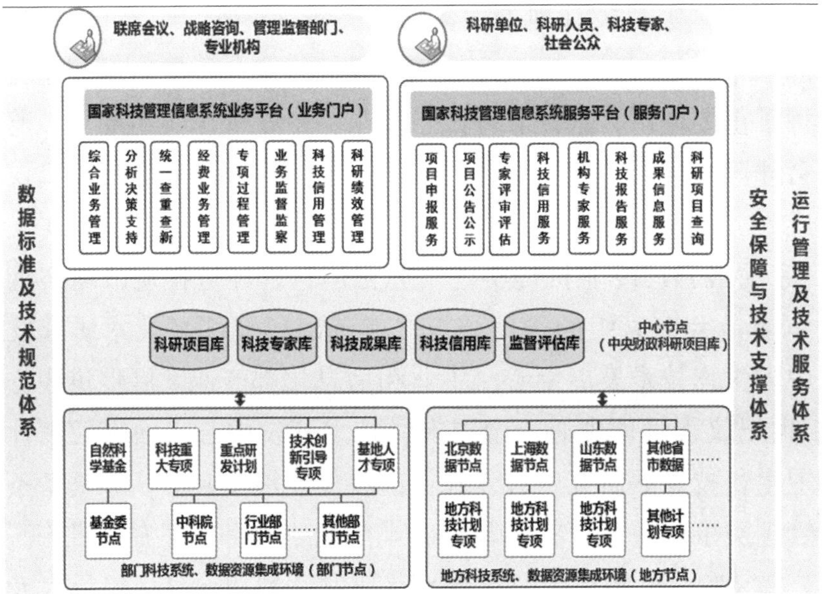

图 1–5　国家科技管理信息系统功能示意

（三）中央财政科技计划监督评估体系不断完善

建立覆盖科技计划实施全流程的“嵌入式”监督评估制度。改革以来，科技主管部门不断加强国家科技计划管理监督评估制度建设，已经建立了覆盖科技计划实施事前、事中、事后全流程的监督评估制度体系，每年制定统一的监督评估计划，开展监督评估工作。科技部专门设立监督评估专项经费，对相关监督评估工作进行支持。同时，加强工作统筹，未纳入监督评估计划的一律不再单独开展。创新监督检查的方式方法，2020年采取了“飞行检查”等新模式，以减少对科研单位和人员的负担，提高监督检查效率和科学性。2019年，科技部还委托国家科技评估中心牵头对国家重点研发计划首批42个专项进行了绩效评估，在完善绩效管理、强化结果应用、提升科研绩效方面迈出了新步伐。

四、思考与展望

党的十八大以来，中央财政科技计划的管理改革是我国科技发展历史上的一次重大改革，很多开创性制度措施目前仍在持续实践和改进完善的过程中。同时，面对新形势新要求，面向建成世界科技强国的目标，我国仍然存在关键技术攻关尚未满足发展需要、原创性基础研究薄弱、企业力量充分调动不够、青年人才资助不足等短板，我国科技计划管理体系改革依然任重道远。面向未来，中央财政科技计划需要根据“四个面向”的新要求，加强对我国国家层面科研资助活动的系统设计和总体布局，提升科技创新的体系化能力。面向未来，科技计划体系布局需要更加充分地反映国家战略需求、市场产业需求、社会公益性需求和人民健康需求，让用户、企业、行业部门等在其中发挥相应的主导作用，联合提升战略、规划、项目的匹配度、精准性和前瞻性，攻破技术、形成产品、培养人才、锤炼能力，提升创新的整体效率和效益。需要着重加强基础研究，中央财政更加突出长期稳定支持布局，并着力强化对社会投入的落地引导机制，调动地方政府、企业、科研院所、高校及其他社会组织对基础研究投入的动力。在科研攻关中，更多让企业、用户等需求方出题，对有能力的单位、科学家赋予充分自主权，国家强化科技力量和科技资源的调动和配套支持，减少对过程的具体干预。同时，也要注重优化科技资源的布局和资助模式，充分发挥青年科学家作为最具活力的创新群体的作用，提升中央财政科技计划的投入产出效率。

第 2 章　财政科研项目和资金管理改革

一、改革背景

项目和资金管理改革是推动科技体制改革的切入点和突破口。近年来，我国财政科技投入持续大幅增长，为科技事业快速发展提供了有力保障，但同时存在科技管理方式与快速增长的科研资金还不能完全适应、资源配置的效率有待进一步提高、资金违规违纪使用等问题。为了解决这些突出问题，2014 年，国务院印发了《关于改进加强中央财政科研项目和资金管理的若干意见》（国发〔2014〕11 号）和《关于深化中央财政科技计划（专项、基金等）管理改革的方案》（国发〔2014〕64 号），旨在加快建立适应科技创新规律、统筹协调、职责清晰、科学规范、公开透明、监管有力的科研项目和资金管理机制，使科研项目和资金配置更加聚焦国家经济社会发展重大需求，财政资金使用效率明显提升，充分激发科研人员的积极性和创造性。

二、主要改革举措

按照国发〔2014〕11 号文和国发〔2014〕64 号文的有关要求，科技部、财政部等相关部门陆续出台了多项配套政策，包括《中央财政科技计划（专项、基金等）监督工作暂行规定》《关于进一步做好中央财政科研项目资金管理等政策贯彻落实工作的通知》《关于扩大高校和科研院所科研相关自主权的若干意见》等，其目的是要通过进一步改革和创新科研经费使用和管理方式，减轻科研人员负担，赋予科研人员更大的自主权，简政放权、放管结合、优化服务、强化落实，促进形成充满活力的科技管理和运行机制（图 1–6）。

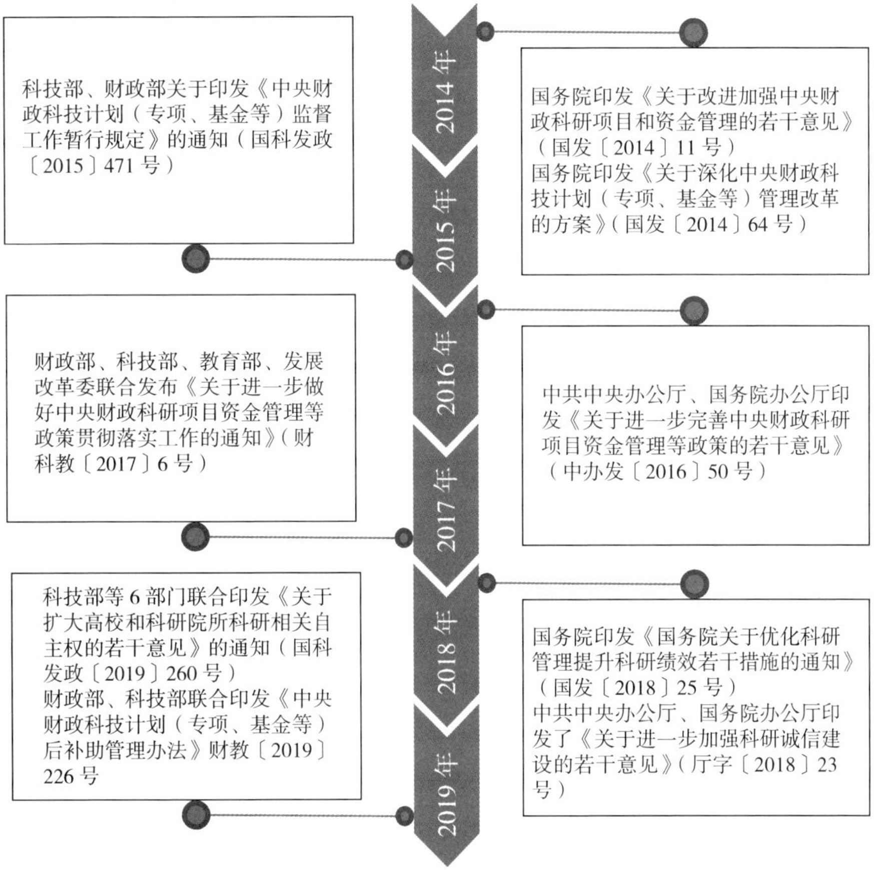

图 1–6　中央财政科研项目和资金管理相关政策文件

在陆续出台的配套政策中主要提出了以下几个方面的改革举措。

（一）改进科研管理，激发创新创造活力

第一，优化科研项目管理，下放科研项目管理权限。简化科研项

目申报和过程管理，推行“材料一次报送”制度，精简科研项目申报要求，减少科研项目实施周期内的各类评估、检查、抽查、审计等活动，自由探索类基础研究项目和实施周期3年以下的项目以承担单位自我管理为主，一般不开展过程检查。减少不必要的申报材料，精简信息和材料报送。实现一表多用、数据共享，凡是国家科技管理信息系统已有的材料或已要求提供过的材料，不得要求重复提供；项目管理专业机构在项目实施期末进行一次性综合绩效评价，不再单独开展财务验收和技术验收，项目承担单位可自主选择具有资质的第三方机构进行结题财务审计；赋予科研人员更大的技术路线决策权，科研人员可在不改变研究方向、不降低考核指标的前提下自主调整研究方案和技术路线，报项目管理专业机构备案即可。另外，科研项目负责人可以根据项目需要，按规定自主组建科研团队，并结合项目实施进展情况进行相应的调整。

第二，改进科研经费管理。简化预算编制，将直接费用中会议费、差旅费、国际合作与交流费合并为一个科目，合并后的总费用如果不超过直接费用的10%，就不用提供预算测算依据，科研人员在编制这部分预算时不用再具体说明详细的测算依据；下放预算调剂权限，赋予科研单位科研项目经费管理使用自主权，在项目总预算不变的情况下，将直接费用中的材料费、测试化验加工费、燃料动力费、出版／文献／信息传播／知识产权事务费及其他支出预算调剂权下放给项目承担单位，由项目承担单位自主调剂；提高间接费用比重，加大绩效激励力度，间接费用占直接费用扣除设备购置费的比例上限，500万元以下的部分仍为20%，500万～1000万元的部分由原来的13%提高到15%，1000万元以上的部分由原来的10%提高到13%。加大对科研人员的激励力度，取消了绩效支出的比例限制（原来为直接费用扣除设备购置费后的5%）。项目承担单位可以在核定的间接费用比例范围内统筹安排绩效支出，并与科研人员在项目工作中的实际贡献挂钩；明确了劳务费开支范围和标准，再次重申劳务费不设比例限制，参与项目研究的研究生、博士后、访问学者，以及项目聘用的研究人员、科研辅助人员等，均可开支劳务费。项目聘用人员的劳务费开支标准参照当地科学研究和技术服务业从业人员平均工资水平，根据其在项目研究中承担的工作任务核定，社会保险补助也可纳入劳务费科目列支。改进结转结余资金留用处理方式，科研项目实施期间年度剩余资金可以结转下一年度继续使用，当年的钱花不完不用收回。项目完成任务目标并通过验收后，结余资金按规定留归单位使用，在 2 年内可以统筹安排用于科研活动的直接支出；2 年后未使用完的，按规定收回。自主规范管理横向经费，以市场委托方式取得的横向经费由项目承担单位按照委托方要求或合同约定管理使用，纳入单位财务统一管理，有效解决横向经费“纵向化”管理的问题。

（二）扩大科研经费管理权限，规范资金使用

第一，强化项目承担单位的法人责任，规范资金管理。加强统筹协调，精简检查评审。提高项目承担单位的服务意识和服务水平，建立健全科研财务助理制度，充分运用信息化手段，提高科研管理效率和便利化程度，项目承担单位要制定符合科研实际需要的内部报销规定，切实解决“报销繁”问题。加强工作督查指导，减少检查频次，避免重复多头检查。

第二，扩大高校和科研院所科研项目资金管理权限。完善中央高校、科研院所差旅会议管理，按照实事求是、精简高效、厉行节约的原则，可以自行制定具体管理规定。在差旅费方面，可以合理确定教学科研人员乘坐交通工具等级和住宿费标准。对于难以取得住宿费发票的，中央高校、科研院所在确保真实性的前提下，据实报销城市间交通费，并按规定标准发放伙食补助费和市内交通费，切实解决因科研实际需要无法取得发票但需要报销城市间交通费和住宿费等问题。

在会议费方面，因教学、科研需要举办的学术会议、研讨会、评审会、座谈会、答辩会等业务性会议，会议的次数、天数、人数，以及会议费开支范围、标准等，可由单位自主确定。会议代表参加会议发生的城市间交通费，原则上按差旅费管理规定由所在单位报销。因工作需要，邀请国内外专家、学者和有关人员参加会议，对确需负担的城市间交通费、国际旅费，可在会议费等费用中列支。完善科研仪器设备采购管理，中央高校、科研院所可自行采购科研仪器设备，自行选择科研仪器设备评审专家。同时，要切实做好设备采购的监督管理。财政部要简化政府采购项目预算调剂和变更政府采购方式审批流程。对进口仪器设备实行备案制管理，并继续落实进口科研教学用品免税政策。

（三）开展科研管理改革试点，持续加大激励

在教育部直属高校和中科院所属科研院所中选择部分创新能力和潜力突出、创新绩效显著、科研诚信状况良好的单位开展支持力度更大的“绿色通道”改革试点。在简化科研项目经费预算编制试点方面，项目直接费用中除设备费外，其他费用只提供基本测算说明，不提供明细，进一步精简合并其他直接费用科目。在扩大科研经费使用自主权试点方面，允许试点单位从基本科研业务费、中科院战略性先导科技专项经费等稳定支持科研经费中提取不超过20%作为奖励经费，由单位探索完善科研项目资金的激励引导机制。奖励经费的使用范围和标准由试点单位在绩效工资总量内自主决定，在单位内部公示。对试验设备依赖程度低和实验材料耗费少的基础研究、软件开发、集成电路设计等智力密集型项目，进一步提高间接费用比例，提高到30%、25%、20%。对于数学等纯理论基础研究项目，可根据实际情况适当调整间接费用比例。

三、改革实施进展

（一）科研项目资金管理得以有效改进

国家多个部门相继打出“组合拳”，从项目立项、执行到最后的验收结题，切实从科研活动规律出发，全流程多方面改进科研项目资金管理。

1. 科研项目管理得到优化

简化了科研项目申报和过程管理。在验收阶段，国家自然科学基金、国家科技重大专项、国家重点研发计划均合并了技术验收和财务验收，不再分别单独组织。运用信息化手段，全面精简了申报材料，推行“材料一次报送”制度。国家重点研发计划将现有项目和课题层面填报的表格整合精简为6张和8张，实现了“一表多用、一表多能”；通过国家科技管理信息系统填报材料，全面推行信息化方式，杜绝了部分重复信息的填报，合并了年度报告和预算执行报告，减少了纸质材料的报送，切实为科研人员减负。另外，国家重点研发计划、国家科技重大专项、自然科学基金均赋予了科研人员和科研单位更大的决策权，实行科研人员可在不改变研究方向、不降低考核指标的前提下自主调整研究方案和技术路线。

2. 科研项目经费管理改革成效显著

简化了预算编制要求。国家重点研发计划除设备费外，其他开支科目无须单独填列明细表格。国家自然科学基金定额补助式项目可不提供明细，仅提供基本测算说明即可；成本补偿式项目只需提供必要的测算过程说明等。另外，国家重点研发计划和国家科技重大专项开展简化预算编制试点，改革试点单位在编制预算时，在直接费用中除设备费外，其他费用只需提供基本测算说明，不需要提供明细。

下放了预算调剂权。国家自然科学基金、国家科技重大专项、国家重点研发计划实行除设备费外，其他科目预算调剂权均下放给承担单位（或依托单位）。国家自然科学基金、国家重点研发计划均规定设备费预算总额一般不予调增，确需调增的需报自然科学基金委（或项目管理专业机构）审批。将设备费预算总额调减、设备费内部预算结构调整、拟购置设备明细发生变化的预算调剂权下放给承担单位（或依托单位）。国家重点研发计划直接费用实行分类总额控制，其中，材料费、测试化验加工费、燃料动力费、出版／文献／信息传播／知识产权事务费等4个科目在实施中按一类管理；劳务费、专家咨询费、会议费／差旅费／国际合作交流费、其他支出等4个科目在实施中按一类管理。两类之间的预算调剂应履行承担单位内部审批程序；同一类预算额度内，承担单位可结合实际情况进行审批或授权课题负责人自行调剂使用。科研单位也据此出台了相应的配套政策。例如，北京大学制定的《北京大学理工科民口科研经费管理办法》中规定了材料费、燃料动力费、差旅费／会议费／国际合作与交流费、出版／文献／信息传播／知识产权事务费、劳务费、专家咨询费，以及不涉及外包的测试化验加工费的预算调整和各类预算科目的预算调减。在直接费用预算总额不变的情况下，以上科目预算调整由项目负责人根据项目实际需求自主安排，无须向学校和院系提出申请，结题时提交预算调整说明，由院系确认。将大部分的预算调剂权下放给项目负责人。

加大了对科研人员的激励力度。大幅提高了间接费用在项目经费中的比重，并取消了绩效支出比例限制。国家自然科学基金、国家科技重大专项、国家重点研发计划项目经费中的间接费用均实行总额控制，大幅提高占比。同时，取消了绩效支出的比例限制，与科研人员在项目工作中的实际贡献挂钩，切实发挥了绩效支出在科研活动中的激励作用，体现了科研人员的知识价值。相关科研单位根据要求分别制定了本单位的间接费用和绩效支出的管理办法。例如，北京大学规定，原则上按照学校35%、院系25%、项目组40%的比例分配。明确了间接费用的分配比例，进一步向学院和项目组倾斜，按照“成本补偿、保障优先、分级管理、激励导向”的原则，将间接费用在学校、院系和项目组之间进行分配。

扩大了科研经费使用自主权。国家杰出青年科学基金试点项目经费使用“包干制”。项目经费不再分直接费用和间接费用，在项目申请人提交申请书和获批项目负责人提交计划书时，不再需要编制项目预算。地方上更是大胆探索，广东省省级财政科研项目允许在其他支出中列支不可预见支出；广东省、上海市、重庆市等多个省市开展科研经费“包干制”试点等。

明确了劳务费开支范围和标准，再次重申劳务费不设比例限制。国家重点研发计划规定劳务费科目不设比例限制，可预算专门科研辅助人员的劳务费。劳务费标准按照其在项目（课题）研究中的工作情况，参照当地相关科学研究和技术服务业从业人员的平均工资水平。另外，允许列支除公积金外的社会保险补助。个别地方上更是加大改革力度，如广东省在出台的《广东省财政厅　广东省审计厅关于省级财政科研项目资金的管理监督办法》中规定，在科研经费直接费用中允许列支人员费、团队负责人或高端人才的年薪，进一步激发了科研人员的积极性。

3. 高校和科研院所管理权限持续扩大

中央高校、科研院所允许自行制定会议费、差旅费具体管理规定。国家重点研发计划规定会议费预算中会议次数、天数、人数，会议费开支范围、标准等，以及差旅费预算中涉及乘坐交通工具等级和住宿费标准等，中央高校、科研院所允许按照其内部制定的管理办法测算，但应在预算中提供相应的管理办法作为附件。除中央高校、科研院所外，其他单位需参照国家关于会议费、差旅费的相关开支标准掌握。改革举措充分扩大了高校和科研院所自主管理权限，经费使用更加尊重研发规律和创新需求，不再简单套用行政预算和财务管理方法。许多中央高校、科研院所相继出台了本单位的会议费、差旅费相关制度。例如，清华大学出台了《清华大学国内差旅费管理办法》《清华大学举办国内会议经费管理办法》等相关办法。在会议费方面，规定国内学术会议支出标准为950元/人天、国内管理会议支出标准为550元/人天，大大提高了科研学术会议的会议费标准；在差旅费方面，国内差旅费正高级专业技术职务人员、教研系列长聘副教授或50岁以上其他副高级专业技术职务人员出差飞机可乘坐公务舱等。

（二）管理服务手段持续改进

在项目实施过程中精简了过程检查，国家自然科学基金、国家科技重大专项、国家重点研发计划均规定了部分项目可不开展过程检查，部分项目可采取抽查的方式，切实避免了多头检查。承担单位在强化法人责任、规范资金管理方面也出台了相应的政策。

科研单位推动落实建立健全科研财务助理制度，科研财务助理的设立切实起到了为科研人员松绑减负的作用，不但把科研人员从烦琐的科研经费报销工作中解脱出来，还能在项目执行过程中为科研人员提供专业指导和帮助，有效提升了经费管理和财务管理的专业化水平。例如，中国科学院专门出台了《中国科学院关于推进科研财务助理工作的指导意见》，要求“各单位应根据本单位科技事业发展及财务管理工作实际，坚持遵循规律、灵活和协调建设的原则，建立健全本单位科研财务助理制度”。中国科学院工程热物理研究所出台了《中国科学院工程热物理研究所科研财务助理岗位管理办法（暂行）》，办法中规定了职责分工，财务管理部门、科研管理部门、人事管理部门及用人部门要协同合作，各司其职，对科研财务助理岗位人员的选择、考核、业务的指导培训、职级的晋升等实行全方位管理。

四、思考与展望

随着科技体制改革的不断深入，在“放管服”大背景下，简化项目申报和过程管理，赋予科研人员更大技术路线决策权，赋予科研单位科研项目经费管理使用自主权的同时，要确保科研经费用到实处，使科研经费使用效率得到切实提高。真正做到放得开，同时做到管得住、管得好。如何能够管得住，管得好，成为当下的新问题。

在国家层面，应深入研究科研活动规律及特点，进一步完善科研经费管理的相关制度；加大对相关科研项目及经费管理政策的宣讲力度；尽快完善相关科研诚信体系建设，出台可操作的科研诚信治理规则；完善科研经费监督管理机制。

在科研单位层面，应切实落实法人责任，科学管理科研项目及经费，建立健全规范的科研管理体系，完善相关管理制度和工作流程；科研单位应统筹协调相关内设部门，实行科研项目和经费的全过程管理，对科研人员进行全方位的指导和服务；另外，还要加强科研管理人员及科研人员的能力培养，提高政策把握能力和整体工作能力。

在科研人员层面，应积极学习国家出台的科研项目及经费管理相关政策，增强法律意识，做到廉洁自律，重视科研经费的使用及管理，研发资金支出做到目标相关、政策相符、经济合理，切实遵守相关政策规定。

第3章 健全科技监督评估制度

一、改革背景

加强科技监督和评估工作，是政府职能转变，促进决策、执行、监督相互制约、相互协调，构建现代科技治理体系的必然要求。党的十八大以来，科技监督评估工作日益受到党中央、国务院的高度重视。党的十八大报告提出，“要健全权力运行制约和监督体系”“确保决策权、执行权、监督权既相互制约又相互协调”“完善科技创新评价标准、激励机制、转化机制”。党的十九大报告强调，要“构建决策科学、执行坚决、监督有力的权力运行机制”。十九届四中全会指出，要“健全符合科研规律的科技管理体制和政策体系，改进科技评价体系”。十九届五中全会进一步提出，要“完善科技评价机制”“健全重大政策事前评估和事后评价制度”“健全以创新能力、质量、实效、贡献为导向的科技人才评价体系”。

2013年，在中央政治局第九次集体学习时，习近平总书记曾明确提出：“关于创新体系怎么建要认真考虑。项目出去了，钱也批出去了，到底怎么样？要评估分析。”在2016年和2018年两院院士大会上，总书记强调，“要改革科技评价制度，建立以科技创新质量、贡献、绩效为导向的分类评价体系”“形成并实施有利于科技人才潜心研究和创新的评价制度”。李克强总理等国务院领导分别对加强重大政策、科技改革任务的监督评估做出了重要指示和部署。关于创新驱动发展、深化科技体制改革的顶层设计文件中也明确提出，要完善创新评价制度，加强对创新政策和科技改革任务的督查评估。

加强科技监督评估制度建设作为深化科技体制改革的一项重点任务，对有效实施创新驱动发展战略具有重要的保障作用。长期以来，我国的科技监督评估制度建设一直是短板，缺乏针对国家科技规划和政策、中央财政资金支持的科技计划等健全的监督评估制度，相关绩效评估工作也没有统一的规范。随着科技体制改革的不断深化，以及对科技管理要求的不断提高，需要通过加快科技监督评估制度建设，推进科技评估改革，加强监督体系建设，以更好地发挥监督评估在优化科技管理决策、提高科技活动实施效果和财政支出绩效等方面的作用。

二、主要改革举措

近年来，我国在科技监督评估制度改革方面进行了积极探索，出台了一系列重大政策文件，加快推进科技监督评估制度规范建设，深化项目评审、人才评价、机构评估（“三评”）改革，重视科技规划、创新政策和改革举措等各类评估，着力构建完善新时期科技监督评估工作体系，促进科技管理的科学化、规范化和人性化，提高财政资金使用效益。

（一）制度先行，着力加强科技监督评估制度建设

根据国发〔2014〕64 号文部署，科技监督评估是国家科技管理平台的“三根支柱”之一。科技计划管理改革以来，科技部按照制度先行的原则，在科技监督和评估方面出台了一系列制度文件，形成了“1+3+1”的总体构架。“1”是《科技监督和评估体系建设工作方案》，作为监督和评估工作的基本遵循；“3”为 3 个制度规范，即《中央财政科技计划（专项、基金等）监督工作暂行规定》《科技评估工作

规定（试行）》《国家科技计划（专项、基金等）严重失信行为记录暂行规定》；后一个“1”为《科技部落实国家科技计划管理监督主体责任实施方案》，保障“1+3”落地落实[①]。

（二）遵循规律，探索完善科技监督评估机制和模式

推行嵌入式、全过程、全流程，自上而下分层分级的科技监督评估机制，制定统一的年度监督评估计划，探索建立监督主体纵横联动、监督对象全面覆盖的“大监管”模式。对中央财政各类科技计划（专项、基金等）实行统一管理，建立统一的评估监管体系，建立绩效评估、动态调整和终止机制；实施科技计划管理全过程监督，强化科技计划实施和资金使用情况的监督检查；强化对科技计划管理实施的重点关键环节的监督检查和绩效评估；对战略咨询与综合评审委员会和专业机构的履职尽责情况等统一组织评估评价和监督检查；加强五大类中央财政科技计划（专项、基金等）的绩效评估，设置合理的评估内容和评估指标体系，采用科学可行的方法和规范程序，独立客观、分类评价；依托国家科技管理信息系统，构建统一的工作信息平台；建立监督和评估结果共享、公开和年度报告制度，并作为中央财政持续滚动支持的重要依据。在创新监督方式方法方面，实施电话访谈制度，推行“材料只报送一次”和“微视频”报送，探索远程视频检查，实行“双随机、一公开”检查方式，利用大数据等信息技术提高监督检查效率，实行监督检查结果信息共享和互认等。

（三）加强科技规划、重大政策和改革举措的评估

加强科技规划实施监测评估，开展规划实施情况的动态监测和第

① 科技部，《中国科技发展 70 年（1949—2019）》（第十三章　科技体制改革和国家创新体系建设　第六节　科技监督评估与科研诚信）。

三方评估，把监测和评估结果作为改进政府科技创新管理工作的重要依据。建立年度监测评估机制，完善中期评估和总结评估机制，对规划实施效果做出综合评价，并强化评估结果的运用，为规划指标和任务部署的动态调整及制定新一轮规划提供依据。

加强创新政策评估督查与绩效评价，推动建立创新政策调查和评价制度，定期对政策落实情况进行跟踪分析，并及时调整完善。推动建立创新政策协调审查机制，组织开展创新政策清理，及时废止有违创新规律、阻碍新兴产业和新兴业态发展的政策条款，对新制定政策是否制约创新进行审查。推进重大改革举措监督评估，狠抓各项改革举措落实落地，根据改革试点（试验）监督检查和评估情况，按成熟程度分类提出重大改革举措推广建议，对较为成熟的改革举措在更大范围复制推广。

建立科技咨询支撑行政决策的科技决策机制，加强重大决策的调查研究、科学论证、风险评估，强化决策执行、评估、监督一体化部署。《重大行政决策程序暂行条例》（2019 年发布）明确要建立风险评估机制，防控决策风险，把风险评估结果作为重大行政决策的重要依据，并针对风险评估的方式方法、成果形式、结果应用等提出了具体要求。

（四）深入推进项目评审、人才评价、机构评估改革

项目评审、人才评价、机构评估（“三评”）改革是推进科技评价制度改革的重要举措。以改革科研项目评审、人才评价、机构评估为关键，统筹自然科学和哲学社会科学等不同学科门类，推进分类评价制度建设，发挥好评价指挥棒和风向标作用，营造潜心研究、追求卓越、风清气正的科研环境，形成中国特色科技评价体系，为提升我国科技创新能力、加快建设创新型国家和世界科技强国提供有力的制度保障。

在完善科技项目评审方面，推进项目综合绩效评价和计划整体绩

效评估。合并财务验收和技术验收，由项目管理专业机构严格依据任务书在项目实施期末进行一次性综合绩效评价。同时，强化科研项目绩效评价，包括“推动项目管理从重数量、重过程向重质量、重结果转变”“实行科研项目绩效分类评价”“严格依据任务书开展综合绩效评价”“加强绩效评价结果的应用”。

在改进科技人才评价方面，坚持“干什么评什么”的原则，分类构建体现不同职业、不同岗位和不同层次人才特点的评价机制，建立以能力和贡献为导向的评价和激励机制，克服唯论文、唯职称、唯学历、唯奖项倾向。坚持“评用结合、谁用谁评”，对科技领域人才计划进行优化整合，探索有利于创新人才发挥作用的多种分配方式，完善职称评价标准和评价机制，促进职称评价与人才培养使用相结合。

在完善科研机构评估方面，重视对科研机构、高校中长期目标考核和分类考核。要求在科研机构全面推行章程管理制度，建立以科技创新绩效为核心的中长期绩效评估制度。结合科研机构、高校分类改革和职责定位，实行分类评价。强化对科技创新基地的定期评估考核和调整，坚持能进能出，提升持续创新活力。

三、改革实施进展

（一）嵌入式、全过程、全流程的国家科技计划监督评估制度体系基本建立

国家科技计划项目监督制度规定全面实施，重点研发计划评估规范等分类细则逐步完善，监督和评估制度体系基本建立。跨部门、多地区联动的大监督评估格局初步形成，对各有关方面的监督评估工作实行年度统一计划，杜绝计划外的“任性”监督。按照“双随机、一公开”要求，对行政许可审批事项、科技计划项目等加强监督评估，

现场抽查比例严格控制在 5% 以内，推行“互联网 +”监督，落实“材料一次报送”制度，让信息多跑路、科研人员少跑腿。同时，科技部按照“站高一格、后退一步、敢于担当”的改革思路，加快科技管理职能转变，出台了进一步改革完善科研项目管理和监督制约的一揽子细化措施。

近年来，我国科技计划评估工作取得了长足进步，评估理论方法不断完善，评估国际合作不断加强，各部门和地方从实际管理工作需要出发，有计划地组织开展了多种类型的科技计划评估工作。科技部根据国家科技计划管理改革有关要求，强化专项层和前中期评估工作，自 2015 年开始开展国家重点研发计划重点专项项目申报指南评估工作，为提高指南的规范性和合理性提供了重要参考和依据，指南评估工作已作为重要一环列入重点研发计划管理流程。同时，严格项目成果评价验收和科技计划绩效评估，陆续开展了国家自然科学基金资助与管理绩效评估、国家科技重大专项监督评估、国家科技计划项目综合绩效评价、国家重点研发计划重点专项绩效评估等一系列重大科技计划评估活动，建立了涵盖五大类计划的统一的评估机制，并实现了计划、专项、项目一体化、全链条评估设计。此外，开展项目管理专业机构改建中期评估，推进了项目管理专业机构改建工作，保障了机构改建目标的完成，推动高素质的科研管理团队建设和具备相关领域专业化管理能力的项目管理专业机构的建立，使科技计划新体系运转更加顺畅。

（二）开展科技规划、政策和改革举措系列督查评估，为重大规划政策和改革任务的落实、调整和完善提供重要决策参考

2013 年，为了全面掌握《国家中长期科学和技术发展规划纲要（2006—2020 年）》的实施情况，客观评价规划纲要实施以来我国自主创新能力和创新环境的变化，在国务院的统一领导下，科技部牵头开展规划纲要中期评估工作，全面梳理并客观反映了规划纲要实施以来的执

行情况，分析研判了未来科技发展的形势和需求，提出重大任务调整充实的建议，引起了国际社会的广泛关注。2018 年，科技部会同有关部门和地方联合开展了《“十三五”国家科技创新规划》实施情况中期评估。同年，在《国家知识产权战略纲要》颁布实施 10 年之际，国务院知识产权战略实施工作部级联席会议组织开展了纲要实施 10 年评估工作，为下一轮知识产权战略的制定提供了重要的决策依据[①]。

2008 年以来，科技部连续组织开展了对《〈国家中长期科学和技术发展规划纲要（2006—2020 年）〉若干配套政策》和有关重点创新政策实施情况的年度跟踪监测与评估，逐步探索形成了对全国科技创新政策总体情况和企业研发费用加计扣除政策等重点政策落实情况的监测评估机制。通过监测与评估，对我国科技创新政策体系构建情况进行分析研判，总结政策实施成效及地方经验做法，深入查找政策落实中存在的问题与不足，为促进政策落实、调整完善相关政策措施、改进和加强宏观政策管理等提供了重要决策参考。目前，科技创新政策监督评估工作逐步制度化、规范化。

国家科改领导小组把监督评估作为抓改革政策落实的重要手段，建立了常态化的督查评估机制。自 2013 年起，国家科改领导小组办公室每年委托专业评估机构对科技体制改革整体落实情况开展监测评价，并定期选择重点改革举措进行专项评估，2019 年进行了综合性评估。通过督查和评估，及时掌握改革进展和成效，督促各有关部门、地方加快改革落实，深入基层听取改革问题，研究制定新一轮改革文件，有效发挥了评估反馈、问效和决策支撑作用[②]。

---

① 国家科技评估中心、中国科技评估与成果管理研究会，《科技评估方法与实务》（第三章　科技战略规划评估）。

② 国家科技评估中心、中国科技评估与成果管理研究会，《科技评估方法与实务》（第四章　科技创新政策评估）。

（三）积极推进“三评”改革，清理“四唯”专项行动取得积极成效

“三评”改革工作在全国范围内广泛开展，有关部门、地方和法人单位按要求采取了针对性措施，社会各界对科技评价改革的认识进一步提高，改革取得了积极进展与成效。一是有关部门和地方积极细化完善配套文件，构建了更加规范高效的科技评价政策体系，在优化中央财政科技计划管理、完善部分人才计划管理、规范科技人才称号使用、综合评价中央科研事业单位、完善科技监督评估、加强科研诚信体系建设等方面已取得阶段性成果。二是推进“四唯”清理专项行动，围绕科技计划项目、人才项目、基地建设、机构评估、学科评估、职称评审、绩效考核等重点领域开展了专项整改，在制度管理层面破除了大量“唯论文、唯职称、唯学历、唯奖项”问题，评价导向实现初步转变。

（四）中央部委和地方政府加强科技监督评估职能建设，强化和聚焦监督评估工作

中央部委 15 个相关部门职责中增加了评估评价相关职责。为适应科技计划管理改革，科技部在 2018 年新设立科技监督与诚信建设司，作为独立于国家科技计划管理运行决策的监督评估管理司局，统筹协调和指导国家科技计划各类评估监督工作；成立全国科技评估标准化技术委员会，推动全国规范开展科技评估工作，组织研究科技评估发展战略、理论和方法，组织制定科技评估标准及规范；牵头深化科技评价制度改革，提出相关政策措施建议并监督实施。全国各省、直辖市、自治区、新疆生产建设兵团、计划单列市、副省级城市科技管理部门中普遍加强科技监督评估职能建设，其中 28 个科技部门中设置了专门处室，专职负责科技监督、科研诚信、评估评价等工作。

四、思考和展望

科技监督评估制度是科技创新治理的重大基础性制度，涉及利益关系复杂、范围广，直接影响广大创新主体和科研人员的科研状态和创新活力。随着政府科技管理职能加快转变，如何从实施创新驱动发展战略全局出发，进一步完善科技监督评估体系，更好地满足科技管理过程中的不同需求，提升科技管理的整体水平，成为当前落实科技强国战略的重要任务。好的监督评估体系应导向明确、覆盖完整、结构合理，与决策、执行相协调，且具有健全的制度、规范和标准，完善的工作机制和专业的人员队伍，各类监督评估活动能够积极、有序、系统地开展，结果可得到有效使用，能够使监督评估工作最大限度地发挥作用和影响。面向未来，结合新形势新要求，需要持续完善我国科技评估监督制度体系。

一是要加强监督评估体系构建的顶层设计和系统部署，推进各部门间的协作沟通，建立联动的常态化监督评估机制。推动建立覆盖规划、政策、计划、专项、项目、机构、人才等各类各层次的事前、事中、事后全要素全过程监督评估体系，推进监督评估体系各要素和活动间的统筹协调。研究制定科技监督评估五年规划、年度计划、年度汇总备案等具体措施和操作办法，实现监督评估活动的统筹安排。构建统一的政府科技监督评估信息化平台，建立监督评估活动数据库、监督评估机构数据库、监督评估专家数据库和全国科技监督评估信息共享汇交制度，实现各部门各地方各类监督评估信息的汇总、公开和共享。

二是要加强科技监督、评估、诚信 3 个方面制度的有机结合，强化科技评估对决策管理的支撑和在大监管中的作用。正确把握党中央、国务院关于作风学风建设、科技监督、科研诚信、科技伦理及评估评价的要求，统筹科技监督评估和诚信体系制度规范建设，狠抓作风学风建设，探索构建新时代科技监督评估和诚信工作范式。推动科技监督评估和日常管理工作相协同，将评估目标价值和要求融入决策、执行和监督评估全过程管理，将评估作为发现问题、督促改进、开展处罚的重要手段，推动评估和在线监督、联合调查、严重失信行为惩戒等的融合和联动，逐渐形成顶层设计完备、指导有力、相互支撑的统一科技大监管体系。同时，避免评估结果与物质利益过度挂钩，更好地发挥评估的引导、激励和监督功能。

三是要推进科技评估行业标准化、专业化、规范化发展，加强全行业交流和能力建设。依托全国科技评估标准化技术委员会全面设计和推进科技评估标准化建设，尽快推进科技项目、人才、机构、成果评估国家标准发布。开展科技评估机构认证和评价，打造一批专业化、权威性评估服务机构；定期组织评估机构业务交流培训，倡导行业自律，建立信用评价机制。加强评估人员培训，系统提升科技评估行业从业人员的能力和专业素养，不断提高科技评估质量。

第4章　完善科技管理基础制度

一、改革背景

为更好地贯彻落实中央对科技体制改革和创新驱动发展做出的决策部署，需要加快完善我国科技管理基础制度。党的十八大特别是十八届二中、三中、四中全会以来，科技管理基础制度的建设在同步有序推进，主要体现在科技决策咨询制度、创新调查制度、科技报告制度、科学数据管理制度4个方面，持续推进国家科技治理体系和科技治理能力现代化建设。

党的十八大和十八届三中全会要求建立健全决策咨询制度，广泛听取各方面专家学者意见并使之制度化，对提高党的执政能力、提高国家治理能力具有重要意义。我国已经建立了多层面、多渠道、多形式的科技决策咨询机制。但与创新驱动发展的要求相比，与推进国家治理体系和治理能力现代化这个全面改革的总目标相比，与决策的实际需求相比，我国的科技决策咨询制度仍有很长的路要走。

随着创新型国家建设加速推进，建立符合国情的创新调查评估体系，准确测算创新对经济社会发展的贡献，并为政策制定提供依据已成当务之急。2012年，习近平总书记对全国科技创新工作做出重要指示，提出“建立符合国情的全国创新调查制度，准确测算科技创新对经济社会的贡献，并为制定政策提供依据”。

加快建立统一的国家科技报告制度，是我国深化科技体制改革的重要内容之一。财政支持的科研项目结果如何，面对科研和管理人员需要实现科研项目产出的开放共享、转化应用，面对公众需要将科研项目产出公开透明、交账问效，为此有必要借鉴国际经验，部署建立国家科技报告制度，推动科技项目成果报告的完整保存、持续积累、开放共享和转化应用。

当代科学技术发展呈现明显的大科学、定量化研究特点，科技创新越来越依赖大量、系统、高可信度的科学数据，科学数据已经成为国家科技创新和经济社会发展的重要基础性战略资源，相比欧美发达国家对科学数据等信息资源的管理，我国一直缺少国家层面的制度保障。科学数据管理与共享仍存在诸如基础设施匮乏、法律制度薄弱等问题。国家层面必须重视发力补齐科学数据管理短板，加强科学数据全生命周期管理，确保数据安全和共享力度，提升科学数据的增值效益，激发科学研究原始创新活力。

二、主要改革举措

（一）完善科技决策咨询制度

《关于深化中央财政科技计划（专项、基金等）管理改革方案的通知》（国发〔2014〕64 号）、《国家科技决策咨询制度建设方案》及《关于加强中国特色新型智库建设的意见》等文件的出台，共同推进了科技决策咨询制度的健全和完善。

一是组建国家科技决策咨询委员会。建立国家科技创新决策咨询机制，发挥好科技界和智库对创新决策的支撑作用，成立国家科技创新咨询委员会，定期向党中央、国务院报告国际科技创新动向。《国家科技决策咨询制度建设方案》强调，建设国家科技决策咨询制度，要把立足点放在支撑国家发展全局、服务党中央重大科技决策需求上，着力做好机制设计。国家科技决策咨询委员会既要对科技创新发展面临的重点难点问题及时提出意见和建议，又要瞄准世界科技前沿，从全球科技创新视角为国家经济社会发展、保障和改善民生、国防建设等方面重大科技决策提供咨询建议。

二是完善国家科技计划决策咨询制度。国发〔2014〕64 号文件明确提出，成立国家科技计划战略咨询与综合评审委员会（简称咨评委），咨评委由科技界、产业界和经济界的高层次专家组成，对科技发展战略规划、科技计划（专项、基金等）布局、重点专项设置和任务分解等提出咨询意见，为国家科技计划管理部际联席会议提供决策参考；对制定统一的项目评审规则、建设国家科技项目评审专家库、规范专业机构的项目评审等工作提出意见和建议；接受联席会议委托，对特别重大的科技项目组织开展评审。战略咨询与综合评审委员会要与学术咨询机构、协会、学会等开展有效合作，不断提高咨询意见的质量。

三是建设高水平科技创新智库。《关于加强中国特色新型智库建设的意见》强调，中国特色新型智库是国家治理体系和治理能力现代化的重要内容，要求建设高水平科技创新智库和企业智库。科研院所要围绕建设创新型国家和实施创新驱动发展战略，研究国内外科技发展趋势，提出咨询建议，开展科学评估，进行预测预判，促进科技创新与经济社会发展深度融合。发挥中国科学院、中国工程院、中国社科院、中国科协等在推动科技创新方面的优势，在国家科技战略、规划、布局、政策等方面发挥支撑作用，使其成为创新引领、国家倚重、社会信任、国际知名的高端科技智库。支持国有及国有控股企业兴办产学研用紧密结合的新型智库，重点面向行业产业，围绕国有企业改革、产业结构调整、产业发展规划、产业技术方向、产业政策制定、重大工程项目等开展决策咨询研究。

（二）建立国家创新调查制度

国家创新调查制度是在科学、规范的统计调查基础上，对国家创新能力进行全面监测和评价的制度安排。2013 年 10 月 8 日，为落实《中共中央　国务院关于深化科技体制改革加快国家创新体系建设的意见》中关于“建立全国创新调查制度，加强国家创新体系建设监测评估”的要求，2013 年 10 月 11 日，科技部发布《建立国家创新调查制度工作方案（征求意见稿）》，2014 年 1 月 15 日由国家科技改革领导小组审议通过。创新调查的主要工作内容为创新活动统计调查、创新能力监测、创新能力评价、标准和规范 4 个部分。调查对象包括企业、研究机构、高等学校、创新中介、创新基地等。具体举措如下。

一是对国家创新调查工作进行细化和落实。2017 年 4 月，经国务院批准，科技部、国家统计局联合印发《国家创新调查制度实施办法》，明确了国家创新调查制度内容包括创新活动统计调查、创新能力监测和评价。实施工作由科技部、国家统计局牵头负责，其中科技部牵头会同相关部门负责创新能力监测和评价工作；国家统计局牵头会同相关部门负责创新活动统计调查工作。建立由科技部、国家统计局、发展改革委、教育部等部委组成的国家创新调查制度工作协调机制，统筹实施国家创新调查制度。成立国家创新调查制度咨询专家组，保障创新调查工作重大事项决策的科学化、民主化和规范化。

二是科技创新活动统计调查。按照实施办法要求，组织开展企业、研究机构、高等学校等的创新活动统计调查，加工整理现有科技、经济和社会统计与创新有关的数据。由国家统计局牵头对 10 个行业门类开展一年一度的企业创新活动统计调查；科技部、国防科工局对研究机构开展年度创新活动统计调查；教育部对全国普通高校开展年度创新活动统计调查。

三是创新能力监测评价。为了适应新形势下党中央、国务院对我国科技创新工作的新部署新要求，更加科学地评价国家综合创新能力，对国家、区域、企业、典型产业和典型创新密集区的创新能力进行监测和评价，研究形成监测指标体系、评价的标准与方法。通过政府部门组织的统计调查获得基础数据，根据实施创新驱动发展战略的要求，深入分析不同主体的科技创新工作实际，定期发布国家、区域、国家高新区等创新能力监测和评价报告，为实施创新驱动发展战略提供了重要的决策参考。

（三）建立健全国家科技报告制度

加快建立统一的国家科技报告制度，是我国深化科技体制改革的重要内容之一。十八届三中全会通过的《中共中央关于全面深化改革若干重大问题的决定》中提出“建立创新调查制度和创新报告制度”。2014 年 8 月 31 日，国务院办公厅发布《关于加快建立国家科技报告制度的指导意见》（国办发〔2014〕43 号）。2015 年新修订的《中华人民共和国促进科技成果转化法》中第十一条规定：国家建立、完善科技报告制度，利用财政资金设立的科技项目的承担者应当按照规定及时提交相关科技报告，鼓励利用非财政资金设立的科技项目的承担者提交相关科技报告。2016 年发布的《中央财政科技计划（专项、基金等）科技报告管理暂行办法》明确提出了有关科技报告统一呈交、规范管理和共享使用的相关要求。具体举措如下。

一是建立科技报告逐级呈交的组织管理机制。国家科技报告体系分为三级组织管理体系：科技部负责科技报告工作的统筹规划、组织协调和监督检查；各地、各有关部门将科技报告工作纳入本地区、本部门管理的科技计划、专项、基金等科研管理范畴；各基层科研单位将科技报告管理纳入项目承担人的职责范围之内，建立科技报告工作机制，及时向项目主管机构呈交科技报告。

二是推动科技报告的积累和开放共享。对已验收（结题）的科技项目，有条件的地方和部门应开展科技报告回溯工作。在做好财政性资金资助科技项目科技报告收集的同时，鼓励引导社会资金资助的科研活动通过国家科技报告服务系统向科技部或其委托机构呈交科技报告。科技部及其委托机构应对全国范围内收集的科技报告进行加工整理、集中收藏和统一管理。在建立科技报告共享服务机制方面，根据分级分类原则，通过国家科技报告服务系统面向项目主管机构、项目承担单位、科研人员和社会公众提供开放共享服务。

三是开展科技报告资源增值服务。深度开发利用科技报告资源，做好立项查重，避免科技项目重复部署；实时跟踪科技项目的阶段进展、研发产出等情况，服务项目过程管理；对相关领域科技发展态势进行监测，为技术预测和国家关键技术选择提供支撑；梳理国家重大科技进展和成果并向社会公布，推动科技成果形成知识产权和技术标准，促进科技成果转化和产业化。

四是建立奖惩机制。对未按时按标准要求完成科技报告任务的科技项目，按不通过验收或不予结题处理。对科技报告存在抄袭、数据弄虚作假等学术不端行为的，纳入项目负责人和项目承担单位的科研信用记录，并依据相关规定向社会公布。

（四）完善科学数据管理制度

为进一步加强和规范科学数据管理，保障科学数据安全，提高开放共享水平，更好支撑国家科技创新、经济社会发展和国家安全，2018 年 1 月，中央全面深化改革领导小组第 2 次会议审议通过《科学数据管理办法》，3 月 17 日，国务院办公厅正式印发施行《科学数据管理办法》（国办发〔2018〕17 号），从制度上规范了我国科学数据的管理与共享。具体举措如下。

一是明确职责分工。办法规定科学数据管理工作实行国家统筹、各部门与各地区分工负责的体制。强化了法人单位主体责任，明确主管部门职责，体现了“谁拥有、谁负责”“谁开放、谁受益”的原则[①]。

二是建立数据汇交制度。办法要求各级主管单位建立数据汇交制度，科技计划项目数据要汇交至科学数据中心，并明确提出了先汇交数据、再验收项目的工作原则。除国家预算支持的科技计划和项目外，由社会资金资助形成的数据，如果涉及国家秘密、安全和社会公共利益的，也应按规定汇交。科学数据中心及法人单位应配备相应的基础设施和管理制度，保障科学数据的安全存储。

三是促进科学数据的共享与利用。办法明确了“开放为常态、不开放为例外”的原则[②]，除有特殊规定外，科学数据应及时接入国家数据共享交换平台，面向社会和相关部门开放共享，向社会开放。对于涉及政府决策、公共安全、国防建设、环境保护、防灾减灾、公益性科学研究等方面的科学数据应无偿提供。

四是完善安全措施。科学数据共享具有重大的科学价值、经济价值和社会价值，也会产生相应的安全问题。按照“分级管理，安全可控”原则，主管部门和法人单位依法确定科学数据的密级及开放条件，加强科学数据共享和利用的监管。

三、改革实施进展

（一）落实科技决策咨询制度支撑科技发展

为确保科技决策中充分发挥专家咨询作用，2015年，在科技计划管理改革期间发起组建了战略咨询与综合评审委员会，特邀委员会于

① 让科学数据开放共享成为常态——科技部相关负责人解读《科学数据管理办法》，http://www.gov.cn/zhengce/2018-04/05/content_5279957.htm。

② 同①。

当年召开第一次全体会议，对第一届战略咨询与综合评审委员会的正式组建提出建议人选。随后，根据国家科技计划管理需要，召开多次咨询会议，围绕国家重点研发计划的功能定位，对重点专项总体布局、任务部署，以及部分专项的使命定位、主要任务和预期目标等关键问题分别提出了咨询评议意见，咨询评议意见对部际联席会议审议决定国家重点研发计划整体部署形成重要支撑。相关领域的咨询委员会也应需组建，如 2017 年 11 月科技部召开新一代人工智能发展规划暨重大科技项目启动会，宣布成立新一代人工智能战略咨询委员会。根据中央部署，科技部推动组建了国家科技咨询委员会，从国家层次和全球视角不断对我国科技创新改革发展提出意见和建议。

（二）持续推进创新调查工作

一是构建监测指标体系。科学的监测和评价指标体系是保障监测评价报告质量的重要基础。2013 年 11 月，科技部依据创新调查工作方案，研究设计了国家、区域、企业（产业）、典型创新密集区等创新能力监测和评价指标体系，发布《国家创新调查监测和评价指标体系（征求意见稿）》。

二是根据指标体系，持续开展创新活动统计调查。企业调查范围为国民经济中创新活动相对活跃的部分行业，包括规模以上工业企业、部分建筑业企业和服务业企业。调查内容主要涉及创新活动类型、创新投入及产出、产学研合作创新、创新信息来源、创新阻碍因素、知识产权、创新政策落实情况等。调查每年一次，通过报表的方式进行。采用全面调查与抽样调查相结合的方式，其中，高校实行属地化全样本调查，科技人员实行抽样高校全样本调查。工业企业、建筑业企业、金融业企业实施全面调查，其他企业实施抽样调查[①]。科技部从 2014

① 企业创新活动统计调查方案征求意见会议召开，http：//www.most.gov.cn/cxdc/cxdcgzdt/201409/t20140901_115327.htm。

年科学研究与技术服务业年度科技统计调查开始，增加《对外科技服务及与产业的联系》附表，调查全国科研机构的创新情况。

三是基于调查数据形成调查报告。通过统计调查，对企业、研究机构、高等学校等创新主体投入产出，以及国家、区域、企业、研究机构、高等学校、创新密集区等整体能力创新情况进行跟踪监测。科技部、国家统计局持续发布相关年度报告，包括《国家创新指数报告》《中国区域科技创新评价报告》《中国普通高校创新能力监测报告》《全国企业创新调查年鉴》《中国企业创新能力评价报告》《国家高新区创新能力评价报告》等。

四是完善监测和评价结果的信息公开与共享服务机制。监测和评价系列报告实现网络公开获取，广泛宣传创新调查成果，充分发挥其对国家、地方、行业等依靠创新驱动、实现创新发展的引导作用。

（三）大力落实科技报告制度

一是出台了科技报告的相关国家标准。编写完成了《科技报告编写规则》（GB/T 7713.3—2014）、《科技报告编号规则》（GB/T 15416—2014）、《科技报告保密等级代码与标识》（GB/T 30534—2014）和《科技报告元数据规范》（GB/T 30535—2014）等4个标准规范，为科技报告撰写、科技报告密级和保密期限、延期公开和延期公开时限等确立了国家标准。

二是建立了开放共享的国家科技报告服务系统。2014年3月，国家科技报告服务系统（www.nstrs.cn）正式开通运行，实现了国家科技报告的网络化、数字化和集成化管理，开通了针对社会公众、专业人员和管理人员3类用户的共享服务。包括国家科技重大专项、国家重点研发计划、国家科技支撑计划、国家重大科学仪器设备开发专项、国家自然科学基金等国家科技计划，交通运输部应用基础研究项目、交通运输建设科技项目等部门科技计划，以及各省、自治区、直辖市科技计划的科技报告陆续纳入国家科技报告服务系统，类型包含最终报告、进展报告、验收报告、年度报告等。截至 2020 年 12 月，国家科技报告服务系统已收录 26 万余份各类科技报告[①]，总点击量 98 442 012 次[②]，科技报告制度建设取得实质性进展。

三是地方积极推进落实科技报告制度建设。截至 2020 年 12 月，已有 31 个省（区、市）制定了地方科技报告实施方案或管理办法。各地方也按照《指导意见》的要求，全面开展科技报告制度建设工作。安徽、福建、甘肃、广东等 24 个省（区）上线了地方科技报告服务系统[③]，大部分都实现了与国家科技报告服务系统的统一认证。

（四）科学数据管理取得初步成效

一是全面开展科学数据管理制度建设工作。《科学数据管理办法》的发布标志着我国正式在国家层面加强和规范科学数据管理工作，2018 年 2 月，科技部、财政部印发《国家科技资源共享服务平台管理办法》，规范管理国家科技资源共享服务平台，深入发展科技创新，推动数据共享。在部门和地方层面，截至 2020 年 12 月，中国科学院及陕西、黑龙江、甘肃、内蒙古等 16 个省（区、市）制定并发布了科学数据管理实施细则。

二是建立国家科学数据中心。为落实《科学数据管理办法》和《国家科技资源共享服务平台管理办法》的要求，规范管理国家科技资源共享服务平台，完善科技资源共享服务体系，推动科技资源向社会开放共享，通过部门推荐和专家咨询，经研究共形成“国家高能物理科学数据中心”等 20 个国家科学数据中心、“国家重要野生植物种质

---

① 国家科技报告服务系统，https：//www.nstrs.cn/standard。

② 该点击量为截至 2020 年 12 月 24 日数据。

③ 项东婷，王永胜，董建忠，等．国家和地方科技报告制度建设情况调查分析 [J]. 山西科技，2019，34（1）：19−23.

资源库”等30个国家生物种质与实验材料资源库[①]。科学数据中心持续开展各领域科学数据的标准化收集、整理、保藏工作，并承接科技计划项目实施所形成的科学数据的汇交、整理和保藏任务，实现数据资源、计算存储资源的汇交和共享。目前，国家科学数据中心需要注册后按资源类型进行资源检索，检索出资源后根据相关条件进行资源申请，申请完成后由相关负责人进行审核，审核通过后才能获得相关资源。

四、思考与展望

科技管理基础性制度完善与否决定了科技决策、规划、政策的落实效率与效果。根据深化科技体制改革的要求，需进一步完善科技管理制度，拉长长板、补齐短板，可考虑主要围绕以下几个方面重点推进工作。

关于科技决策咨询制度。要注重决策咨询和科技治理相结合，持续推进国家科技治理体系和科技治理能力现代化建设。决策咨询不仅要发挥科学家的作用，还要广泛吸纳各方面专家，包括自然科学、社会科学、工程技术和企业界的专家；要加强咨询委员会和伦理委员会的配合。科技决策咨询委员会要主动开展研究，形成前瞻性、关键性报告以服务决策；要建立规范长效的咨询机制，建立咨询成果的使用、跟踪和评估机制；要建立决策咨询委员会的支撑服务队伍。

关于国家创新调查制度。随着科技水平的发展，创新的模式、产出和成果也在不断变化，指标体系和内容要根据科技创新发展特征进行优化；构建创新发展的动态监测体系，及时掌握我国创新发展的态

① 科技部 财政部《关于发布国家科技资源共享服务平台优化调整名单的通知》（国科发基〔2019〕194号），http：//www.gov.cn/xinwen/2019-06/11/content_5399105.htm。

势和动向；按照新时代新阶段推动高质量发展的要求，围绕创新发展的重大决策议题开展系统深入调查；建立政府部门间创新调查数据开放共享制度，最大限度地发挥数据效用。

关于科技报告制度。国家科技报告服务系统仍需进一步优化，改善系统用户界面友好性；完善科技报告质量控制与评价体系，科技报告的质量直接影响科技报告使用的效率和科技成果转化的效率，对提交的科技报告严格按照科技报告标准规范要求进行评审，将不符合规范的科技报告退回修改；地方科技报告系统与国家对接，对国家和地方各级别科技计划产生的科技报告进行统筹布局，逐级汇交。

关于科学数据管理制度。科技创新越来越依赖大量、系统、高可信度的科学数据，包括美国、欧盟在内的全球各主要国家和经济体无不在大力加强对数据的规范管理，立法是其中非常重要也是必备的手段；完善科学数据质量控制制度，提高汇交的数据质量，数据平台便利性也需进一步提高；领域、行业、部门间科学数据尚未实现互联互通，科学数据分散管理、条块分割的现象仍然存在，亟须促进科学数据有序汇聚，破除“数据孤岛”；如今，数据作为生产要素之一，被正式纳入国家所定义的要素市场化配置中，对数字经济新产业、新业态和新模式提出了新的需求；推动完善科学数据分类分级安全保护制度，在隐私和开放之间找到数据的最佳位置。

第二篇
加强科技创新力量建设

企业是技术创新的主体，是科技与经济紧密结合的主要载体，科研院所和高等学校是源头创新的主力军。近年来，新型研发机构快速发展，成为迅速崛起的重要科技创新力量。科研基地平台与资源条件是创新主体开展科研活动的有效保障。党中央、国务院高度重视提升创新主体能力，特别是党的十八大以来，围绕激发企业创新内生动力、构建更加高效的科研体系做出了系列部署，出台了一系列重大改革举措，最大限度地激发科技第一生产力、创新第一动力的巨大潜能。

2014年8月18日，习近平总书记在中央财经领导小组第七次会议上明确提出，要用好科学家、科技人员、企业家，激发他们的创新激情。2020年9月11日，习近平总书记在科学家座谈会上指出，“我们有大批科学家、院士，有世界级规模的科研人员和工程师队伍，要狠抓创新体系建设，进行优化组合。要发挥企业技术创新主体作用，推动创新要素向企业集聚，促进产学研深度融合。要发挥高校在科研中的重要作用，调动各类科研院所的积极性，发挥人才济济、组织有序的优势，形成战略力量。”

总体来看，我国促进企业创新能力提升的改革重点为健全技术创新的市场导向机制和政府引导机制，加强产学研协同创新，引导各类创新要素向企业集聚，促进企业成为技术创新决策、研发投入、科研组织和成果转化的主体，使创新转化为实实在在的产业活动。推进高校院所改革的重点为构建符合创新规律、职能定位清晰的治理结构，完善科研组织方式和运行管理机制，加强分类管理和绩效考核，增强知识创造和供给。2012 年，中共中央、国务院印发《关于深化科技体制改革加快国家创新体系建设的意见》，围绕建立企业主导产业技术研发创新的体制机制、提高科研院所和高等学校服务经济社会发展的能力系统部署了相关的改革任务。《深化科技体制改革实施方案》明确提出到 2020 年我国自主创新能力显著增强，技术创新的市场导向机制更加健全，企业、科研院所、高等学校等创新主体充满活力、高效协同的发展目标，围绕建立企业主导的产业技术创新机制提出 17 项改革任务；围绕高校院所改革提出 9 项任务；围绕推动新型研发机构发展，形成跨区域、跨行业的研发和服务网络提出 2 项任务。

本篇将重点对近年来我国提升企业、高校、科研院所、新型研发机构等创新主体能力的改革举措进行梳理分析，总结各项改革举措的实施进展、取得的成效及存在的问题，对未来改革方向进行思考和展望。主要包括 4 个方面：强化企业技术创新主体地位、科研院所和高校科研管理改革、鼓励新型研发机构发展、强化科技创新基地与条件保障（图 2–1）。

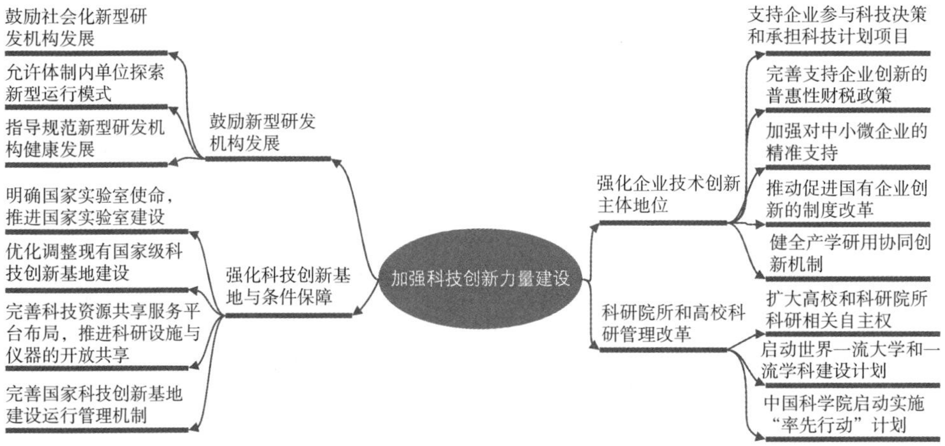

图 2–1　加强科技创新力量建设重点任务

第 5 章　强化企业技术创新主体地位

一、改革背景

企业是推动创新创造的生力军，企业强则国家强。改革开放以来，随着我国从计划经济体制向社会主义市场经济体制加快转变，国家创新战略部署的强化和科技体制改革的不断深化，企业在技术创新中发挥着越来越重要的作用，促进了科技与经济的结合。但总的来看，在相当长的一段时期，企业技术创新能力薄弱，许多领域缺乏具有自主知识产权的核心技术，企业尚未成为创新决策、研发投入、科研组织和成果应用的主体，制约企业创新的体制机制障碍仍然存在。据统计，2011 年，我国规模以上企业研发投入强度为 0.71%，其中，大中型企业研发投入强度为 0.93%，而主要发达国家为 2.5% ~ 4%；2011 年，我国规模以上工业企业中设立研发机构的 2.55 万家，只占全部规模以上企业的 7.8%；2012 年全球 500 强中，我国有 70 多家企业入围，但全球研发企业 500 强中，我国企业只有 10 余家[①]。

2012 年 7 月，党中央、国务院召开全国科技创新大会，颁布《关于深化科技体制改革加快国家创新体系建设的意见》，把增强企业技术创新主体地位、促进科技与经济紧密结合作为今后一段时期我国科技改革发展和国家创新体系建设的中心任务。2013 年 3 月，习近平

① 破除障碍，释放企业创新活力——《国务院办公厅关于强化企业技术创新主体地位全面提升企业创新能力的意见》亮点解读，http://www.most.gov.cn/xxgk/xinxifenlei/fdzdgknr/fgzc/zcjd/202106/t20210628_175480.html。

总书记在全国政协十二届一次会议上强调，“要深化科技体制改革，进一步突出企业的技术创新主体地位，变‘要我创新’为‘我要创新’，促进创新链、产业链、市场需求有机对接。”2016年的全国科技创新大会、两院院士大会、中国科协第九次全国代表大会上，习近平总书记指出，“要制定和落实鼓励企业技术创新各项政策，强化企业创新倒逼机制，加强对中小企业技术创新支持力度，通过流通环节改革和反垄断不正当竞争，引导企业加快发展研发力量。”2020年8月，习近平总书记在经济社会领域专家座谈会上进一步强调，要“着力发挥企业在技术创新中的主体作用，使企业成为创新要素集成、科技成果转化的生力军”。

企业创新改革重点要解决其创新能力不强、动力不足、活力不够的问题，主要改革目标在于建立健全技术创新的市场导向机制和政府引导机制，加强产学研协同创新，引导各类创新要素向企业集聚，推动企业真正成为技术创新的主体，使创新转化为实实在在的产业活动，培育新的增长点，促进经济转型升级提质增效。改革的基本原则是把握不同发展阶段、不同规模和不同所有制类型企业的创新规律和政策需求，建立能够保障企业创新、激励企业不断创新的科技体制机制，强化普惠性政策支持。

二、主要改革举措

《关于深化科技体制改革加快国家创新体系建设的意见》出台后，国务院办公厅于2013年颁布实施《关于强化企业技术创新主体地位全面提升企业创新能力的意见》（国办发〔2013〕8号），以深入实施国家技术创新工程为重要抓手，就全面提升企业技术创新能力做出了系统的任务部署。2015年，中共中央办公厅、国务院办公厅联合印发《深化科技体制改革实施方案》，方案提出推动实现“企业、科研院所、高等学校等创新主体充满活力、高效协同”等改革目标，并推出了一系列支持企业技术创新、促进产学研协同创新的重点改革举措。按照中央部署要求，各部门、各地方在支持企业参与科技决策和承担科技计划项目、完善普惠性财税政策、提升对中小微企业的精准支持、推动国有企业创新、促进产学研用协同创新等方面，出台了配套政策措施。

（一）支持企业参与科技决策和承担科技计划项目

1．鼓励企业积极参与科技决策和创新政策制定

有关部门和地方建立渠道，通过将企业专家纳入咨询专家库、专题咨询会议、线上“众筹”等方式吸收企业参与科技创新规划政策咨询、重大科技项目立项研究论证等。逐步提升企业专家在科技专家库中的比例，注重吸收企业家和企业技术专家的意见，提高科技规划、计划项目的企业参与度和政策的针对性。部分地方还通过优化调整科技专家库专家遴选条件进一步提升企业专家比例。例如，上海市 2018 年发布的《上海市科技专家库管理办法（试行）》中明确提出，在专家遴选过程中对企业技术骨干、具有企业管理或创业实践经验的人员等，放宽职称、研究经历、研究业绩等方面的条件。

2．支持企业承担国家科技计划项目

从 2015 年开始，国家重点研发计划 20% 的重点专项在指南中就明确要求由企业牵头。同时，科技部还对企业专家参与项目评审也提出了明确的比例要求。2018 年 4 月，科技部、国务院国资委联合印发的《关于进一步推进中央企业创新发展的意见》中提出，在集中度较高、中央企业具有明显优势的产业领域，将中央企业的重大创新需求纳入相关科技计划项目指南，支持中央企业牵头承担国家科技重大专项、重点研发计划重点专项和“科技创新 2030－重大项目”。2019 年 8 月，科技部印发的《关于新时期支持科技型中小企业加快创新发展的若干

政策措施的通知》规定，在国家重点研发计划、科技创新 2030– 重大项目等国家科技计划组织实施中，支持科技型中小企业广泛参与龙头骨干企业、高校、科研院所等牵头的科研项目，组建创新联合体“揭榜攻关”；对于任务体量和条件要求适宜的，鼓励科技型中小企业牵头申报。

（二）完善支持企业创新的普惠性财税政策

2012 年以来，财政部、税务总局和科技部等先后出台了系列文件完善支持企业创新的普惠性政策，更加精准地促进企业科技创新，推动产业迈向中高端，促进经济高质量发展。

1. 研发费用加计扣除政策

2015 年，财政部、国家税务总局和科技部联合发布《关于完善研究开发费用税前加计扣除政策的通知》，对研发费用加计扣除政策进行完善，扩大了适用税前加计扣除的研发费用和研发活动范围，简化了审核管理。近年来，随着经济环境的变化，相关部门不断完善政策条款，扩大加计扣除政策适用范围，提高加计扣除比例，更大力度地激励企业尤其是中小企业加大研发投入，提升企业科技创新能力。

一是提高加计扣除比例至 75%，并将政策享受主体扩大至所有企业。2017 年 4 月 19 日国务院常务会议决定，将科技型中小企业研发费用税前加计扣除比例由 50% 提高至 75%。同年 5 月，财政部、国家税务总局、科技部发布《关于提高科技型中小企业研究开发费用税前加计扣除比例的通知》，明确科技型中小企业开展研发活动中实际发生的研发费用，未形成无形资产计入当期损益的，在按规定据实扣除的基础上，再按照实际发生额的 75% 在税前加计扣除；形成无形资产的，在上述期间按照无形资产成本的 175% 在税前摊销。2018 年 7 月 23 日国务院常务会议决定，将企业研发费用加计扣除比例提高到 75%

的政策由科技型中小企业扩大至所有企业，财政部、税务总局据此印发了财税〔2018〕99 号文件，将研发费用整体加计扣除 75% 的政策覆盖到几乎所有企业[①]。

二是取消企业委托境外研发费用不得加计扣除限制，促进创新能力开放合作。为了进一步加大对企业研发活动的支持，2018 年 4 月 25 日国务院常务会议决定，取消企业委托境外研发费用不得加计扣除的限制，允许符合条件的委托境外研发费用加计扣除。财政部、税务总局、科技部据此制定出台了财税〔2018〕64 号文件，明确了相关政策口径。科技部、财政部、国家税务总局还多次发布通知公告，进一步明确了研发人员范围、研发费用归集、辅助账样式等实操层面的问题，健全宣传辅导、纳税服务、督促检查、政策评估等工作机制，推动各级税务部门和科技部门紧密配合、优化管理流程和方式（表 2–1）。

表 2–1　国家层面已出台的研发费用加计扣除相关政策文件一览（2015 年至今）

文件名称	发文字号	政策要点
财政部　国家税务总局　科技部《关于完善研究开发费用税前加计扣除政策的通知》	财税〔2015〕119 号	扩大允许加计扣除的研发费用，取消研发活动领域限制，实行“负面清单”管理，明确不适用于税前加计扣除政策的 7 个行业；审核程序由事前审批转为事后备案管理，并提出加强政策后续管理的要求
国家税务总局《关于贯彻落实研发费用加计扣除和全国推广自主创新示范区所得税政策的通知》	税总发〔2015〕146 号	明确通过强化宣传辅导、简化备案手续等方式让享受优惠的纳税人有更多获得感
国家税务总局《关于企业研究开发费用税前加计扣除政策有关问题的公告》	国家税务总局公告 2015 年第 97 号	对财税〔2015〕119 号文进行了细化，明确了研究开发人员范围、研发费用归集、不适用加计扣除政策行业的判定等内容，统一了辅助账样式

① 国家科技评估中心，《企业研发费用加计扣除政策专题分析报告》，2018 年。

续表

文件名称	发文字号	政策要点
国家税务总局《关于进一步做好企业研究开发费用税前加计扣除政策贯彻落实工作的通知》	税总函〔2016〕685 号	部署 2017 年企业所得税汇算清缴期工作要求
国家税务总局《关于 2016 年度企业研究开发费用税前加计扣除政策企业所得税纳税申报问题的公告》	国家税务总局公告 2017 年第 12 号	申明 2016 年度企业研究开发费用税前加计扣除企业所得税年度纳税申报注意事项
财政部　国家税务总局　科技部《关于提高科技型中小企业研究开发费用税前加计扣除比例的通知》	财税〔2017〕34 号	科技型中小企业研究开发费用税前加计扣除比例提高至 75%，进一步激励中小企业加大研发投入，支持科技创新
国家税务总局《关于提高科技型中小企业研究开发费用税前加计扣除比例有关问题的公告》	国家税务总局公告 2017 年第 18 号	明确形成无形资产的研发费用加计扣除口径，简化备案要求，撤销登记编号的科技型中小企业不得享受优惠等内容
科技部　财政部　国家税务总局《关于进一步做好企业研发费用加计扣除政策落实工作的通知》	国科发政〔2017〕211 号	对建立协同工作机制、明确事中异议项目鉴定、明确事后核查异议项目鉴定等方面做出规定
国家税务总局　科技部《关于加强企业研发费用税前加计扣除政策贯彻落实工作的通知》	税总发〔2017〕106 号	对强化组织领导、完善合作机制、简化管理方式、优化操作流程、加大宣传力度、加强政策辅导、强化督导检查等政策落实工作提出要求
国家税务总局《关于研发费用税前加计扣除归集范围有关问题的公告》	国家税务总局公告 2017 年第 40 号	对人员人工费用、直接投入费用、折旧费用、无形资产摊销费用、新产品设计费、新工艺规程制定费、新药研制的临床试验费、勘探开发技术的现场试验费、其他相关费用的归集范围给出明确要求

续表

文件名称	发文字号	政策要点
财政部　国家税务总局　科技部《关于企业委托境外研究开发费用税前加计扣除有关政策问题的通知》	财税〔2018〕64 号）	委托境外进行研发活动所发生的费用，按照费用实际发生额的 80% 计入委托方的委托境外研发费用。委托境外研发费用不超过境内符合条件的研发费用2/3的部分，可以按规定在企业所得税前加计扣除
财政部　国家税务总局　科技部《关于提高研究开发费用税前加计扣除比例的通知》	财税〔2018〕99 号文	将研发费用整体加计扣除 75% 的政策覆盖到几乎所有企业

2. 高新技术企业相关政策

党的十八大以来，科技部会同有关部门通过财税政策继续为高新技术企业“减负”，调整完善相关政策文件，加大高新技术企业所得税优惠政策落实力度，并通过延长高新技术企业亏损结转年限提高政策优惠力度。

2016 年，科技部、财政部和国家税务总局先后发布《关于修订印发〈高新技术企业认定管理办法〉的通知》（简称《认定办法》）及配套文件《关于修订印发〈高新技术企业认定管理工作指引〉的通知》（简称《工作指引》）。主要政策要点是：①对重点支持的高新技术领域进行了扩充，新增文化创意、电子商务、部分现代服务业等新兴产业技术领域；②将小企业研发费用占同期销售收入的比例要求由 6% 调整为 5%，使规模较小、研发投入相对较少的中小企业获益；③调整“科技人员占比”指标，取消了“具有大学专科以上学历的科技人员占企业当年职工总数的 30% 以上”的要求，并明确了“占企业当年职工总数不低于 10% 的科技人员”的界定范围为企业从事研发和相关技术创新活动的人员，更加适应企业研发创新的发展需要；④调整认定条件中对知识产权的要求，取消原有“近三年内”获得知识产权的限制，同时取消原有“5 年以上独占许可”获得知识产权的方式。《认定办法》修订后，政策支持受众面整体扩大，更多向中小企业倾斜，降低了以中小企业受众为主的认定门槛，扩大了重点支持的高新技术领域范围，简化了认定流程①。

2017 年 6 月，国家税务总局发布《关于实施高新技术企业所得税优惠政策有关问题的公告》，使修订后的高新技术企业认定管理办法和税收优惠政策管理实现有效衔接。一是明确高新技术企业享受优惠的期间，即从企业获得高新技术企业资格后，自其高新技术企业证书注明的发证时间所在年度起申报享受税收优惠。高新技术企业在资格期满当年内，在通过重新认定前，其企业所得税可暂按 15% 的税率预缴，在年底前仍未取得高新技术企业资格的，则应按规定补缴税款。二是明确税务机关日常管理的范围、程序和追缴期限。如税务机关发现高新技术企业不符合认定条件的，应提请认定机构复核。复核后确认不符合认定条件的，由认定机构取消其高新技术企业资格后，通知税务机关追缴税款。三是明确高新技术企业备案要求。在留存备查资料中，涉及主要产品（服务）发挥核心支持作用的技术所属领域、高新技术产品（服务）及对应收入、职工和科技人员、研发费用比例等相关指标时，需留存享受优惠年度的资料备查。

2018 年 7 月，财政部、国家税务总局印发《关于延长高新技术企业和科技型中小企业亏损结转年限的通知》，将高新技术企业具备资格年度之前 5 个年度发生的尚未弥补完的亏损，准予结转以后年度弥补，最长结转年限由 5 年延长至 10 年，以更好地支持高新技术企业发展。

① 国家科技评估中心，《高新技术企业税收优惠政策专题分析报告》，2018 年。

3. 企业研发仪器设备加速折旧政策

近年来，财政部、国家税务总局先后印发文件，放宽政策受益范围和优惠条件，提高研发仪器设备扣除金额，使企业研发仪器设备加速折旧政策的优惠力度和可操作性得到加强，推动了政策的深入落实。

一是放宽政策受益范围和优惠条件，提高研发仪器设备扣除金额。2014 年 10 月，财政部、国家税务总局发布《关于完善固定资产加速折旧企业所得税政策的通知》，规定生物药品制造业，专用设备制造业，铁路、船舶、航空航天和其他运输设备制造业，计算机、通信和其他电子设备制造业，仪器仪表制造业，信息传输、软件和信息技术服务业六大行业新增的所有固定资产均可以享受加速折旧政策，并将专用于研发活动的仪器、设备单位价值一次性计入当期成本费用，在计算应纳税所得额时扣除金额由 30 万元提高至 100 万元。

二是持续放宽政策惠及的领域范围，加大对小微企业倾斜支持。2015 年 9 月，国务院决定扩大固定资产加速折旧政策优惠范围，财政部、国家税务总局发布了《关于进一步完善固定资产加速折旧企业所得税政策的通知》，将政策优惠范围扩大到轻工、纺织、机械、汽车 4 个领域重点行业企业，并允许上述 4 个领域的小型微利企业新购进的单位价值不超过 100 万元（含）的研发和生产经营共用的仪器、设备，在计算应纳税所得额时一次性全额扣除，体现对小型微利企业的倾斜支持。

同时，国务院和有关部门高度重视包括研发仪器设备在内的固定资产加速折旧政策实施情况，在多个文件中强调要加大政策落实力度。例如，2016 年 7 月，国务院发布的《“十三五”国家科技创新规划》（国发〔2016〕43 号）提出，要加大固定资产加速折旧等政策的落实力度，推动设备更新和新技术利用。2017 年 1 月，科技部党组发布的《关于贯彻落实党的十八届六中全会精神、深入实施创新驱动发展战略、开启建设世界科技强国新征程的意见》，把推动研发仪器设备加速折旧政策落实作为需要落实和完善的鼓励企业创新的普惠性政策之一[①]。

4. 政府采购促进创新的政策

2012年以来，按照新时期科技体制改革任务部署，我国积极探索符合国际规则的政府采购政策支持体系，建立健全支持创新产品和服务采购的政策体系，着力发挥政府采购政策在引导、鼓励、扶持、促进企业创新中的导向功能。2015年10月，《中共中央关于制定国民经济和社会发展第十三个五年规划的建议》提出，要“健全、优先使用创新产品、绿色产品的政府采购政策”。2019年中共中央办公厅、国务院办公厅联合印发《关于促进中小企业健康发展的指导意见》等文件，鼓励采用在政府采购项目中预留份额、价格扣除等方法支持中小企业创新发展。

一是施行首台（套）等创新产品首购、订购政策。我国通过对首台（套）等创新产品实行首购、订购制度，鼓励企业大胆创新，使其不被研发试制出首台（套）产品的销路问题所困扰。2015年，党中央、国务院发布的《关于深化体制机制改革加快实施创新驱动发展战略的若干意见》提出，要“健全研制、使用单位在产品创新、增值服务和示范应用等环节的激励和约束机制”。同年，财政部、工业和信息化部、保监会三部门联合发布《关于开展首台（套）重大技术装备保险补偿机制试点工作的通知》，并在14个领域对360多项装备产品开展首台（套）重大技术装备保险补偿机制政策试点，推动重大技术装备应用和推广。2018年，发展改革委等八部门出台《关于促进首台（套）重大技术装备示范应用的意见》，提出要加大政府采购力度，健全优先使用创新产品的政府采购政策，对首台（套）等创新产品采用首购、订购等方式采购，促进首台（套）产品研发和示范应用。同年9月，

① 国家科技评估中心，《企业研发仪器设备加速折旧政策专题分析报告（2017）》。

国务院出台的《关于推动创新创业高质量发展打造“双创”升级版的意见》中提出，要制定首台（套）评定办法，建立首台（套）示范应用基地和示范应用联盟，扩大首购、订购的应用。

二是加大对中小企业创新产品的政府采购支持。为了给中小企业创造更多的市场机会，我国针对支持中小企业创新产品实施系列优惠措施，促进符合国家经济和社会发展政策目标且产品、服务、信誉较好的中小企业创新发展。2015 年，国务院出台《关于进一步做好新形势下就业创业工作的意见》，提出“创新政府采购支持方式，消除中小企业享受相关优惠政策面临的条件认定、企业资质等不合理限制门槛”。同年，10 月，科技部出台《关于进一步推动科技型中小企业创新发展的若干意见》，提出要进一步完善和落实国家政府采购扶持中小企业发展的相关法规政策，各级机关、事业单位和社团组织的政府采购活动，在同等条件下，鼓励优先采购科技型中小企业的产品和服务，同时，鼓励科技型中小企业组成联合体共同参加政府采购与首台（套）示范项目。《关于促进中小企业健康发展的指导意见》中要求，各级政府要为中小企业开展政府采购项下融资业务提供便利，依法及时公开政府采购合同等信息；研究修订政府采购促进中小企业发展暂行办法，采取预算预留、消除门槛、评审优惠等手段，落实政府采购促进中小企业发展政策；在政府采购活动中，向“专精特新”中小企业倾斜。

（三）加强对中小微企业的精准支持

中小企业是民营经济的主力军，科技型中小企业是培育发展新动能、推动高质量发展的重要力量。近年来，有关部门和地方按照 2012 年中央 6 号文和《深化科技体制改革实施方案》等总体部署要求，积极强化和落实有利于中小微企业创新发展的各项政策，加大精准支持力度，加快推动中小微企业走创新驱动发展道路，增强企业创新能力与核心竞争力。

1. 制定科技型中小企业认定标准

《深化科技体制改革实施方案》中明确提出，要“制定科技型中小企业的条件和标准，为落实扶持中小企业创新政策开辟便捷通道”。2017年5月，科技部、财政部、国家税务总局三部门联合发布了《科技型中小企业评价办法》，首次提出科技型中小企业标准，采取全在线无纸化评价和“企业自评＋社会公示监督”的评价新机制，政府不进行实质审核。同年10月，科技部出台了《科技型中小企业评价工作指引（试行）》，对评价的组织实施、工作流程，以及评价的条件和指标等进行了具体阐述和说明。评价办法和工作指引的出台，为落实扶持中小企业创新政策奠定了基础，提供了必要的技术支撑。

2. 加大对科技型中小企业的税收优惠激励力度

科技部会同有关部门制定出台了提高科技型中小企业研发费用加计扣除比例、科技型初创企业普惠性税收减免等一揽子政策措施。2017年5月，财政部、国家税务总局、科技部联合发布《关于提高科技型中小企业研究开发费用税前加计扣除比例的通知》，将科技型中小企业研发费用税前加计扣除比例由50%提高至75%，加大对科技型中小企业的政策倾斜，实现精准政策支持，促进科技型中小企业加快创新发展和转型升级。2019年8月，科技部出台《关于新时期支持科技型中小企业加快创新发展的若干政策措施》，系统提出了培育壮大科技型中小企业主体规模、强化科技创新政策完善与落实、加大对科技型中小企业研发活动的财政支持、引导创新资源向科技型中小企业集聚、扩大面向科技型中小企业的创新服务供给、加强金融资本市场对科技型中小企业的支持、鼓励科技型中小企业开展国际科技合作等7个方面的举措，并进一步推动高新技术企业所得税减免、技术开发及技术转让增值税和所得税减免、小型微利企业免增值税和所得税减免等政策落实。

3. 扩大面向科技型中小企业的创新服务供给

2012 年以来，有关部门和地方积极探索公共服务平台建设模式和服务模式，支持中小微企业创新发展。《关于新时期支持科技型中小企业加快创新发展的若干政策措施》明确要求，支持地方设立科技创新券专项资金，以政府购买公共服务方式对各类服务科技型中小企业的服务载体进行奖励或后补助；搭建特色服务载体，建设全国科技型中小企业信息服务平台，举办科技型中小企业创新产品博览会，开展科技成果直通车，提供政策咨询、融资对接、技术转移、政府采购等综合服务。2017 年，工业和信息化部出台《国家中小企业公共服务示范平台认定管理办法》，对示范平台提出了新要求，丰富了平台类型，加大了支持力度，引导平台提高对中小企业的专业化、精准化服务能力。

（四）推动促进国有企业创新的制度改革

国有企业作为国民经济发展的重要支柱，是践行创新发展新理念、实施国家重大科技创新任务部署的骨干力量和国家队。2012 年中央 6 号文和《深化科技体制改革实施方案》等重要文件要求，建立健全国有企业技术创新的经营业绩考核制度，加大国有资本经营预算对自主创新的支持力度。改革任务实施以来，相关部门修订完善相关政策要求，提升管理服务能力，加快推动中央企业创新发展。

1. 健全国有企业技术创新经营业绩考核机制

为贯彻落实新时期党中央、国务院关于深化国有企业改革和中央管理企业负责人薪酬制度改革的重大部署，经深化国有企业负责人薪酬制度改革工作领导小组同意，2016 年 12 月，国务院国资委印发了《中央企业负责人经营业绩考核办法》。该办法明确将“创新发展”作为考核导向之一，把科技创新考核放在更加突出的位置，以更好地引导中央企业深入实施创新驱动发展战略，并将技术创新业绩考核要求融入年度考核、任期考核、经济增加值考核和任期激励等，技术创新考核制度得到进一步完善。2019年，国资委对《中央企业负责人经营业绩考核办法》进行修订，进一步指出“鼓励探索创新，激发和保护企业家精神。企业实施重大科技创新、发展前瞻性战略性产业等，对经营业绩产生重大影响的，按照‘三个区分开来’原则和有关规定，可在考核上不做负向评价”。

2. 国有企业股权和分红激励试点政策推向全国

“实施股权和分红激励政策”是深化企业内部收入分配制度改革、建立激发人才活力中长期激励机制的重要举措。2016年2月，财政部、科技部、国资委联合出台了《国有科技型企业股权和分红激励暂行办法》，将原先在中关村、武汉东湖高新区、上海张江国家创新示范区及安徽合芜蚌自主创新综合试验区试点的国有企业股权和分红激励政策推向全国。该办法明确了国有科技型企业股权和分红激励的适用范围和激励对象，规范了实施股权和分红激励的方式和申报程序等内容，提出了推进国有科技型企业股权和分红激励的具体要求①。2018年，三部委又联合发文，扩大办法实施范围，将国有科技型中小企业、转制院所企业投资的科技企业等纳入实施范围，进一步提升政策的激励力度。

3. 国有资本管理对自主创新的支持力度持续提升

2015年，为应对市场化、现代化、国际化新形势和经济发展新常态，激发企业活力、创新力和内生动力，《国务院关于改革和完善国有资产管理体制的若干意见》明确要求，推动国有企业加快技术创新、管理创新和商业模式创新。2019年4月，《国务院关于印发改革国有资本授权经营体制方案的通知》提出，国有资本投资公司围绕主业开展的商业模式创新业务可视同主业投资；同时，规定支持国有创业投

① 国家科技评估中心，《“健全国有企业技术创新经营业绩考核制度，实施股权和分红激励政策”专项评估报告》，2017年。

资企业、创业投资管理企业等新产业、新业态、新商业模式类企业的核心团队持股和跟投，将团队利益与创新项目进行捆绑，充分调动创投人员的积极性。

（五）健全产学研用协同创新机制

《深化科技体制改革实施方案》中明确提出，要健全产学研用协同创新机制，强化创新链和产业链有机衔接，并部署了鼓励构建以企业为主导、产学研合作的产业技术创新战略联盟，加强产学研结合的中试基地和共性技术研发平台建设等改革任务。

1. 引导产业技术创新联盟健康发展

我国产学研结合实践起步较晚，产业技术创新战略联盟的构建发展既要注重发挥部门和行业协会的引导作用，又要充分运用市场机制调动产学研各方的积极性，加强联盟构建，促其健康发展。2016年7月，国务院印发的《"十三五"国家科技创新规划》提出，要进一步发挥产业技术创新战略联盟在集聚产业创新资源、加快产业共性技术研发、推动重大科技成果应用等方面的重要作用，推动企业提升创新能力。2017年4月，科技部等15个部门联合发布的《"十三五"国家技术创新工程规划》中进一步强调，要鼓励成立跨行业、跨领域协同创新联盟，推动跨区域跨行业协同创新。

2. 依托行业骨干企业建立高水平研发与创新中心

科技部等有关部门高度重视行业类研发机构的建设，加强规划布局，出台了系列政策措施，支持转制院所和行业骨干企业建设国家重点实验室、工程技术研究中心、企业技术中心等企业研发机构。2017年，科技部会同14个部门联合印发《"十三五"国家技术创新工程规划》，提出要构建一批战略目标明确、运行开放高效、资源整合能力强的国家技术创新中心，在研发投入、人才集聚等方面大胆创新，政产学研用协同，构建多方共建共治共享的管理运行机制，形成开放式协同创新网络，培育风险共担、收益共享的技术创新利益共同体；以企业为主体、产学研自主结合建设国家制造业创新中心，集成优化创新资源配置。

三、改革实施进展

党的十八大以来，根据党中央、国务院关于支持企业科技创新发展的重大任务部署要求，各有关部门和地方深入推动相关改革举措落实落地，改革政策红利持续释放。

（一）企业对科技规划和政策制定的参与度增加，承担科技计划项目比例得到提升

一是企业参与各类科技规划政策的广度和深度得到扩展。据有关统计，在各行业领域的“十三五”科技创新规划编制过程中，企业参与率已经提升到10%，参与技术预测的企业专家占比达到了25%；国家科技专家库中，来自企业的专家占比已超过14%。二是企业牵头承担科技计划项目的比例有所提高。截至2018年年底，国家重点研发计划中企业牵头项目数占比达22.9%；民口国家科技重大专项中企业牵头项目比例超过46%，部分专项企业参与度超过70%[①]。

（二）激励企业创新的财税政策深入落实和完善，享受政策的企业数和减免税额实现大幅增长

随着研发费用加计扣除、高新技术企业税收优惠政策的深入实施和政策优惠力度的不断提高，近年来，享受政策的企业数量逐年稳步

① 国家科技评估中心，《深化科技体制改革　加快国家创新体系建设重点改革落实情况评估》，2020年。

增长，政策得到了企业特别是科技型企业的普遍欢迎，激发企业加大研发投入、加强技术创新、转型升级发展的效果进一步显现。据相关部门统计，2019 年全国企业因享受研发费用加计扣除政策而减免的所得税额预估近 3500 亿元，是 2012 年的 6 倍之多；全国高新技术企业达到 22.5 万家，同比增长约 24%，减免企业所得税超过 2000 亿元。我国高新技术企业研发投入总量占全国企业的 50% 以上；高企平均每万人拥有的发明专利数量是全国就业人员人均水平的 11 倍，吸纳近半数留学归国人员就职，在科创板上市的科技型企业中高企占比超过 90%。此外，自 2015 年起，有关部门启动在 14 个领域对 360 多项装备产品开展首台（套）重大技术装备保险补偿机制政策试点，为全国 700 余个首台（套）重大技术装备项目提供风险保障约 1300 亿元，涉及保费超过 30 亿元，通过保险补偿机制推动了首台（套）重大技术装备的市场化应用。

（三）科技型中小企业认定政策受到欢迎，配套服务体系逐渐完善

《科技型中小企业评价办法》发布实施以来，地方省市和企业对政策评价总体较好，相关企业积极申请注册入库科技型中小企业信息库。截至 2020 年 8 月，全国科技型中小企业已超过 16 万家，数量再创新高，已有相当数量企业享受到了 75% 的加计扣除税收优惠政策。据有关部门统计，2019 年入库的 15.2 万家科技型中小企业中，科技人员总数 260.29 万人，占比 32.58%；企业销售收入总额为 3.8 万亿元，纳税总额为 1934.13 亿元；企业平均研发支出 237 万元，研发强度达到 9.7%。为满足科技型中小企业的科技创新需求，增强对中小企业的创新服务能力，各地方建成了一批面向中小企业的公共服务平台，创新服务体系逐渐完善。例如，北京市搭建了一批以技术服务为核心的公共服务平台，为企业提供相关领域技术和服务，海淀区创业园联合多家科技公司组建生物医药公共服务平台，为企业提供分子克

隆、基因提取、细胞培养等 14 项实验功能，支撑生物医药类高新技术企业基础研发；浙江省发挥互联网龙头企业集聚、民营经济发达、生态环境优美等优势，多渠道引进高层次创新创业机构和人才队伍，建立了省级众创空间 129 家、科技企业孵化器 111 家、重点企业研究院 252 家，培育形成了 16 个领军型创新创业团队，形成了带动小微企业创新发展的网络化平台。

（四）国企改革稳步推进，大企业创新的动力和活力进一步激发

近年来，国务院国资委召开了中央企业科技创新推进会，通过网络宣传、举办政策培训会、工作视频会等多种方式，对国有企业技术创新经营业绩考核制度、股权和分红激励进行了政策宣传培训和落实动员部署，强化业务工作指导，有序推进激励政策的落实落地。不少地方结合当地实际，研究制定具体实施办法，为本地区推进政策实施提供便利。例如，安徽出台了《安徽省国有科技型企业股权和分红激励实施细则》，2016 年仅芜湖市就有 50 户企业拟定并上报股权和分红激励实施方案。方案涉及股权奖励、股权出售、股票期权、科技成果（产业化）入股分红和岗位分红，激励人员 969 人，激励金额 11 784 万元，激励股份 6848 股。同时，中央企业通过建立各类科技产业公司、研究院公司、产业化基地及产业园区等方式加大对自主创新的支持力度，截至 2017 年年底，中央企业共建成科技产业园区 84 个，园区入驻企业 2.5 万家，其中有 160 家企业已经成功上市。

通过改革的逐步推进和深化，国有企业业绩考核的创新导向性作用得到进一步发挥，企业创新投入力度明显加强，创新能力稳步提升。据有关部门统计，规模以上工业企业中，国有企业平均 R&D 人员全时当量从 2012 年的 24.1 人年上升到 2017 年的 28.7 人年，平均 R&D 经费投入从 2012 年的 830.3 万元上升到 2017 年的 1096.8 万元。国有企业创新成效得到提高，规模以上工业企业中国有企业平均专利

申请数从 2012 年的 4.5 件上升到 2017 年的 8.9 件，发明专利申请数从 1.7 件上升到 4.5 件，平均有效发明专利数从 2.4 件上升到 10.2 件。2019 年，中央企业研发投入、专利拥有量、研发平台数量分别同比增长 28.2%、16.7% 和 12%。

（五）产业技术创新战略联盟发展，产学研合作深入发展

近年来，科技部会同有关部门引导和推动企业牵头、联合高校和科研院所组建产业技术创新战略联盟，探索组织化、制度化、长效化的产学研结合机制，支持跨联盟、跨领域、跨区域协同创新。目前，已组建产业技术创新战略（试点）联盟 146 个，集聚 5000 多家企业、高校和科研院所。产业技术创新战略联盟整合各类创新资源，围绕国家产业发展需求，发挥产学研协同创新体优势，突破一批产业关键核心技术和共性技术，对推动产学研合作、加强科技成果转化与产业化、促进产业升级等方面发挥了重要作用。例如，中科院技术创新与产业化联盟聚集数百家中科院系统的投资企业、研发机构，促进创新链、产业链与资本链的有效衔接。江苏省技术转移联盟推动新建技术转移分中心近 40 家，年服务企业超过 6000 家。2016 年，为深化“放管服”改革，进一步发挥好市场作用，科技部支持引导产业技术创新战略联盟自发成立了“中国产业技术创新战略联盟协同发展网”，开展联盟的自组织建设与规范管理，为政府决策提供支撑。

同时，科技部等相关部门依托行业骨干企业和转制院所建设了一批国家重点实验室、国家工程技术研究中心、国家技术创新中心、国家级企业技术中心等创新基地和平台，带动提升企业整体创新能力，推进产学研协同创新发展。据有关统计，截至目前，科技部依托企业组建了 174 家国家重点实验室和 189 家国家工程技术研究中心，支持在新能源汽车、高速列车、合成生物等多个领域建设国家技术创新中心，在人工智能领域批准建设了 15 个国家新一代人工智能开放创新

平台。

总体来看，党的十八大以来，支持企业科技创新的改革任务和政策落实取得了积极进展和明显成效。近年来，我国企业技术创新能力得到了快速提升，企业创新主体地位不断加强，科技型中小企业、国有企业创新动力和活力进一步释放，以企业为主体、市场为导向、产学研相结合的技术创新体系逐步建立健全，企业已经成为研发经费支出、科研人员投入、科技成果产业化等方面的主要力量。2019 年，我国企业研发经费支出占全社会研发经费支出的比重达 76.4%，企业发明专利申请量占国内申请总量的比例达 65%，2012—2018 年，规模以上企业中拥有研发机构的数量从 11.3% 上升到 18.9%。华为、百度、腾讯、阿里云、中芯国际等一批具有国际竞争力的创新型领军企业孕育崛起，科技型中小企业逐步发展壮大，一批批“独角兽”和“隐形冠军”企业不断涌现，中国企业在新一代信息技术、移动支付、共享单车、在线娱乐等新兴领域已成为国际标准制定者，成为我国提升创新能力、推动高质量发展的重要科技力量。

四、思考与展望

在百年未有之大变局中，科技是关键变量，企业是国家竞争力的核心，也是大国博弈竞争的焦点，深刻影响未来创新发展。党的十九届五中全会将科技创新摆在各项规划任务的首位进行专章部署，并将“提升企业技术创新能力”作为核心任务之一提出了明确要求，为“十四五”及更长一个时期推动企业技术创新工作指明了方向。需要清醒地看到，我国企业技术创新还存在一些突出的问题与不足，亟待在今后的工作中着力解决，不断深化改革。例如，企业对基础研究投入少，前沿创新和颠覆性创新不足，引领国际产业发展的能力有限；国有企业技术创新能力整体依然不强，在战略性关键核心技术攻关中的作用需要进一步发挥；对中小企业创新缺乏差异化的扶持政策；受到宏观经济发展环境影响和配套制度性约束，激励企业创新的部分政策落实遇到瓶颈等。此外，当前新冠肺炎疫情对世界经济产生巨大冲击，我国企业面临前所未有的压力；国际科技创新竞争环境复杂多变，逆全球化趋势加剧，个别西方国家对我国“科技遏制”不断升级，科技型企业的发展形势更加严峻，这些都对深入推进改革提出了更高要求。下一步，要在巩固深化当前各项改革成果的基础上，围绕十九届五中全会和2020年中央经济工作会议做出的关于提升企业技术创新能力、强化企业创新主体地位的重大决策部署，坚持问题导向、需求导向和目标导向，在促进企业加大基础研究投入、发挥大企业创新引领支撑作用、促进大中小企业融通发展、推进产学研深度融合、完善共性技术供给体系、激发国有企业创新活力等方面加大改革力度，着力破除制约企业创新发展的体制机制障碍，努力营造良好的政策制度环境，推动建设一批核心技术能力突出、集成创新能力强的科技领军企业，强化国家战略科技力量，促进企业在突破解决关键技术制约、实现国家科技自立自强、加快建设世界科技强国中发挥更大作用。

第 6 章　科研院所和高校科研管理改革

一、改革背景

随着科技创新向纵深推进，高校和科研院所科研管理体制机制越来越难以适应实践发展需求。2012 年 9 月，中共中央、国务院印发的《关于深化科技体制改革加快国家创新体系建设的意见》提出了“推进科研院所和高校科研体制机制改革，建立适应不同类型科研活动特点的管理制度和运行机制”“加快建设若干一流科研机构，创新能力和研究成果进入世界同类科研机构前列；加快建设一批高水平研究型大学，一批优势学科达到世界一流水平”等改革目标。党的十八大以来，遵循科研活动规律、人才成长规律、成果转化规律成为我国高校和科研院所科研体制机制改革的基本理念，党中央、国务院发布一系列改革文件，深化部署高等学校和科研院所改革任务。

2015 年 9 月，中共中央办公厅、国务院办公厅印发《深化科技体制改革实施方案》，从“构建更加高效的科研体系”“加快科研院所分类改革，建立健全现代科研院所制度”“完善高等学校科研体系，建设一批世界一流大学和一流学科”等方面部署了高校和科研院所改革任务，明确提出完善科研院所治理结构，推进公益类科研院所分类改革，落实科研事业单位在编制管理、人员聘用、职称评定、绩效工资分配等方面的自主权，制定科研机构创新绩效评价办法，实施中科院“率先行动”计划，统筹推进世界一流大学和一流学科等具体任务。为进一步加强统筹，将各项改革任务落地落实，党的十八届五中全会明确提出扩大高校和科研院所自主权，赋予创新领军人才更大的人财物支配权和技术路线决策权，并由科技部、教育部、中央编办、中央组织部、发展改革委、财政部、人力资源社会保障部等七部门共同组织相关试点工作。这一系列举措都是在突出高校和科研院所主体特征的基础上，强化使命要求，注重放管结合，做好与科研项目管理、经费管理、人事人才管理等各项管理制度的有效衔接，建立符合创新规律、职能定位清晰的现代高校和科研院所治理体系，筑牢国家创新体系基础。

二、主要改革举措

党的十八大以来，为落实党中央、国务院关于高校和科研院所科研管理改革的战略部署，科技部、教育部、财政部、发展改革委、中科院等部门深入谋划、统筹布局，启动了扩大高校和科研院所科研相关自主权改革试点、世界一流大学和一流学科建设计划（简称“双一流”计划）、中国科学院“率先行动”计划等一系列改革举措，将各项改革任务落实落地。

（一）扩大高校和科研院所科研相关自主权

2017年，科技部、教育部、中央编办、中央组织部、发展改革委、财政部、人力资源社会保障部等七部门选择19家中央级高校和25家中央级科研院所，联合开展“扩大高校和科研院所自主权，赋予创新领军人才更大人财物支配权、技术路线决策权”试点。通过落实和扩大试点单位在科研项目经费、成果转化、机构编制、干部人事、薪酬分配等方面的自主权，激发高校、科研院所和科技人员的积极性，支撑世界一流高校和科研院所建设。2019年，科技部、财政部等六部门出台《关于扩大高校和科研院所科研相关自主权的若干意见》，按照“坚持单位发展与国家使命相一致、坚持统一要求与分类施策相协调、坚持简政放权与加强监管相结合”的基本原则，统筹推进高校和科研院所科研相关自主权。一是完善机构运行管理机制，包括完善章程管理、强化规划绩效、优化机构设置管理等方面。二是优化科研管理机制，包括简化科研项目管理流程、完善科研经费管理机制、改进科研仪器设备耗材采购管理、赋予创新领军人才更大科研自主权、改革科技成果管理制度等。三是改革相关人事管理方式，包括自主聘用工作人员、自主设置岗位、切实下放职称评审权限、完善人员编制管理方式等方面。四是完善绩效工资分配方式，包括加大绩效工资分配向科研人员倾斜力度、强化绩效工资对科技创新的激励作用等方面。

（二）启动世界一流大学和一流学科建设计划

世界一流大学和一流学科建设计划是《深化科技体制改革实施方案》提出的高等学校科研体系改革重点任务，也是《国家创新驱动发展战略纲要》部署的重要内容。

2015 年，国务院印发《统筹推进世界一流大学和一流学科建设总体方案》（国发〔2015〕64 号），提出建设“双一流”的重点任务和改革举措。文件要求按照“四个全面”战略布局和党中央、国务院决策部署，坚持以中国特色、世界一流为核心，以立德树人为根本，以支撑创新驱动发展战略、服务经济社会发展为导向，坚持“以一流为目标、以学科为基础、以绩效为杠杆、以改革为动力”的基本原则，加快建成一批世界一流大学和一流学科。建设世界一流大学和一流学科，是党中央、国务院做出的重大战略决策，也是中国高等教育领域继“211 工程”和“985 工程”之后的又一国家战略。“双一流”计划坚持以一流为目标、以学科为基础、以绩效为杠杆、以改革为动力为基本原则，将建设一流师资队伍、培养拔尖创新人才、提升科学研究水平、传承创新优秀文化、着力推进成果转化作为建设任务。

“双一流”高校建设计划的总体目标是到 2020 年，中国若干所大学和一批学科进入世界一流行列，若干学科进入世界一流学科前列；到 2030 年，更多的大学和学科进入世界一流行列，若干所大学进入世界一流大学前列，一批学科进入世界一流学科前列，高等教育整体实力显著提升；到 21 世纪中叶，一流大学和一流学科的数量和实力进入世界前列，基本建成高等教育强国。

（三）中国科学院启动实施“率先行动”计划

《深化科技体制改革实施方案》明确提出实施中国科学院“率先行动”计划。依据《中国科学院“率先行动”计划暨全面深化改革纲要》，中国科学院按照统筹兼顾、协同创新，加强组织、务求实效的总体思路，提出了未来 15 年的总体目标：2020 年前，稳步推进中科院研究所分类改革，基本完成分类定位、分类管理的体制机制设计，开展 4 类科研机构建设试点；到 2030 年，形成相对成熟定型、动态调整优化的中国特色现代科研院所治理体系。具体改革举措涉及 5 个方面①。

一是推进研究所分类改革，对现有科研机构按 4 类进行分类定位，构建适应国家发展要求、有利于重大成果产出的现代科研院所治理体系。举措包括：面向国家重大需求，组建若干科研任务与国家战略紧密结合、创新链与产业链有机衔接的创新研究院；面向基础科学前沿，建设一批国内领先、国际上有重要影响的卓越创新中心；依托国家重大科技基础设施，建设一批具有国际一流水平、面向国内外开放的大科学研究中心；依托具有鲜明特色的优势学科，建设一批具有核心竞争力的特色研究所；依据上述 4 类科研机构的不同定位，建立分类管

① 主要改革发展举措，中国科学院“率先行动”计划专题网站，http：//www.cas.cn/zt/sszt/cassxxdjh/fzjc/201408/t20140819_4186926.shtml。

理的制度体系和运行机制。

二是调整优化科研布局，进一步把重点科研力量集中到国家战略需求和世界科技前沿。举措包括：瞄准若干战略必争领域，占领国际科技制高点；立足重要基础科学和交叉前沿领域，跻身世界领先行列；加强国防科技创新，着力解决制约我国武器装备发展的技术瓶颈；围绕战略性新兴产业，组织开展技术研发和协同创新，显著提升相关产业国际竞争力；面向人口健康和可持续发展的急迫需求，推动科技创新和成果更多惠及民生；围绕上述五大板块和主攻方向，组织实施“一三五”规划和战略性先导科技专项等国家重大任务；探索建立新的资源统筹配置模式，促进科研布局调整优化。

三是深化人才人事制度改革，建设国家创新人才高地。举措包括：深入实施人才培养引进系统工程，进一步提高吸引和凝聚优秀人才的国际竞争力；积极推进院士遴选和管理制度改革，维护院士称号的学术性和荣誉性；健全开放流动、竞争合作的用人机制，提升队伍的整体水平和能力；发挥科技资源优势，探索科教融合培养高层次创新人才之路；优化创新生态系统，为科研人员安心致研、施展才干创造良好环境；创造条件，积极探索，逐步推进研究所去行政化改革。

四是探索智库建设的新体制，强化产出导向，建设国家高水平科技智库。举措包括：统筹相关研究力量和资源，建立科技战略咨询研究院；完善重大课题选题机制，提升战略研究和咨询的综合性、系统性和针对性；以重大产出为导向，持续推出高影响力的品牌产品。

五是深入实施开放兴院战略，全面扩大开放合作，提升科技服务和支撑能力。举措包括：建设科技服务网络，促进知识和技术成果的转移与转化、辐射与扩散；围绕国家区域发展重大战略，促进区域创新体系建设；实施国际化推进战略，提升我国科技创新水平和国际影响力；建设国际一流的国家科技资源公共平台，面向社会全面开放共享。

三、改革实施进展

随着高校和科研院所科研管理改革深入推进，扩大高校和科研院所科研相关自主权试点工作取得重要进展，“双一流”建设高校已完成中期评估，中国科学院“率先行动”计划第一阶段目标任务全面完成，为“十四五”时期持续推进世界一流大学和世界一流科研院所建设打下了坚实的基础。

（一）扩大高校和科研院所科研相关自主权试点工作取得重要进展

本次改革试点工作为高校和科研机构深化改革提供了重要政策依据。各主要部门深入研究、系统部署，持续推动改革深入。试点单位按照《关于扩大高校和科研院所科研相关自主权的若干意见》和《关于开展扩大高校和科研院所自主权，赋予创新领军人才更大人财物支配权、技术路线决策权试点的工作方案》文件要求，结合本单位客观条件和特点，积极探索自主权改革的差异化落实路径。科研相关自主权改革作为一项复杂的综合性改革，相关举措在试点中得到了有效集成和联动，形成政策“组合拳”，发挥了试点工作探索实践、积累经验、统筹落实作用[①]。

一是机构内部管理运行机制改革加快推进，章程、内设机构等管理改革取得新进展。通过改革试点，各试点单位进一步推进了章程管理、加强内设机构等改革，并在建立理事会制度方面开始初步探索。实行章程管理是科研机构权利自主的核心。目前，已有近 30 家单位基本实行章程管理，单位的功能定位、业务范围、领导体制、组织架构及管理制度等得到进一步明确。中国农科院深圳农业基因组研究所

① 国家科技评估中心．扩大高校和科研院所自主权，赋予创新领军人才更大人财物支配权、技术路线决策权”试点工作实施情况总结评估报告[R]．2020．

在理事会制度建设方面已经迈出了改革步伐，理事会管理制度落地运行，基本建立了决策权、执行权和监督权互相分离、协调运行的工作机制；中国科学技术发展战略研究院成立了国家高端智库理事会等。多数单位结合试点优化内设机构管理，学术委员会在学科方向和内设机构调整中发挥了重要作用。超过七成试点单位表示能够根据学科和领域发展实际需求自主进行学科方向及内设机构调整，超过九成的试点单位已基本建立学术委员会的决策支撑地位。

二是科研项目和经费管理改革进展显著，各项举措得到普遍落实。5 个方面的改革中，科研管理改革进展最为顺利。在试点过程中，科技部结合实施减轻科研人员负担专项行动，把减表、解决报销繁行动等措施融入试点。调查显示，各主管部门在科研成果管理及处置、科研经费调剂使用、科研项目管理、科研绩效管理、差旅费管理、科研仪器设备采购等方面权限下放最为普遍、深入。各试点单位基本能够有效承接下放的有关权限。以自然科学研究为主的单位均已按要求实现直接费用中除设备费以外的其他科目由单位自主调剂；超过八成单位表示本单位创新领军人才享有了人才使用、资源配置、服务保障、技术路线等自主决策权；超半数单位已经实现公务卡灵活使用、横向经费按合同约定使用等。例如，南京水利科学研究院实行以团队（项目）首席科学家负责制为核心的科研组织管理模式；中国医学科学院药物研究所制定公务卡管理实施细则，提高经费开支审批权限的起点，审签程序分项管理，分级授权，逐级审批，分级负责。

三是人事管理机制改革得到不同程度的推进，人才聘任、岗位管理方式实现不断创新。各试点单位根据单位的实际情况，制定具有单位特色的人事聘任和人才聘用制度，试点单位中超过九成表示能够自主开展人员招聘，并规范聘后管理。各单位努力通过创新人事管理机制来实现人尽其才、才尽其用，主要从编内优化调整岗位配置、编外强化契约式管理的柔性管理机制方面进行试点。多个单位探索了流动制、双轨制、自设岗位、特设岗位等各类人才、岗位管理方式。例如，大连海事大学采取合同制、流动制和固定编制三元并行管理机制，除固定编制外，对海外引进、合作企业人员采用合同制，对非全职聘请的高层次专家采用流动制，由学校提供相应保障、同薪同酬；北方民族大学在岗位之外设立校内教授和副教授职称，给予在岗人员同等待遇，缓解职称岗位紧张难题；森林生态环境与保护研究所等多家单位进一步自主探索，设立了青年助理首席专家岗、职称聘用双轨制等，建立人才梯队，培养后备领军人才。

四是薪酬制度改革实现深入探索，分配激励手段更加多元有效。薪酬制度改革是科研机构、科研人员需求最迫切、效果最直接的改革。各试点单位积极探索，不断建立完善符合单位特点和科研特点的绩效工资分配方式和激励机制，进一步强化了知识价值导向和市场化水平，高层次人才绩效、科技成果转化奖励、年薪制等含金量高、更加多元的薪酬激励机制落地实施，多家单位已经实现对团队负责人或引进的高端人才工资不受绩效工资总额限制。例如，中国气象科学研究院以自主权改革试点为契机，建立了国家重点项目负责人、高层次引进人才的年薪制或协议工资制，推动了固化多年的工资制度实现局部突破；中国科学技术发展战略研究院基于社会科学类研究特点，构建涵盖决策支撑、学术影响、媒体传播等不同类型的科研成果奖励体系。

五是完善监管机制与下放改革权限协同推进，确保改革试点稳妥有序实施。试点单位调查显示，超过 95% 试点单位对照试点要求完善了内控机制和监督机制，包括重大决策、重大事件、重要制度在单位内公开征求意见等，并对改革试点过程中可能存在的风险点进行了梳理，建立了单位内部专门的内控机制、科研诚信监督和惩处制度，建立以信任为前提的科研管理机制，营造宽松科研环境。例如，超过六成单位表示建立了基于绩效、诚信和能力的科研管理制度；西北工业大学出台《学术道德规范及管理办法》《学术不端行为处分规定》，完善科研人员诚信档案和科研诚信评价考核机制。

在改革任务推进中，科技部等部门将“加快推进基于绩效、诚信和能力的科研管理改革试点”“探索开展国内差旅费报销改革试点”“推动赋予科研人员职务科技成果所有权或长期使用权试点”“开展中央级科研事业单位绩效评价试点”“开展高校人员总量管理试点”“逐步扩大科研院所编制备案制试点”“开展综合集成试点”等多项改革试点工作进行统筹协调，各项试点工作持续推进，高校和科研院所的科研自主权越来越大，科研人员的创新积极性越来越高。

（二）“双一流”建设高校陆续完成中期评估

2017 年 1 月，教育部、财政部、国家发展改革委印发《统筹推进世界一流大学和一流学科建设实施办法（暂行）》；同年 9 月，教育部、财政部、国家发展改革委会联合发布《关于公布世界一流大学和一流学科建设高校及建设学科名单的通知》，正式公布“双一流”建设名单。首批“双一流”建设高校共计 137 所，其中，世界一流大学建设高校 42 所（A 类 36 所，B 类 6 所），世界一流学科建设高校 95 所；“双一流”建设学科共计 465 个（其中自定学科 44 个）。

为贯彻落实党的十九大精神，加快“双一流”建设，根据《统筹推进世界一流大学和一流学科建设总体方案》和教育部、财政部、国家发展改革委联合印发的《统筹推进世界一流大学和一流学科建设实施办法（暂行）》，2018 年 8 月，教育部、财政部、国家发展改革委制定了《关于高等学校加快“双一流”建设的指导意见》。根据相关文件规定，“双一流”建设高校实行动态管理制度。实施中期，建设高校须根据建设方案对建设情况进行自评，对改革的实施情况、建设目标和任务完成情况、学科水平、资金管理使用情况等进行分析，发布自评报告。专家委员会根据建设高校的建设方案和自评报告，对建设成效进行评价，提出中期评价意见。根据中期评价结果，对实施有力、进展良好、成效明显的建设高校及建设学科加大支持力度；对实施不力、进展缓慢、缺乏实效的建设高校及建设学科提出警示并减小支持力度。截至 2019 年 3 月底，首批建设的 137 所地方高校，以及国防科技大学、海军军医大学、空军军医大学 3 所军队高校均已编制完成 2018 年度进展报告，并通过各高校信息公开栏目向社会公开发布[①]。截至 2019 年 9 月，北京大学、浙江大学、山东大学等 62 所“双一流”建设高校中期评估结果均已公布，从结果来看，目前所有评估的高校都通过了中期评估，绝大部分高校都得到了很高的评价。

（三）中国科学院“率先行动”计划实施成效显著

“率先行动”计划实施以来，中科院以有效激发和充分释放创新活力、促进重大成果产出为目标，以解决影响和制约科技创新的关键问题为着力点，陆续提出并实施一系列重大改革举措，特别是贯彻落实十八届三中全会精神，紧紧围绕实现“四个率先”目标，积极推进、全面深化体制机制改革，通过改革院士制度、实施研究所分类改革、改革科技评价制度、改革院机关科研管理、改革人才人事制度、改革经济资源配置机制，努力探索建设现代科研院所治理体系[②]。

一是院士制度改革取得新进展。修订《中国科学院院士章程》等系列规章制度，形成了涵盖院士遴选机制和增选流程、学部工作办法、院士行为规范等主要内容的学部制度体系，为加强院士队伍建设奠定了制度基础，为国家高水平科技智库建设提供了更好的组织保障。

二是科研院所分类改革取得阶段性成果。为适应不同类型科技创新活动的特点和规律，建立分类定位、分类评价、分类配置资源的体

① “双一流”建设高校 2018 年度进展报告公开网址，http：//www.moe.gov.cn/s78/A22/A22_ztzl/ztzl_tjsylpt/sylpt_jsdt/201903/t20190329_376024.html。

② 白春礼 . 以“四个率先”引领科技创新跨越发展[J]. 中国科学院院刊，2016，31（S1）：1–6.

制机制，中科院对原有研究机构按4类进行了分类改革：①面向国家重大需求，组建若干科研任务与国家战略紧密结合、创新链与产业链有机衔接的创新研究院。②面向基础科学前沿，建设一批国内领先、国际上有重要影响的卓越创新中心。③依托国家重大科技基础设施，建设一批具有国际一流水平、面向国内外开放的大科学研究中心。④依托具有鲜明特色的优势学科，建设一批具有核心竞争力的特色研究所。截至2020年12月底，中科院共设立创新研究院23家，卓越创新中心23家，大科学研究中心5家，特色研究所17家[①]。

三是科技评价制度改革有成效。为建立健全以重大成果产出为导向的科技评价制度体系，从2012年开始，中科院以发展态势监测为基础，以诊断评估、目标验收评估为重点环节，对36个研究所开展了评估，其中对32个研究所进行了国际评估。2015年上半年，全面开展了研究所“一三五”目标任务验收工作，并结合资源配置改革强化择优支持。通过改革，科技评价的诊断、导向和激励作用进一步强化，帮助研究所进一步了解自身发展态势和存在问题，引导研究所明确定位、凝练目标，有力促进了重大成果产出，天宫、蛟龙、天眼、悟空、墨子、大飞机等一批具有重大科学意义和应用价值的重大科技成果相继问世，在量子信息和凝聚态物理方面，中科院在国际上达到了并行领跑，创造了光纤量子密钥分发超过500公里的世界纪录。

四、思考与展望

党的十八届三中全会以来，党中央统揽全局、加强顶层设计，出台《国家创新驱动发展战略纲要》《关于深化科技体制改革实施方案》

① 四类机构，http：//www.cas.cn/zz/jg/ys/sljg/201501/t20150112_4297235.shtml。

等重要文件，形成了科研院所和高校科研管理改革的系统布局。科技部、教育部、财政部、中科院等部门积极推进各项改革任务，在体制机制改革、人事管理、评价制度、自主权下放等方面取得了实质性突破。科研院所和高校的基础前沿研究能力、协同创新能力有了大幅提升，产生了一大批有重要影响的重大标志性成果。

但是，我国科研院所和高校在发展模式、机构管理、收入分配、考核激励等方面还存在一些问题。主要表现在：科研活动的学术驱动、市场驱动和国家战略驱动不协调，科学自由探索和国家目标支撑不协调，稳定支持和竞争性支持不平衡，激励和约束不平衡等问题依然突出；对科研机构和高校按照一般事业单位管理，管理“简单化”“行政化”，高校、科研院所发展模式趋同；事业单位、国有资产管理、人事管理、收入分配等制度不适应新的科技创新发展需要；改革效果与科研人员的期望仍然存在差距，高校、科研机构及科研人员的创新积极性还未充分发挥。

面对错综复杂的国际形势、艰巨繁重的国内改革发展稳定任务，特别是新冠肺炎疫情严重冲击，科技自立自强成为我国未来发展的战略支撑。在“十四五”时期，要持续推进科研事业单位改革，强化高校、科研院所的使命担当，提高自主创新和承担国家战略任务的能力，为全面建成世界科技强国提供强有力支撑。

第7章 鼓励新型研发机构发展

一、改革背景

20世纪90年代后期，一批具有突出创新成效的研发组织在我国东南沿海地区异军突起并呈快速发展之势，人们将其称为“新型研发机构”。新型研发机构通常是指以市场为导向、以创新创业为动力、以驱动经济创新发展为目标，采取投资主体多元化、建设模式多样化、运行机制市场化、管理制度现代化的企业化运作模式，在科学研究、技术研发、成果转化、创新创业与孵化育成等一个或多个方面形成鲜明特色，产学研紧密结合，独立核算、自主经营、自负盈亏、可持续发展的新型法人组织。

2013年，全国政协教科文卫体委员会多次赴东南沿海地区对新型研发组织开展专题调研，并在全国政协十二届常委会第三次会议上作专题报告，认为新型研发组织已掌握一定的新兴产业和行业发展的话语权，是实施创新驱动的生力军，应加快深化科技体制改革，促进新型研发组织发展。近年来，我国新型研发机构增长势头猛烈，据不完全统计，截至2019年8月，全国范围内的新型研发机构累计达上千家，如深圳清华大学研究院、中国科学院深圳先进技术研究院、北京生命科学研究所、北京协同创新研究院等，这些知名机构的出现在一定程度上有效牵引了我国高新技术发展，暂时解决了科研与产业“两张皮”的问题。然而，大量新型研发机构科研方向重复度高、规模小，协同发展不够，很难有效汇聚科研资源形成合力，且新型研发机构大多在创新链条中定位不清，混淆基础研究、技术研发与产业化技术开发等问题，导致研发活动效率降低和资源浪费，需要国家和地方政府层面加强统筹协调，研究改革举措，推进新型研发机构持续发展。

二、主要改革举措

党的十八大以来，党中央、国务院陆续发布《深化科技体制改革实施方案》《国家创新驱动发展战略纲要》《“十三五”国家科技创新规划》等文件，鼓励、引导新型研发机构发展。科技部于 2019 年 9 月专门制定了《关于促进新型研发机构发展的指导意见》，明确了新型研发机构的性质、内涵、建设条件、支持形式等，以推动新型研发机构健康有序发展。

（一）鼓励社会化新型研发机构发展

一是制定鼓励社会化新型研发机构发展举措，探索非营利性运行模式。明确鼓励新型研发机构社会化、非营利性运行的发展方向，并提出应制定相应政策进行宏观引导，为地方建设新型研发机构指明道路。二是提出发展面向市场的新型研发机构。要求围绕区域性、行业性重大技术需求，实行多元化投资、多样化模式、市场化运作，发展多种形式的先进技术研发、成果转化和产业孵化机构。三是强调要培育充满活力的创新主体，鼓励和引导社会化新型研发机构发展。鼓励政策先行先试，引导新型研发机构快速发展，对于民办新型研发组织，在承担国家科技任务、人才引进等方面实行一视同仁的支持政策。

（二）允许体制内单位探索新型运行模式

一是明确科研院所和高等学校作为源头创新的主力军，必须大力增强其原始创新和服务经济社会发展能力。深化科研院所分类改革和高等学校科研体制机制改革，构建符合创新规律、职能定位清晰的治理结构，完善科研组织方式和运行管理机制，加强分类管理和绩效考核，增强知识创造和供给，筑牢国家创新体系基础。二是完善科技成果转移转化机制，激发科研人员创新创业活力。鼓励高等学校、科研院所在不增加编制的前提下建设专业化技术转移机构，培育一批运营机制灵活、专业人才集聚、服务能力突出、具有国际影响力的国家技术转移机构；支持企业与高等学校、科研院所联合设立研发机构或技术转移机构，共同开展研究开发、成果应用与推广、标准研究与制定等。三是建立技术创新市场导向机制，鼓励体制内人员创新创业。鼓励科研院所和高校建立专业化技术转移机构和职业化技术转移人才队伍，畅通技术转移通道；允许符合条件的高等学校和科研院所科研人员经所在单位批准，带着科研项目和成果、保留基本待遇到企业开展创新工作或创办企业；要求改进科研人员薪酬和岗位管理制度，破除人才流动的体制机制障碍，促进科研人员在事业单位与企业间合理流动。四是推动健全现代大学制度和科研院所制度，培育面向市场的新型研发机构，构建更加高效的科研组织体系。深化科研组织体系改革，全面提升高等学校创新能力，加快建设有特色高水平科研院所，培育面向市场的新型研发机构，完善科研运行管理机制，形成高效的研发组织体系；坚持技术开发类科研机构企业化转制方向，对于承担较多行业共性任务的转制科研院所，可组建产业技术研发集团，对行业共性技术研究和市场经营活动进行分类管理、分类考核；实施中国科学院“率先行动”计划，发挥集科研院所、学部、教育机构于一体的优势，探索中国特色的国家现代科研院所制度。

（三）指导规范新型研发机构健康发展

一是明确了新型研发机构的定义及其治理结构。指出新型研发机构应是独立的法人机构，可依法注册为科技类民办非企业单位（社会服务机构）、事业单位和企业，聚焦科技创新需求，主要从事科学研究、技术创新和研发服务，具有投资主体多元化、管理制度现代化、运行机制市场化和用人机制灵活等特点；多元投资设立的新型研发机构，原则上应实行理事会、董事会决策制和院所长负责制，依照章程管理运行。二是规范建立新型研发机构的必备条件。具有独立法人资格，内控制度健全完善；主要开展基础研究、应用基础研究，产业共性关键技术研发、科技成果转移转化，以及研发服务等；拥有开展研发、试验、服务等所必需的条件和设施；具有结构相对合理稳定、研发能力较强的人才团队；具有包括出资方投入在内的相对稳定的收入来源。三是鼓励设立科技类民办非企业单位（社会服务机构）性质的新型研发机构。依法登记为科技类民办非企业单位的新型研发机构，其运营所得利润应主要用于机构管理运行、建设发展和研发创新等，出资方不得分红，可按照《中华人民共和国企业所得税法》《中华人民共和国企业所得税法实施条例》，以及非营利组织企业所得税、职务科技成果转化个人所得税、科技创新进口税收等相关规定，享受税收优惠。四是新型研发机构在项目申报和基础条件建设、人才建设等方面给予大力支持。可按照要求申报国家科技重大专项、国家重点研发计划、国家自然科学基金等各类政府科技项目、科技创新基地和人才计划；在基础条件建设、科研设备购置、人才住房配套服务及运行经费等方面给予支持；采用创新券等支持方式，推动企业向新型研发机构购买研发创新服务；鼓励地方通过中央引导地方科技发展专项资金支持新型研发机构建设运行；鼓励国家通过科技成果转化引导基金支持新型研发机构转移转化利用财政资金等形成的科技成果。

三、改革实施进展

党的十八大以来，我国新型研发机构增长势头猛烈，在国家政策的指引下，北京、上海、广东、江苏、陕西等地方政府纷纷参与建设，陆续出台相关推进建议及实施办法，认定、支持属地内新型研发机构建设。2015—2018 年，推进新型研发机构建设的相关政策陆续在全国多个地方落地，产生了一批新型研发机构。据不完全统计，截至 2019 年 8 月，全国范围内的新型研发机构累计达到上千家，其中江苏 346 家、广东 297 家，在数量上居于前列。

（一）北京市积极探索新型研发机构建设

为深入落实国务院 2016 年印发实施的《北京加强全国科技创新中心建设总体方案》中“创新科研院所运行体制机制，推广北京生命科学研究所管理模式”的要求，北京市政府印发了《北京市支持建设世界一流新型研发机构实施办法（试行）》，以进一步吸引集聚战略性科技创新领军人才及其高水平创新团队。

《北京市支持建设世界一流新型研发机构实施办法（试行）》在机构定位、体制机制创新和支持方式等方面给予明确。一是明确新型研发机构的定位。新型研发机构是指由战略性科技创新领军人才领衔，采取与国际接轨的治理模式和运行机制，协同多方资源，从事基础前沿研究、共性关键技术研发的事业单位或科技类民办非企业单位。二是明确新型研发机构支持条件。新型研发机构应具有独立法人资格，建立了科技成果转移转化机制；依法制定章程，具备完善的组织体系、法人治理结构和运行机制，实行理事会领导下的院长（所长、主任）负责制，并设立评估、审计等专门委员会。三是创新支持政策和服务保障。对新型研发机构实行个性化合同管理制度，赋予其人员聘用、经费使用、运营管理等方面的自主权，在确定的重点方向、重点领域、重点任务范围内，自主确定研究课题，自主选聘科研团队，自主安排科研经费使用；创新财政科技经费管理模式，探索实行负面清单管理；对符合首都城市战略定位的科技成果在京实施转化的，通过北京市科技创新基金等提供支持；提供居留和出入境、落户、医疗保险、子女教育等服务保障，开展职称自主评审试点。四是创新组织实施方式。开展新型研发机构建设方案论证，由第三方机构组织对新型研发机构的定位与研究方向、规划与目标、体制机制、科研团队、创新能力、经费需求等方面进行综合论证；对新型研发机构实施绩效评价，依据合同约定，围绕科研投入、创新产出质量、成果转化、人才集聚和培养等方面进行评估分析。

目前，已建立了以北京生命科学研究所、北京国家蛋白质科学中心、北京纳米能源与系统研究所和北京量子信息科学研究院等为典型代表的具有无行政级别、无人员经费、无人员编制的“三无”特征的事业单位型新型研发机构，以及以北京协同创新研究院、北京石墨烯研究院、全球健康药物研发中心、北京脑科学与智能技术研究院、北京大数据研究院等为典型代表的以“科民非”形式存在的新型研发机构。

（二）上海“科改 25 条”催生新型研发机构蓬勃发展

为全面落实中央关于“上海要加快向具有全球影响力的科技创新中心进军”的新要求，上海市出台了《中共上海市委、上海市人民政府关于加快建设具有全球影响力的科技创新中心的意见》、《上海市促进科技成果转移转化行动方案（2017—2020）》和《关于进一步深化科技体制机制改革增强科技创新中心策源能力的意见》（上海“科改 25 条”）等文件，支持科技类社会组织、研发服务类企业、实行新型运行机制的科研事业单位等各类新型研发机构发展。

上海“科改 25 条”发布以来，一批新型研发机构加速成长，为加强规范管理和服务，上海市科委等六部门联合制定发布了《关于促进新型研发机构创新发展的若干规定（试行）》。该文件按照竞争中立、公平普惠、分层分级的原则，推进各类新型研发机构的发展。对于一般性的新型研发机构，科技类社会组织实行直接登记，在申报政府科技研发和产业创新项目、人才计划、职称评审等方面享受企事业法人同等待遇；对于研发服务类企业，依照相关规定享受研究开发费用税前加计扣除、高新技术企业所得税优惠政策。采用创新券等方式，支持企业向此类新型研发机构购买研发服务。对于具备一定研发和服务能力的新型研发机构及符合条件的科技类社会服务组织，可享受相关税收减免政策；通过第三方绩效评价，符合条件的科技类社会服务组织和研发服务类企业等新型研发机构可给予研发后补助支持。对于战略性新型研发机构，从事战略性、前瞻性、颠覆性、交叉性领域研究的战略性科技力量，按一所（院）一策原则予以支持。

目前，围绕脑科学、类脑智能、量子科学等前沿科学领域的基础与应用基础研究，成立了以上海脑科学与类脑研究中心、上海量子科学研究中心、上海清华国际创新中心为代表的实行新型运行机制的科研事业单位，在体制机制上试点“三不一综合”，即不定行政级别、不定编制、不受岗位设置和工资总额限制，实行综合预算管理。面向集成电路、人工智能、生物医药、先进制造等重点产业方向，已建或正在培育以上海微技术工业研究院为代表的功能型平台近20个。支持推动科技类社会组织快速发展，如上海交通大学教授刘燕刚等人发起成立的高知汇科技成果转化研究院，树图区块链底层系统研发创始人、多伦多大学教授龙凡发起成立的上海树图区块链研究院，均属于非营利性民办非企业单位。

（三）广东省分批次认定推进新型研发机构快速建设与培育

为贯彻落实党的十八届三中全会，广东省先后发布了《中共广东省委　广东省人民政府关于全面深化科技体制改革　加快创新驱动发展的决定》和《广东省人民政府关于加快科技创新的若干政策意见》。基于这些文件精神，广东省科技厅等十部门联合制定了《关于支持新型研发机构发展的试行办法》，加快推进新型研发机构建设。

一是鼓励加强协同创新平台建设。实施产学研协同创新平台覆盖计划，培育一批市场化导向的高等学校协同创新中心、产业研究开发院等新型研发组织，并要求制定新型科研机构管理办法，出台扶持政策措施，运用市场化机制建设，并在项目、人才、资金等方面给予重点扶持。二是制定扶持新型研发机构发展政策。明确新型研发机构在承担项目、职称评审、人才引进、投融资等方面可享受国有科研机构待遇，非营利性的新型研发机构用地免征税，属于省政府重点扶持且纳税确有困难的新型研发机构可申请减免税，符合条件的新型研发机构进口科研用品可免征进口关税、进口环节增值税、消费税等。三是支持组建多种形式的新型研发机构。鼓励引导各级政府、企业与省内外高等院校、科研机构、企业和社会团体探索组建多种形式的新型研发机构，在能力建设、研发投入、人才引进、科研仪器设备配套等方面给予支持。

为加快推进新型研发机构的建设与培育工作，2015—2019 年，广东省科技厅共认定 276 个新型研发机构，其中 2015 年认定了包括中国科学院深圳先进技术研究院、深圳清华大学研究院、东莞华中科技大学制造工程研究院和深圳光启高等理工研究院等在内的 124 个机构，2016 年认定并经过动态评估后通过 35 个，2017—2019 年分别认定了 39 个、25 个和 53 个新型研发机构。

（四）江苏省产业技术研究院引领新型研发机构快速发展

为深化体制机制改革，支持江苏省新型研发机构改革发展，江苏省政府出台了《省政府办公厅关于支持江苏省产业技术研究院改革发展若干政策措施的通知》和《关于加快推进产业科技创新中心和创新型省份建设若干政策措施》（科技创新“四十条”）等相关政策，江苏省发展改革委、经信委、科技厅等十部门围绕科技创新“四十条”分别制定了政策措施实施细则，更为具体、明确地支持新型研发机构的发展。

科技创新“四十条”从不同角度给予新型研发机构支持。一是给予部分国有科研机构待遇。新型研发机构在政府项目承担、职称评审、人才引进、建设用地、投融资等方面可享受国有科研机构待遇。二是采用多种方式给予税收减免。省级重点建设和扶持发展的科研项目，缴纳房产税、城镇土地使用税确有困难的，可分别向当地政府、主管地税机关申请给予减税或免税；对符合条件的新型研发机构进口科研用品免征进口关税和进口环节增值税、消费税。三是直接给予后补助奖励支持。具备条件的独立法人新型研发机构，对其上年度非财政经费支持的研发经费支出额度给予不超过20%、单个机构奖励不超过1000万元的奖励。

目前，江苏省各地方政府、科技园区引进省内外高校院所等共建研究院、分所、研究中心等各类新型研发机构346家，据不完全统计，总投入达200多亿元，建有900多个研发中心及实验室，研发人员达6000多人，拥有有效发明专利4200多件，年服务企业10 000多家，引进、孵化企业1400多家。从机构性质上看，346家新型研发机构中，事业性质197家（占56.94%），企业性质124家（占35.84%），民办非企业性质25家（占7.22%）；从地域分布来看，全省各设区市均有新型研发机构载体建设，苏南5市新型研发机构较多，共201家，占全省总数的58.09%，苏中、苏北相对较少。江苏省产研院已有36家专业研究所、1家参与共建的国家超级计算无锡中心和6家产业技术创新中心，共引进新型研发机构近120家，创投资金总额约300亿元，启动20余项重大产业技术创新项目。

（五）其他省市也陆续出台政策支持新型研发机构建设发展

陕西省出台《陕西省科技厅支持校企合作共建新型研发平台工作指引》等政策文件，鼓励大型骨干企业组建企业研究院、企业研发中心等，支持以企业为主体，共建产学研合作的重点实验室、工程（技术）研究中心、创新联盟等新型研发机构。河南省出台相关政策，鼓励高等院校、科研院所、企业等设立具有独立法人资格的新型研发机构，在政府项目承担、职称评审、人才引进、建设用地、投融资方面给予国有科研机构待遇，对于符合条件的新型研发机构择优给予一次性经费支持，并根据新型研发机构绩效评价结果，择优给予经费后补助。福建省《关于鼓励社会资本建设和发展新型研发机构若干措施的通知》明确，省和设区市财政对初创期新型研发机构每年度按非财政资金购入科研仪器、设备和软件购置经费25%的比例，给予最高不超过500万元的后补助；对于非初创期新型研发机构，省和设区市财政对发展效益较好的研发机构，按近5年非财政资金购入科研仪器、设备和软件购置经费25%的比例，给予最高不超过1000万元的一次性后补助。河北、安徽、重庆等省市也出台了相应政策，鼓励新型研发机构建设，探索创立发展支持机制。

四、思考与展望

新型研发机构持续健康发展需要加强统筹管理，整合全国优势科研与产业资源，以前瞻性眼光进行战略布局。一是加强政策引导，科学精准定位。政府应充分发挥自身职能，加大引导力度，对新型研发机构发展提供必要的政策指导和有效的约束管理，为其创设发展营造良好的内生动力和外部环境；建议新型研发机构根据所在区域的特色，精准定位，精确拓展自身功能。二是加强机制体制探索，保持可持续发展。强化去行政化的管理模式，建立具有国际化视野的、开放的人才制度，构建动态的创新资源汇聚体系等，遵循科技发展规律进行机制体制探索创新，始终保持新型研发机构旺盛的组织生命力与独特的发展活力。三是加强对全国各地新型研发机构建设情况的跟踪评价，构建新型研发机构数据库，适时发布新型研发机构年度报告，推动建立新型研发机构监督问责机制，做好新型研发机构建设的动态调整等工作。

第 8 章　强化科技创新基地与条件保障

一、改革背景

科技创新基地和科技基础条件保障能力是国家科技创新能力建设的重要组成部分，是实施创新驱动发展战略的重要基础和保障，是提高国家综合竞争力的关键。一直以来，我国着力建设了一批国家科研基地和平台，科技基础条件保障能力得到加强，为推动科技进步、提升自主创新能力、保障经济社会发展提供了重要支撑。但是，与主要发达国家相比，我国科研基地与条件保障综合实力尚有较大差距，还不能适应创新驱动发展的新要求。例如，科研基地与科技基础条件保障能力建设缺乏顶层设计和统筹；科研基地布局存在交叉重复，功能定位不明晰；科技基础条件保障能力建设相对薄弱；科技资源开放共享服务整体水平仍较低等。针对以上问题，国家近期出台了一系列改革政策，在《国家创新驱动发展战略纲要》《关于深化中央财政科技计划（专项、基金等）管理改革的方案》《“十三五”国家科技创新规划》等文件中均对科技创新基地和科技基础条件保障做了相应的任务部署，探索以国家实验室为引领，推进国家科技创新基地建设向统筹规划、系统布局、分类管理的国家科技创新基地体系建设转变，推进科技基础条件建设向大幅提高基础支撑能力和自我保障能力转变，推进科技资源共享服务向大幅提高服务质量和开放程度转变。

二、主要改革措施

（一）明确国家实验室使命，推进国家实验室建设

党的十八届五中全会提出，要在重大创新领域组建一批国家实验室，以国家实验室建设为抓手，强化国家战略科技力量建设。此后，在国家《“十三五”规划纲要》和《创新驱动发展战略纲要》等多份文件中，均提出以国家战略需求为导向，布局一批高水平国家实验室。《国家科技创新基地优化整合方案》《“十三五”国家科技创新基地与条件保障能力建设专项规划》明确了国家实验室的使命，提出了国家实验室的组建原则。第一，国家实验室的使命是突破世界前沿的重大科学问题，攻克事关国家核心竞争力和经济社会可持续发展的核心技术，率先掌握能够形成先发优势、引领未来发展的颠覆性技术，确保国家重要安全领域技术领先、安全、自主、可控。第二，国家实验室的组建原则为突出国家意志和目标导向，采取统筹规划、自上而下为主的决策方式，统筹全国优势科技资源整合组建，坚持高标准、高水平，体现引领性、唯一性和不可替代性，成熟一个，启动一个。

（二）优化调整现有国家级科技创新基地建设

《国家科技创新基地优化整合方案》《“十三五”国家科技创新基地与条件保障能力建设专项规划》提出，根据整合重构后各类国家科技创新基地功能定位和建设运行标准，对现有试点国家实验室、国家重点实验室、国家工程技术研究中心、国家科技基础条件平台、国家工程实验室、国家工程研究中心等国家级基地和平台进行考核评估，通过撤、并、转等方式，进行优化整合，符合条件的纳入相关基地序列管理。第一，在现有试点国家实验室和已形成优势学科群基础上，组建（地名加学科名）国家研究中心，纳入国家重点实验室序列管理。

第二，优化整合现有国家工程研究中心和国家工程实验室，对现有国家工程研究中心和国家工程实验室进行合理归并，对符合条件、达到评价指标要求的纳入新的国家工程研究中心序列进行管理；规范对国家地方联合共建的工程研究中心和工程实验室优化整合与管理，提升服务地方战略性新兴产业和优势特色产业发展的能力。第三，加强对现有国家工程技术研究中心评估考核和多渠道优化整合，支持符合相关定位和条件的国家工程技术研究中心转建国家技术创新中心。第四，制定国家野外科学观测研究站数据获取、研究分析和共享服务能力的认定标准，对现有台站进行评估考核，符合条件的纳入国家野外科学观测研究站序列进行管理。第五，优化调整国家科技资源共享服务平台，对现有国家科技基础条件平台进行优化调整，通过绩效考评，符合条件的纳入国家科技资源共享服务平台序列进行管理。

（三）完善科技资源共享服务平台布局，推进科研设施与仪器的开放共享

第一，完善科技资源共享服务平台建设。《国家重大科技基础设施建设“十三五”规划》提出，围绕科研仪器、科研设施、科学数据、科技文献和实验材料等领域，根据功能定位和建设运行标准，依托科研院所、高校，新建一批具有国际影响力的国家科学数据中心、生物种质和实验材料资源库（馆）等国家科技资源共享服务平台，形成覆盖重点领域的科技资源支撑服务体系。结合国家大数据战略的实施，加强科学数据库建设，完善各类国家科技资源数据库、生物种质、人类遗传等资源库建设，加强科技基础资源调查，强化科学数据的汇集、更新和深度挖掘，形成一批有国际影响力的国家科学数据中心。

第二，推进科研设施与仪器的开放共享。《关于国家重大科研基础设施和大型科研仪器向社会开放的意见》提出，制定各类管理制度和办法，建立激励引导机制、开放评价体系，搭建统一的国家网络管

理平台，促进科研设施与仪器的开放共享。2015 年，科技部办公厅印发了《落实〈国务院关于国家重大科研基础设施和大型科研仪器向社会开放的意见〉试点工作方案的通知》，提出深入研究科研设施与仪器开放共享的评价运行机制、互惠机制、用户引导机制、奖惩办法和实验技术人员队伍建设等问题，以简政放权为导向，探索政府引导与市场主导的新模式。2016 年，教育部办公厅发布《关于加强高等学校科研基础设施和科研仪器开放共享的指导意见》，致力于推动高校科研设施与仪器的开放共享。

（四）完善国家科技创新基地建设运行管理机制

《国家科技创新基地优化整合方案》《“十三五”国家科技创新基地与条件保障能力建设专项规划》提出，加强机制创新和分级分类管理，形成科技创新基地与科技基础条件保障能力体系建设和科技创新活动紧密衔接、互融互通的新格局。第一，完善运行管理机制。各类国家科技创新基地需按照定位、目标和任务，制定相应的建设发展方案；创新管理模式，加强制度建设，明确建设规模，建立与基地特点相适应的管理办法、评价标准和遴选机制，建立注重成果和贡献的人才评价制度，提升国家科技创新基地创新能力和活力。第二，完善评估考核机制。充分发挥评估的政策导向作用，建立与国家科技创新基地发展目标相一致的评估考核指标体系，加大动态调整力度，做到有进有出，实现基地建设的良性循环。强化科研设施与仪器管理单位法人主体责任，完善开放共享的评价考核和管理制度。第三，完善资源配置机制。完善分类支持方式和稳定支持机制，加大绩效考核和财政支持的衔接，科学与工程研究类、基础支撑与条件保障类国家科技创新基地要突出财政稳定支持，中央财政稳定支持学科国家重点实验室运行和能力建设。技术创新与成果转化类国家科技创新基地建设要充分发挥市场配置资源的决定性作用，加强政府引导和第三方考核评估，根据考核评估情况，采用后补助等方式支持基地能力建设。以国家重大科研基础设施和大型科研仪器为重点，开展考核评价工作，对开放效果显著的管理单位给予后补助支持。

三、改革实施进展

（一）围绕国家重大战略需求，着力布局国家实验室体系

《国务院关于全面加强基础科学研究的若干意见》进一步明确，聚焦国家目标和战略需求，在有望引领未来发展的战略制高点，统筹部署和建设突破型、引领型、平台型一体的国家实验室。科技部党组〔2018〕1号文指出，以国家实验室为引领布局国家战略科技力量，先行组建量子信息科学国家实验室，启动重大领域国家实验室的论证组建工作。2018年12月，习近平总书记在中央经济工作会议提出要求，抓紧布局国家实验室。2020年两会上，国务院总理李克强在政府工作报告中再次提出，加快建设国家实验室，重组国家重点实验室体系，发展社会研发机构。《中共中央关于制定国民经济和社会发展第十四个五年规划和二〇三五年远景目标的建议》明确提出，推进国家实验室建设，重组国家重点实验室体系。

据了解，有条件的省份已开始积极筹建高水平科研设施和研究实体，并投入大量的资源，以争取国家实验室在本地区落地建设。例如，中科院和上海市合力打造了上海张江实验室，依托上海光源等多个国家重大科技基础设施群，旨在跻身世界一流国家实验室行列。

（二）国家科技创新基地与条件保障能力体系基本形成

第一，对国家重点实验室重新定位，启动国家重点实验室的重组工作，围绕原始创新和关键核心技术领域突破，建设一批国家重点实

验室，使国家实验室和国家重点实验室形成基础研究的梯次布局。目前，我国建有253个学科国家重点实验室、175个企业国家重点实验室、32个省部共建国家重点实验室、18个港澳国家重点实验室和6个学科交叉国家研究中心（纳入国家重点实验室管理）。对国家重点实验室的重组，将根据国家战略需求和学科发展趋势，围绕重大原始创新和关键核心技术突破，在原来的学科领域基础上，形成数理、化学、天文与空间、地球科学、环境、生物学、医药、农业、信息、材料、制造、工程、能源、海洋、综合交叉15个学科领域。

第二，印发《国家工程研究中心管理办法》，制定了新形势下的国家工程研究中心的组织管理、申报与审核、运行评价、支持政策、监督管理规范，明确了国家工程研究中心着眼于加快重大科技成果工程化、产业化，搭建产业发展与科技创新之间的桥梁，采用法人形式组建和运行。将制定发布《国家工程研究中心评价工作指南》，明确评价指标体系、数据采集规范、材料报送要求等事项，每3年对经正式确认的工程中心进行一次集中评价，工程中心根据相关规定可申请国家后补助资金支持。

第三，印发《国家技术创新中心建设工作指引》《关于推进国家技术创新中心建设的总体方案（暂行）》，提出国家技术创新中心定位于实现从科学到技术的转化，促进重大基础研究成果产业化，提升我国重点区域和关键领域技术创新能力，根据功能定位、建设目标、重点任务等不同，将国家技术创新中心分为综合类和领域类等两个类别进行布局建设，原则上应为独立法人实体，采取“一事一议”方式探索不同类型的组建模式。目前，已建成国家高速列车技术创新中心、国家新能源汽车技术创新中心、国家合成生物技术创新中心等。国家技术创新中心采取会员制、股份制、协议制、创投基金等方式，吸引企业、金融与社会资本、高校院所等共同投入建设，收入来源包括竞争性课题、市场化服务收入及财政资金后补助等；同时，发挥财政资金引导作用，探索建立中央和地方财政联合投入机制，中央财政资金主要通过“基地和人才专项”等支持创新中心建设，国家科技计划为创新中心开放申报渠道，国家科技成果转化引导基金在创新中心设立子基金。

第四，印发《国家产业创新中心建设工作指引（试行）》，明确国家产业创新中心建设思路，截至目前，我国已建成国家先进计算产业创新中心。发布《制造业创新中心建设工程实施指南（2016—2020年）》《国家制造业创新中心考核评估办法（暂行）》《工业和信息化部办公厅关于印发国家制造业创新中心建设领域总体布局（2018年新增）》等系列文件，完善国家制造业创新中心建设。截至目前，我国已建成12家国家制造业创新中心，在建1家国家制造业创新中心。

第五，加强国家临床医学研究中心的布局。出台《国家临床医学研究中心运行管理办法（2017年修订）》《国家临床医学研究中心五年（2017—2021年）发展规划》等政策文件，提出围绕慢性非传染性疾病和常见多发疾病进一步完善中心布局，实现主要疾病领域和临床专科的全覆盖，重点开展临床循证、转化应用、应用推广及防控战略等方面的研究，强化医学研究基础平台建设。2012—2019年，国家临床医学研究中心共在心血管疾病、神经系统疾病、慢性肾病、恶性肿瘤、呼吸系统、代谢性疾病、精神心理疾病、妇产疾病、消化系统疾病、口腔疾病、老年疾病等28个疾病领域布局建设了50家单位。编制了《国家临床医学研究中心运行绩效评估方案（试行）》，评估内容主要包括中心的建设水平、科研产出、公共服务等方面，2019年，对建设期满3年的21家国家临床医学研究中心开展了运行绩效评估。

第六，积极推进国家野外科学观测研究站布局建设。科技部先后印发《国家野外科学观测研究站管理办法》《国家野外科学观测研究站建设发展方案（2019—2025）》，明确在优化和整合已有国家野外站基础上，补充择优遴选一批具有区域代表性、基础条件优势明显、科学研究队伍优秀的部门或地方野外站建设成国家野外站。2019 年，科技部委托专业评估机构开展了国家野外科学观测研究站的梳理评估工作，发布了《科技部办公厅关于开展野外科学观测研究站调研和推荐布局建议的通知》，开展新一轮国家野外站的布局建设。截至 2019 年年底，原有的 105 个国家野外站已优化调整为 97 个国家野外站。

第七，在优化调整的基础上，择优新建一批有重要影响力的科学数据中心、生物种质和实验材料资源库（馆）。2019 年，科技部、财政部对原有平台开展了优化调整工作，《科技部　财政部关于发布国家科技资源共享服务平台优化调整名单的通知》显示，目前共形成“国家高能物理科学数据中心”等 20 个国家科学数据中心，已建设“国家重要野生植物种质资源库”等 30 个国家生物种质与实验材料资源库。

第八，推进国家重大科技基础设施建设。2016 年，发展改革委会同科技部、财政部等发布《国家重大科技基础设施建设“十三五”规划》，确定了“十三五”时期国家优先布局的 10 个重大科技基础设施建设项目，同时，深化 5 个后备项目的筹备论证。2016 年，科技部启动国家重点研发计划大科学装置前沿研究重点专项，专项共部署了 14 个方面的研究任务，2016—2019 年共立项支持了 55 个研究项目，其中基础前沿类 47 个（占 85%）、重大共性关键技术类 8 个（占 15%），专项总经费预算 17.1 亿元。通过专项的开展，在粒子物理探测、暗物质直接探测、宇宙射线探测、天体物理、核聚变等离子体物理、凝聚态物理与量子功能材料、催化反应机制等方面做出了一些富有特色甚至国际领先的工作，发展了基于先进光源、角分辨光电子能谱、原子力显微镜、磁力显微镜、红外等系列联用技术平台，基于这些联用技术平台在凝聚态物理、能源化学、神经科学等方面取得一批重大成果，增强了对材料、能源、环境和健康等领域研究和扩展应用的支撑能力。

（三）加快推进科技资源开放共享和高效利用

2015 年，相关部门制定发布了《科研设施与仪器管理单位在线服务平台建设运行管理规范（试行）》和《科研设施与仪器国家网络管理平台管理单位数据报送规范（试行）》，指导各地方和各部门组织管理单位建设在线服务平台并纳入国家网络管理平台。2016 年，科技部组织启动了“重大科研基础设施和大型科研仪器国家网络管理平台”建设工作，用来集中展示我国各类科研设施与仪器资源开放信息，支持科研人员多维度检索、浏览及在线预约。2017 年，科技部会同发展改革委、财政部出台了《国家重大科研基础设施和大型科研仪器开放共享管理办法》，以坚持开放为常态、不开放为例外，坚持奖惩结合为原则，进一步明确了纳入开放共享的国家重大科研基础设施和大型科研仪器的范围。在管理机制创新方面，一是开放制度和激励引导机制日趋完善，多家高校和科研院所建立起仪器开放共享目标考核和绩效激励、服务收入按一定比例返还至实验室、抽成服务费用激励一线实验技术人员等制度，有效激励科研人员开放共享仪器设备，开放服务从个别自发状态发展到统一规范状态；二是科研设施与仪器利用和开放水平显著提升，有效减少了仪器设备重复购置问题，考核范围内的仪器平均工作机时从改革前的 500 小时增至现在的 1340 小时，对外共享服务率从 10% 提高到 16%，此外，据统计，2015—2017 年减少科研仪器设备重复购置经费 68 亿元，截至 2018 年年底，已累计减少重复购置经费达 207 亿元。

据不完全统计，30 个省（区、市）已出台了促进科研设施和大型仪器向社会开放的实施意见或实施方案，1560 余家高校和科研院所制定了 1900 多项开放制度，基本覆盖了全国主要的高校和科研院所，涵盖了科研设施和仪器开放管理的各个环节，逐步建立起促进仪器设备开放共享的规章制度体系，在构建便利化、低成本、广覆盖的开放服务体系，提升资源使用效率，降低全社会创新创业门槛方面取得良好进展。覆盖各类科研设施与仪器的专业化、网络化管理服务体系基本建成，纳入国家网络管理平台的大型仪器已超过 10 万台（套），科研设施与仪器管理的信息化水平大幅提升。

四、思考与展望

尽管我国科研基地与条件保障能力建设已取得重要进展，但与当前国际竞争态势和创新驱动发展需求相比尚有一定差距。例如，国家实验室组建亟待加快推进，各类平台基地建设布局与优化整合工作还需进一步深入推进，科研设施与仪器开放共享仍有较大空间，对已购置、拟购置的科研设施与仪器统筹管理还存在不足等。后续，科研基地与条件保障能力建设应聚焦提升原始创新、自主创新能力，聚焦提高科技创新资源供给质量和效率，强化顶层设计，改革管理体制，健全开放共享和协同创新机制，对科技创新基地和科技基础条件保障能力建设进行统筹规划和系统布局，全面提高国家科技创新基地与条件保障能力，为实现创新型国家建设目标、支撑引领经济社会发展提供强大的基础支撑和条件保障。

第三篇
激发科研人员创造活力

习近平总书记指出，人才是创新的第一资源，创新驱动实质是人才驱动。要着力完善人才发展机制，最大限度支持和鼓励科技人员创新创造。党中央高度重视，对科技人才体制机制改革做出总体部署。党的十八届三中全会提出，建立集聚人才体制机制，择天下英才而用之，让各类人才都有施展才华的广阔天地。十九届四中全会提出，要完善科技人才发现、培养、激励机制，尊重知识、尊重人才，加快人才制度和政策创新，支持各类人才为推进国家治理体系和治理能力现代化贡献智慧和力量。十九届五中全会提出，要深入实施人才强国战略，激发人才创新活力，深化人才发展体制机制改革，健全以创新能力、质量、实效、贡献为导向的科技人才评价体系，健全创新激励和保障机制。一系列承转递进的重要论述和重要指示精神，为科技人才体制机制改革提供了根本遵循。

党的十八大以来的科技人才体制机制改革，始终坚持以人为本，把调动和激发科研人员积极性作为改革的出发点和落脚点，提出一系列重要举措。《中共中央　国务院关于深化科技体制改革加快国家创新体系建设的意见》提出，完善人才发展机制，激发科技人员积极性创造性，统筹各类创新人才发展和完善人才激励制度。《深化科技体制改革实施方案》提出，改革和完善人才发展机制，加大创新型人才培养力度，对从事不同创新活动的科技人员实行分类评价，制定和落实鼓励创新创造的激励政策，鼓励科研人员持续研究和长期积累，充分调动和激发人的积极性和创造性。

本篇将重点通过改进科技人才计划管理、科研人员激励制度改革、科技人才评价改革、科研人员流动制度改革等方面，展示科技人才体制机制改革重点举措、总结实施进展和成效，并对未来改革方向进行思考和展望（图3–1）。

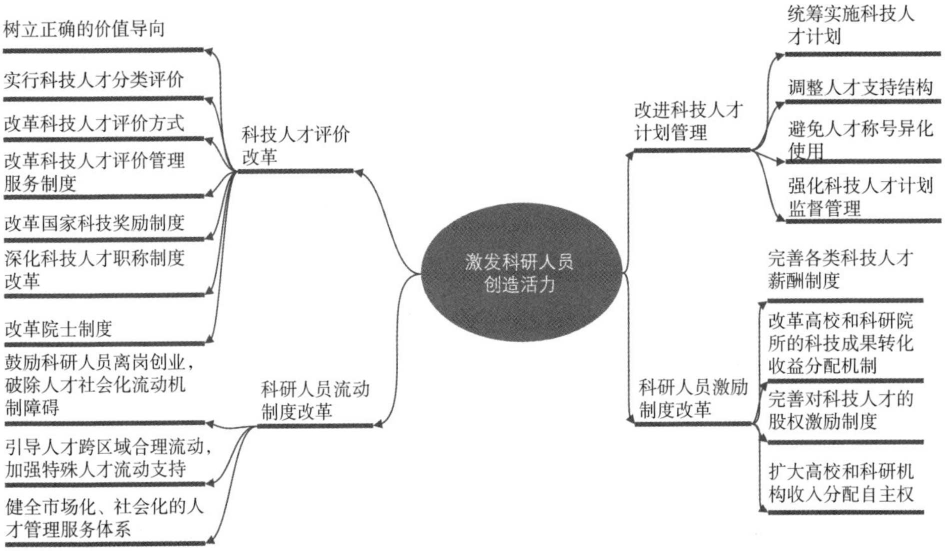

图3–1　激发科研人员创造活力重点任务

第9章　改进科技人才计划管理

一、改革背景

随着我国人才计划与工程的深入实施，我国人才引进培育工作取得了一系列重大成就。2018年，我国R&D人员全时当量达到438.1[①]万人年，较2012年上涨34.9%，居世界第一。海外引才与国内育才数量均逐年增加。在交出优秀成绩单的同时，人才计划也面临着交叉重复、“帽子”多、评选标准相对单一、异化使用、缺乏监测与评估等问题。为了破解这些问题，回应广大科研人员对人才计划统筹优化、规范管理日益迫切的呼声，针对人才计划与项目的改革序幕逐步拉开。

党的十八大以来，我国围绕创新驱动发展，高度重视科技人才工作，对实施科技人才计划的认识不断深化，围绕创新驱动发展和科技人才现实需求进一步聚焦，坚持人才体制机制改革，不断调整优化科技人才计划结构，改进管理和使用方式，推动科技人才计划回归荣誉性激励和培养人才的本质。

二、主要改革举措

党的十八大以来，围绕人才计划改革，我国出台了《关于深化中央财政科技计划（专项、基金等）管理改革的方案》《国家中长期人

① 数据来源：国家统计局。

才发展规划纲要（2010—2020年）》《关于深化项目评审、人才评价、机构评估改革的意见》《国务院关于优化科研管理提升科研绩效若干措施的通知》等文件，强化人才计划顶层设计和优化布局，推进科技人才计划管理改革。

（一）统筹实施科技人才计划

一是加强顶层设计。《“十三五”国家科技人才发展规划》提出深入实施重大人才工程，加强相关人才工程的顶层设计和相互衔接，推动人才工程项目与各类科技计划和基地建设相衔接，合理确定各类人才支持数量和比例，建立国家科技人才计划协同推进机制。《关于深化项目评审、人才评价、机构评估改革的意见》等文件要求统筹科技人才计划，加强部门、地方的协调，指导部门、地方针对不同支持对象科学设置科技人才计划，优化人才计划结构，制定不同层次、不同类别、不同地区的人才培养计划。

二是加强整合优化。一方面要求对科技人才计划与工程进行优化整合。《国务院关于优化科研管理提升科研绩效若干措施的通知》指出，要在中央人才工作协调小组的领导下，对科技领域人才计划进行优化整合。2018年，科技部党组一号文件要求大力推进科技人才专项优化整合，强化项目、基地、人才相结合。另一方面要求对现有项目开展查重工作。《国务院关于优化科研管理提升科研绩效若干措施的通知》《关于深化项目评审、人才评价、机构评估改革的意见》文件提出，要开展对科技人才计划的申报查重工作，建立申报查重及处理机制，规定一个人只能获得一项相同层次的人才计划支持，避免多个类似人才项目同时支持同一人才；加强部门、地方的协调，防止人才申报违规行为。

（二）调整人才支持结构

一是在重大人才工程与人才专项中建立中青年领军人才承担任务的优先机制，对35岁以下具有研究潜力的优秀青年科技人才给予重点支持；给予女性科技人才适当的倾斜性支持。

二是为创新主体提供创业平台与创业支持，鼓励人才成长和创业，落实好配套支持政策，把人才智力引进更好地融入科技创新事业全局。

三是通过“三区”人才支持计划、科技人员专项计划等，加大对县域科技创新支持力度。深入实施科技扶贫“百千万”工程，围绕“三区三州”等经济欠发达地区脱贫攻坚需求，加大“三区”人才支持计划科技人员专项计划精准实施力度。

（三）避免人才称号异化使用

明确提出要树立正确的价值导向，坚持正确用人导向，不把人才荣誉性称号作为承担各类国家科技计划项目、获得国家科技奖励、职称评定、岗位聘用、薪酬待遇确定的限制性条件，使人才称号回归学术性、荣誉性本质，避免与物质利益简单、直接挂钩。要求科技人才计划突出人才培养和使用导向，明确支持周期，人才计划项目结束后不得再使用有关人才称号。主管部门、用人单位要逐步取消入选人才计划与薪酬待遇和职称评定等直接挂钩的做法，在填报科研项目申报书时，不允许设置填写有关人才“帽子”的称号内容，不允许将科研项目（基地、平台）负责人、项目评审专家等作为荣誉称号加以使用、宣传等。

（四）强化科技人才计划监督管理

《“十三五”国家科技人才发展规划》要求加强科技人才计划全链条管理，建立国家科技人才计划协同推进机制，加强对人才计划实施效果的评估。《科学技术活动违规行为处理暂行规定》对科技人才计划申报中可能出现的“打招呼”“走关系”等请托行为、干预咨询评审或施加倾向性影响等违规违纪行为做出管理与处罚规定，填补了对违规行为处理的制度空白。该规定还指出，人才计划入选者、重大科研项目负责人在聘期内或项目执行期内擅自变更工作范围，造成负面影响或财政资金损失的也将受到相应处罚。此外，“长江学者奖励计划”“国家杰出青年科学基金”等人才计划与项目加强管理，对弄虚作假骗取入选资格、违反职业道德、学术不端造成不良社会影响或者触犯国家法律法规等破坏科研学术环境的行为不再姑息，加大扰乱科研学术秩序行为的惩治力度，设立人才计划入选者退出机制，明确聘期和项目执行周期，撕掉人才称号“终身制”的标签。

三、改革实施进展

（一）人才计划与项目优化加快推进

国家级人才计划与项目的统筹实施进程加快，人才计划平台资源得到调整。2012 年，中组部、人力资源社会保障部等 11 个部门共同印发了《国家高层次人才特殊支持计划》，将“百千万人才工程”纳入了“国家高层次人才特殊支持计划”统筹实施。2014 年，已经实施 10 年的“新世纪优秀人才支持计划”终止。国家自然科学基金委对资助项目进行了调整，自 2019 年起不再设立海外及港澳学者合作研究基金两年期资助项目，改为允许对部分港澳地区机构的科学技术人员开放申请优秀青年科学基金项目，并从 2020 年开始不再设立海外及港澳学者合作研究基金延续资助项目。中科院按照《关于深入实施“中国科学院人才培养引进系统工程”的意见》相关要求，组织进行人才计划分类，划分为“人才引进、人才培养、人才激励、国际人才计划及人才专项”5类，同时，对现有人才培养引进系统工程中的相关规章制度进行合并、修订、废止等清理，清理相关人才政策14项。

（二）人才计划“互斥”要求落地实施

随着对申报环节的正确引导与人才计划管理的加强，国家几项重要科技人才计划与人才项目纷纷落实中央要求，对申报与管理环节进行规范和引导，出台“互斥”原则，让举措落地（表3–1）。2018年，“长江学者奖励计划”更新了管理办法，明确强制退出人员不得申报各类人才计划和荣誉称号，且已获得部分重要人才称号者将不能申报长江学者[①]。国家相关重要人才计划也要求创新人才短期项目原则上只允许西部和东北地区用人单位申报。“万人计划”规定“青年长江”“国家优青”入围者资助期内不得申请“万人计划”青年拔尖人才项目。中科院规定“凡作为国家重大人才计划的入选者，在执行期内不得申请院级人才项目（人才激励计划除外）”，并对院级各类人才项目提出申报项目数和申报次数的相关要求。由此可见，同一类高层次人才计划将不再重复入选、人才只能在同层次人才计划中择一申报成为统筹管理的重要举措。例如，在长江学者特聘教授、“万人计划”领军人才等荣誉称号中选择其一；在青年拔尖、国家优青、青年长江等人才项目中选择其一。

① 落实立德树人根本任务　加快高层次人才队伍建设——教育部人事司负责人就《“长江学者奖励计划”管理办法》答记者问，http：//www.moe.gov.cn/jyb_xwfb/s271/201809/t20180921_349683.html。

表 3-1 国家重大人才计划（项目）申报限制与互斥原则概览

计划名称	要求
万人计划	➢ 申报人不得在同一年度申报国家“万人计划”其他类别的项目。国家重要人才计划入选者不在本计划支持之列 ➢ 获得教育部“长江学者奖励计划”青年学者项目和自然科学基金会“优秀青年科学基金”项目资助的人才，资助期内不得申请青年拔尖人才项目 ➢ 参评过青年拔尖人才但未入选者，申报时应有新成果新成就。同一申报人申报本计划不得超过 2 次
国家杰出青年科学基金项目	➢ 正在申请国家“万人计划”科技创新领军人才、哲学社会科学领军人才，“长江学者奖励计划”特聘教授等人才计划项目任何一类的，以及获得上述人才计划项目任何一类支持且在支持期内的，不得申请
优秀青年科学基金项目	➢ 正在申请国家“万人计划”科技创新领军人才、哲学社会科学领军人才，“长江学者奖励计划”特聘教授等人才计划项目任何一类的，以及获得过上述人才计划项目任何一类支持的，不得申请 ➢ 正在申请国家“万人计划”青年拔尖人才项目、“长江学者奖励计划”青年学者项目等人才计划项目任何一类的，以及获得上述人才计划项目任何一类支持且在支持期内的，不得申请
长江学者奖励计划	➢ 解约退出的，自退出之日起 2 年内不得再申报国家、各部委高层次人才计划和荣誉称号；强制退出的，不得再申报各类人才计划和荣誉称号 ➢ “长江学者”“青年长江学者”是学术性、荣誉性称号，避免与物质利益简单、直接挂钩。入选者应珍惜荣誉、严格自律。聘期结束后，不得再使用称号

（三）推动人才称号回归荣誉性本质

科技人才计划与项目逐步回归设立的初衷。《“长江学者奖励计划”管理办法》规定“长江学者”“青年长江学者”是学术性、荣誉性称号，避免与物质利益简单、直接挂钩；受聘专家和高校在使用称号时必须注明入选年度，聘期结束后不得在项目申报、评审评价中使用称号，强化聘期概念。2019 年，国家自然科学基金委员会共审议 200 余个不负责任科研行为案件，处理 83 位相关责任人，撤销 21 个获资助项目[①]，并发布“国家自然科学基金委员会关于避免人才项目异化使用的公开信”，对近年来科技界热议的人才项目异化问题发声，明确获得资助的项目负责人是开展科研任务，不是授予了荣誉称号，受资助是阶段性认可，不是“永久”的标签，呼吁有关部门和依托单位设置科学的评价标准，克服唯资历、看“帽子”等倾向。

（四）人才管理机制进一步完善

随着科技改革工作的不断深入，截至 2020 年 4 月，教育部“长江学者奖励办法”、中科院“百人计划”、“西部之光”人才培养计划、国家高技能人才振兴计划、国家杰出青年科学基金等一系列人才计划及人才项目陆续更新了管理办法。科技人才计划开始实施退出机制。2018 年更新的《“长江学者奖励计划”管理办法》规定了一系列应当解约退出“长江学者奖励计划”的具体条件，加强了人员到岗时间管理。《中国科学院外籍青年科学家计划管理办法》明确外籍青年科学家计划资助时间为 12 个月。按照“率先行动”计划要求，新“百人计划”由相对单一层次改为分层次引进，更加吸引青年人才。为了防止加剧地区间的人才不平衡问题，对“特定人才有所倾斜并放宽申报要求”的导向，也在我国相关人才计划中得到逐步落实。例如，教育部“长江学者奖励计划”继续加大对引进海外高层次人才和西部、东北地区高校高层次人才发展倾斜力度，鼓励东部地区优秀人才到中西部、东北地区高校应聘，明确东部地区高校不得招聘中西部、东北地区高校人员。

① 国家自然科学基金委员会．国家自然科学基金委 2019 年度报告 [M]．浙江：浙江大学出版社，2020．

四、思考与展望

党的十九届五中全会提出，要深入实施人才强国战略，激发人才创新活力，深化人才发展体制机制改革，全方位培养、引进、用好人才，造就更多国际一流的科技领军人才和创新团队，培养具有国际竞争力的青年科技人才后备军。支持发展高水平研究型大学，加强基础研究人才培养。科技人才计划是我国培养、支持科技人才的重要政策手段，在服务国家重大人才需求方面发挥了不可替代的作用。面向新形势新要求，科技人才计划与工程仍需进一步深化改革。

当前，我国经济发展正处在由要素驱动向创新驱动转变的关键时期，中国科技创新增长想要跑出“加速度”，需要不断增强与之相适应的人才发展体系更新能力，人才计划作为人才工作的重要抓手，改革方向需更加服务于新时代人才发展治理能力现代化水平提升。科技人才计划必须构建“一盘棋”思维，面向世界科技前沿、面向经济主战场、面向国家重大需求、面向人民生命健康，深刻把握政府和市场、创新源头供给和市场需求拉动、自主创新和对外开放、科技创新和科技普及之间的关系，科学设置人才计划，以激发创新能力、质量、实效、贡献为导向，坚持一张蓝图绘到底的战略构想，坚持培养创新型、应用型、技能型等不同人才，为建设世界科技强国提供高质量、多层次的科技人才供给。

在科技人才计划组织模式上，人才政策与计划的设计应当根据实际发展情况适度调整，保持一定连续性，切忌一年一策，避免工作不确定性。更加注重实施后的绩效评估，采用第三方评估与实施方自评估等相结合的评估模式，及时发现计划中的问题，建立动态调整机制，形成标准化的人才计划绩效评估方法。迫切需要充分利用信息化工具，建立统一的科技人才计划（项目）信息管理平台，利用大数据、区块链等先进技术手段，实现科技人才计划（项目）之间中央与地方、部门与部门之间的信息共享、互联互通。树立“全域人才”理念，构建全类别、全方位、全周期的人才制度体系，做好上下联动协调，打通人才流动的区域性壁垒。

第10章 科研人员激励制度改革

一、改革背景

激发和调动科研人员的积极性、创造性，是推进科技体制改革的重点，收入分配与激励制度是其中的核心。近年来，我国科研人员面临收入保障水平总体不高、收入分配与实际贡献不完全匹配、单位内部分配激励机制不健全等问题。基于以上问题，党的十八大以来，国家特别加强收入分配制度改革，通过出台和落实相关措施，推动形成体现增加知识价值的收入分配机制，进一步发挥科研项目资金的激励引导作用，加强科技成果产权对科技人才的长期激励，扩大科研机构及高校收入分配自主权，综合提高科研人员收入水平，激发广大科技工作者的积极性和创造性，倡导在全社会形成“知识创造价值、价值创造合理回报”的良性循环。各地方在具体实践中也积极开展先行先试，形成了大批先进经验和典型案例，推动我国科研人员收入分配与激励政策体系更加完善。

二、主要改革举措

在坚持价值导向、实行分类施策、激励约束并重、精神物质激励结合原则的指导下，党的十八大以来，关于科技人才收入与分配激励的改革措施主要包括薪酬体系改革、科技成果转化奖励收益分配改革、股权激励措施、扩大科研自主权措施等方面。其中，中共中央办公厅、国务院办公厅印发《关于实行以增加知识价值为导向分配政策的若干意见》，对收入分配改革提出宏观指导，提出构建基本工资、绩效工资和科技成果转化性收入的三元薪酬体系。

（一）完善各类科技人才薪酬制度

各部门陆续出台关于高校高层次人才、国有企业人才、医生、技术工人等薪酬制度改革文件，分类明确不同类型人才绩效工资管理方式。

一是面向高层次科研人才，探索实行高层次人才多元化薪酬制度和学术休假制度，对全时承担国家关键领域核心技术攻关任务的团队负责人及单位引进的急需紧缺高层次人才等可实行年薪制、协议工资、项目工资等灵活分配方式，其薪酬在所在单位绩效工资总量中单列，相应增加单位当年绩效工资总量。

二是面向科研辅助人才，从岗位、待遇、职称等方面加强实验支撑和科研辅助人员队伍建设。参与中央财政项目研究的科研辅助人员等，均可开支劳务费，不设比例限制。

三是面向国有企事业单位人才，按照国务院深化收入分配制度改革整体安排，推动国有企事业单位全面实施绩效工资。实施中央企业职业经理人薪酬制度改革试点，绩效工资向关键岗位、业务骨干和做出突出贡献的人才倾斜。

四是面向高技能人才，完善符合技术工人特点的企业工资分配制度、增长机制和激励机制。指导企业深化工资分配制度改革，建立基于岗位价值、能力素质、业绩贡献的工资分配机制和技术工人创新成果按要素参与分配的制度，强化工资收入分配的技能价值激励导向。

五是面向全科医生，改革完善全科医生薪酬制度。按照“允许医疗卫生机构突破现行事业单位工资调控水平，允许医疗服务收入扣除成本并按规定提取各项基金后主要用于人员奖励”要求，合理核定基层医疗卫生机构绩效工资总量。

（二）改革高校和科研院所的科技成果转化收益分配机制

党的十八大以来，国家通过修订科技成果转化法律、出台若干意见、制定行动方案“三部曲”，全面加强了科技成果转化收益分配激励，并通过一系列配套文件加强了科技成果转化税收优惠、股权激励、赋予所有权或长期使用权等一系列举措，进一步强化了科技成果转化收益分配对科研人员的激励作用。

一是提高科研人员成果转化奖励力度。成果转化法“三部曲”提出，对职务科技成果完成人和为成果转化做出重要贡献的其他人员给予不低于净收入50%的奖励，区分不同情况给予现金、股份或者出资比例等奖励和报酬，计入当年本单位绩效工资总量，不受单位总量限制，不纳入总量基数。同时，加强高校、科研院所在收入分配上的自主决定权，加大科研人员尤其是主要发明人和骨干成员的成果转化收益分配比重，明确科研人员获得科技成果转化收益的具体办法和科研人员技术入股办法。

二是提高成果转化收益税收优惠力度。改革相关税制，对符合条件的技术成果投资入股实施选择性税收优惠，对科研人员的职务科技成果转化现金奖励减免个人所得税，从而发挥科研资金、项目资金的激励引导作用，加强科技成果产权对科技人员的长期激励作用。

三是赋予科研人员职务科技成果所有权和长期使用权。对利用财政资金形成的职务科技成果，由单位按照权利与责任对等、贡献与回报匹配的原则，在不影响国家安全、国家利益、社会公共利益的前提下，建立健全职务科技成果赋权的管理制度、工作流程和决策机制。

（三）完善对科技人才的股权激励制度

国资委、财政部、科技部、国家税务总局等部门先后出台了完善股权激励和技术入股有关所得税政策、国有控股混合所有制企业开展员工持股试点、中央及国有科技型企业股权和分红激励工作办法等一系列文件，完善对科技人员的股权激励制度。

一是鼓励混合所有制企业实行股权激励改革。综合运用国有控股混合所有制企业员工持股、国有控股上市公司股权激励、国有科技型企业股权和分红激励等中长期激励政策，探索超额利润分享、项目跟投、虚拟股权等中长期激励方式，注重发挥好非物质激励的积极作用，系统提升正向激励的综合效果。

二是深化国有科技型企业股权激励改革。国有科技型企业可以采取股权出售、股权奖励、股权期权等一种或多种方式对企业重要技术人员和经营管理人员实施股权激励。大型企业的股权激励总额不超过企业总股本的 5%；中型企业的股权激励总额不超过企业总股本的 10%；小微型企业的股权激励总额不超过企业总股本的 30%，且单个激励对象获得的激励股权不得超过企业总股本的 3%。

三是实行股权奖励的递延纳税政策。对符合条件的非上市公司股票期权、股权期权、限制性股票和股权奖励实行递延纳税政策，对上市公司股票期权、限制性股票和股权奖励适当延长纳税期限。

（四）扩大高校和科研机构收入分配自主权

国务院及有关部门出台《关于抓好赋予科研机构和人员更大自主权有关文件贯彻落实工作的通知》《关于优化科研管理提升科研绩效若干措施的通知》《关于扩大高校和科研院所科研相关自主权的若干意见》等文件，以放权强激励。

一是扩大科研经费使用自主权。直接费用中除设备费外，其他科目费用调剂权全部下放给项目承担单位。由单位探索完善科研项目资金的激励引导机制，推进“包干制”落实，项目经费不再分为直接费用和间接费用，项目资助强度为原直接费用强度和间接费用强度之和。

开展扩大科研经费使用自主权试点，试点单位可根据规定更加灵活使用和分配科研经费用于人员激励。

二是加大绩效工资倾斜力度。高校和科研院所可在绩效工资总量内，按国家有关规定自主确定绩效工资结构、考核办法、分配方式、工资项目名称、标准和发放范围，绩效工资分配要向关键创新岗位、做出突出贡献的科研人员、承担财政科研项目的人员、创新团队和优秀青年人才倾斜。

三是科研人员可以依法依规适度兼职兼薪。允许科研人员兼职兼薪，同时要求各高校和科研院所明确兼职、在职创办企业、在岗创业、到企业挂职、参与项目合作、离岗创业等兼职模式的具体实施办法。

三、改革实施进展

（一）以增加知识价值为导向的分配政策加快落实

以增加知识价值为导向的分配政策正加快落实，科技工作者基本工资稳步提高。根据国家统计局数据，我国从事科学研究和技术服务人员的年度平均工资从2013年的7.7万元增长至2018年的12.3万元，知识创造价值、价值创造者获得合理回报的良性循环正在形成。

（二）科技成果转化奖励分配改革措施不断推广，科技人才收益增长效果显著

科技成果转化奖励分配方面改革效果显著，绩效工资激励显著增强，成果转化奖励收入大幅增长。2018 年，我国 3200 家高校和科研机构中，有 6.8 万余人次获得科技成果转化现金和股权奖励，奖励金额达 67.6 亿元，其中股权奖励 42.6 亿元。科研人员获得的科技成果转化现金和股权奖励同比增长 44.9%，其中股权奖励同比增长

75.8%[①]。中国科协针对科技工作者的问卷调查显示，通过科研成果转化，科研工作者收入也有较大提升。近三成科技工作者科技成果转化收益占收入比例超过50%。此外，76.1%的科技工作者从科技成果转化中获得了收益，并且获得收益的形式多样，包括技术入股、期权、专利、技术转让或许可、奖金和其他方式，其中31.2%的科技工作者通过奖金的形式实现科技成果转化收益，成为诸多转化收益的主要来源。近半数科技工作者对近3年科技成果转化收益感到满意[②]。

（三）股权激励政策有所创新，政策落实不断加强

股权激励相关操作性措施不断细化，为政策落实提供了技术指导。技术入股递延纳税政策进一步增加了科研人员实际收益，国有科技型企业股权和分红激励办法扩大实施范围，强化了创新导向的国企收入分配机制。截至2018年年底，45家中央企业控股的91家上市公司实施了股权激励，实施股权激励一年以上的企业营业收入平均年均增长率达到16.7%[③]，市场化经验机制加快形成。2020年，为进一步引导建立覆盖企业经营管理骨干和核心科研技术人才的正向激励机制，在全面总结中央企业股权激励实践操作经验的基础上，国资委发布了《中央企业控股上市公司实施股权激励工作指引》，系统梳理了股权激励计划制定的政策要点，明确提出了股权激励业绩考核的导向要求，重点阐明了股权激励计划的管理规范，详细介绍了股权激励计划的实施程序。

---

① 中国科技成果管理研究会，国家科技评估中心，中国科学技术信息研究所．中国科技成果转化2019年度报告（高等院校与科研院所篇）[M]. 北京：科学技术文献出版社，2020.

② 央地政策“礼包”发放 科研人员迎收入分配改革红利，http：//finance.people.com.cn/n1/2017/0728/c1004-29433693.html。

③ 国资委加快推动国企股权激励改革，http：//www.xinhuanet.com/money/2019-09/19/c_1125012700.htm。

四、思考与展望

收入分配制度是经济社会发展中的一项基础性的制度安排。党的十九届四中全会明确按劳分配为主体、多种分配方式并存的分配制度是社会主义基本经济制度的组成部分之一，提出要“健全劳动、资本、土地、知识、技术、管理、数据等生产要素由市场评价贡献、按贡献决定报酬的机制”。党的十八大以来的改革推动科技人才收入分配激励制度不断强化，但与激发和调动全国广大科研人员广泛积极性相比，与新时期科研人员收入分配激励的普遍需求相比，当前政策仍然存在一些短板与不足。例如，青年科研人员和部分基础研究科研人员等群体收入水平依然难以保障其潜心研究，部分行业体制内与体制外、不同单位间、不同层次科研人员之间的收入水平差距较大等。

党的十九届五中全会提出，要深入实施人才强国战略，激发人才创新活力，健全创新激励和保障机制，构建充分体现知识、技术等创新要素价值的收益分配机制，完善科研人员职务发明成果权益分享机制。面向未来，一是激励政策要适当加强重点人群保障。在激励对象上，进一步突出对关键核心技术攻关、基础研究等群体的保障和激励，加大对拔尖人才和青年领军人才的有效激励力度，适当提高非共识性人才、科研辅助人才的薪酬待遇。二是要注重激励政策的分类和精准实施，发挥政策间的协同作用。应充分考虑不同地区、不同科研单位性质、不同学科领域、不同科研人员层次的情况，实现政策分类、精准实施[①]。要注重不同激励政策间的连贯性，做到一脉相承、层层深入。三是完善配套政策的衔接，打破政策实施壁垒。建议在完善激励政策的同时，也应完善相关财政、审计、管理政策，明确横向经费使用细则，

① 暴丽艳，李强，雷云云．深化科技体制改革背景下科研人员激励政策体系研究 [J]. 科技和产业，2019（11）：119-124.

打破激励政策的实施壁垒，营造良好政策环境。体制内科研人员收入分配激励的核心是薪酬制度改革，未来需要更加关注科研人员在经济运行中作为智力资源的定位，统筹考虑行业市场化薪酬水平和体制内科研单位劳动所得的合理水平，推动科研人员收入分配制度更加符合智力劳动所得和薪酬分配的本质规律。

第11章　科技人才评价制度改革

一、改革背景

人才评价是人才发展的指挥棒和风向标，对于树立正确用人导向、激励引导人才职业发展、调动人才创新创业积极性、加快建设人才强国具有重要作用。习近平总书记在2018年两院院士大会上发表重要讲话时强调，要改革科技评价制度，建立以科技创新质量、贡献、绩效为导向的分类评价体系，形成并实施有利于科技人才潜心研究和创新的评价制度。

党的十八大以来，着眼于破除束缚人才发展的思想观念和体制机制障碍，解放和增强人才活力，形成具有国际竞争力的人才制度优势，中央出台了一系列针对科技人才评价改革的政策措施，创新、完善和发展人才评价机制、职称和岗位评聘、国家奖励制度、院士制度等。通过深化科技人才评价改革，着力解决评价制度体系不健全、评价标准不完善、评价导向不明确、管理服务规范配套不完备等问题，形成导向明确、精准科学、规范有序、竞争择优的科学化社会化市场化科技人才评价机制，建立并实施与中国特色社会主义制度相适应的、有利于人才潜心研究和创新创业的人才评价制度，充分激发人才创新创业活力，努力开创人人渴望成才、人人努力成才、人人皆可成才、人人尽展其才的良好局面，使人才各得其所、尽展其长。

党的十八大以来的科技人才评价制度改革，坚持党管人才，坚持党的领导，把党的思想政治优势、组织优势、密切联系群众优势贯穿到人才评价的关键环节之中，发现并合理使用忠诚于党和人民的、坚定理想信念的人才队伍；坚持问题导向，聚焦人才评价机制关键环节和突出问题，找准突破口和切入点，深入研究论证，提出针对性改革思路和办法，既不搞推倒重来，也不搞大水漫灌；坚持客观科学公平公正评价，遵循人才成长的基本规律，突出品德、能力、业绩和贡献的评价导向，让人才的价值得到充分尊重和体现；坚持改革创新，破除制约人才成长、发展的思想障碍和制度藩篱，科技人才评价制度以服务经济社会发展和人才需求为导向，促进经济社会发展和人才发展的深度融合和共同进步。

二、主要改革举措

党的十八大以来，国家及有关部门在科技人才评价方面的改革举措主要包括树立科技人才评价正确价值导向、实行分类评价、改革评价方式、改革评价管理服务制度、改革国家科技奖励制度、深化改革科技人才职称制度、改革院士制度等方面。

（一）树立正确的价值导向

《深化科技体制改革实施方案》提出建立以能力和贡献为导向的评价和激励机制。《关于深化人才发展体制机制改革的意见》强调突出品德、能力和业绩评价，坚持德才兼备，注重凭能力、实绩和贡献评价人才，克服唯学历、唯职称、唯论文等倾向。《关于分类推进人才评价机制改革的指导意见》和《关于深化项目评审、人才评价、机构评估改革的意见》进一步对品德、能力、业绩评价导向做出相关部署和要求，强调坚持正确价值导向。《关于进一步弘扬科学家精神加强作风和学风建设意见》强调正确发挥评价引导作用。

针对科技人才评价导向改革的举措主要包括 4 个方面：一是强调

突出品德、能力、业绩和贡献的评价导向。把品德作为人才评价的首要内容，坚持德才兼备，注重凭能力、实绩和贡献评价人才，克服唯学历、唯职称、唯论文等倾向。二是正确使用评价结果，避免与物质利益过度挂钩。不把人才荣誉性称号作为承担各类国家科技计划项目、获得国家科技奖励、职称评定、岗位聘用、薪酬待遇确定的限制性条件，使人才称号回归学术性、荣誉性本质，避免与物质利益简单、直接挂钩。三是避免“人才帽子满天飞”。提出大幅减少评比、评审、评奖，不得简单以头衔高低、项目多少、奖励层次等作为前置条件和评价依据，不得以单位名义包装申报项目、奖励、人才“帽子”等。优化整合人才计划，避免相同层次的人才计划对同一人员的重复支持。四是加强对人才科学精神、职业道德、从业操守等评价考核。以品德为前提，加强对人才科学精神、职业道德、从业操守等评价考核，倡导诚实守信，强化社会责任，抵制心浮气躁、急功近利等不良风气，从严治理弄虚作假和学术不端行为。完善人才评价诚信体系，建立诚信守诺、失信行为记录和惩戒制度。

（二）实行科技人才分类评价

建立科学的人才分类评价机制，对于树立正确用人导向、激励引导人才职业发展、调动人才创新创业积极性、加快建设人才强国具有重要作用。《深化科技体制改革实施方案》提出制定关于分类推进人才评价机制改革的指导意见，改进人才评价方式，提升人才评价的科学性。《关于分类推进人才评价机制改革的指导意见》提出要建立健全以科研诚信为基础，以创新能力、质量、贡献、绩效为导向的科技人才评价体系，着力解决评价标准“一刀切”问题，实行差别化评价，鼓励人才在不同领域、不同岗位做出贡献、追求卓越。《关于深化项目评审、人才评价、机构评估改革的意见》提出科学设立人才评价指标，在改进科技人才评价方式方面提出更为具体的要求，注重发挥同行评议机制在人才评价过程中的作用，探索对特殊人才采取特殊评价标准。

针对科技人才分类评价的措施主要包括：加快构建以科技创新质量、贡献为导向，以职业属性和岗位要求为基础的分类评价体系，健全科学的人才分类评价体系。根据不同职业、不同岗位、不同层次人才特点和职责，坚持共通性与特殊性、水平业绩与发展潜力、定性与定量评价相结合，分类建立健全涵盖品德、知识、能力、业绩和贡献等要素，科学合理、各有侧重的人才评价标准和评价路径。对主要从事基础研究的人才，着重评价其提出和解决重大科学问题的原创能力、成果的科学价值、学术水平和影响等。对主要从事应用研究和技术开发的人才，着重评价其技术创新与集成能力、取得的自主知识产权和重大技术突破、成果转化、对产业发展的实际贡献等。对从事社会公益研究、科技管理服务和实验技术的人才，重在评价考核工作绩效，引导其提高服务水平和技术支持能力。针对自然科学、哲学社会科学、军事科学等不同学科门类特点，建立分类评价指标体系和评价程序规范。对从事基础和前沿技术研究、应用研究、成果转化等不同活动的人员建立分类评价制度。加快新兴职业领域人才评价标准开发工作，建立评价标准动态更新调整机制。

（三）改革科技人才评价方式

《关于分类推进人才评价机制改革的指导意见》和《关于深化项目评审、人才评价、机构评估改革的意见》对科技人才的评价方式提出了指导性要求。

针对改进和创新人才评价方式的主要改革举措包括 4 个方面：一是创新多元评价方式。推行代表作评价和小同行评议制度，强化用人单位人才评价主体地位，建立以同行评价为基础的业内评价机制，注重引入市场评价和社会评价，发挥多元评价主体作用。二是改进科技评价指标。注重标志性成果的质量、贡献、影响，把学科领域活跃度和影响力、重要学术组织或期刊任职、研发成果原创性、成果转化效益、科技服务满意度等作为重要评价指标。进一步完善科技创新团队评价办法，尊重和认可团队所有参与者的实际贡献。三是科学设置人才评价周期。注重过程评价和结果评价、短期评价和长期评价相结合，突出中长期目标导向，鼓励持续研究和长期积累。四是畅通人才评价渠道。进一步打破户籍、地域、所有制、身份、人事关系等限制，依托具备条件的行业协会、专业学会、公共人才服务机构等，畅通非公有制经济组织、社会组织和新兴职业等领域人才申报评价渠道。五是改进评审方式。减轻人才负担，避免简单通过各类人才计划头衔评价人才，加强评价结果共享，避免多头、频繁、重复评价人才。

（四）改革科技人才评价管理服务制度

《关于深化人才发展体制机制改革的意见》对人才管理体制改革做出部署和要求，着力转变政府人才管理职能，保障和落实用人主体自主权，健全市场化、社会化的人才管理服务体系，加强人才管理法制建设。《关于分类推进人才评价机制改革的指导意见》对健全完善人才评价管理服务制度做出部署，加快转变政府职能，发挥政府、市场、专业组织、用人单位等多元评价主体作用，创造有利于人才成长和发挥作用的人才评价管理服务制度体系。《关于进一步弘扬科学家精神加强作风和学风建设意见》中强调深化科技管理体制机制改革，刀刃向内，深化科研领域政府职能转变和“放管服”改革。

改革科技人才评价管理服务制度的举措主要包括4个方面：一是深化科研领域政府职能转变和“放管服”改革。政府部门抓战略、抓规划、抓政策、抓服务，减少对科研活动的微观管理和直接干预，赋予领衔科技专家更大的技术路线决策权、经费支配权、资源调动权。二是健全市场化、社会化的管理服务体系。进一步明确政府、市场、用人主体在人才评价中的职能定位，建立权责清晰、管理科学、协调高效的人才评价管理体制。三是优化公平公正的评价环境。加强和完善人才评价法治、规章制度、评价专家数据库、评价专家责任和信誉制度、人才评价综合治理、人才评价文化等评价环境建设，营造求真务实、鼓励创新、宽容失败的评价氛围和环境。四是保障和落实用人单位自主权。尊重用人单位主导作用，合理界定和下放人才评价权限，促进人才评价与培养、使用、激励等相衔接。

（五）改革国家科技奖励制度

《关于深化科技奖励制度改革的方案》是科技奖励制度改革的主要文件依据。其中提出：一是从推荐制改为全面实行提名制，减少行政色彩；二是建立定标定额评审制度，提高奖励质量，进一步突出价值导向；三是调整奖励对象，鼓励多元化，最大限度调动科技人才创新积极性；四是取消省部级以下财政出资的科学技术奖，减少对科研人员的过度激励；五是增强评审的透明度、健全诚信制度，接受公众和社会监督，提高奖励的公信度。

（六）深化科技人才职称制度改革

《深化科技体制改革实施方案》提出完善科技人才职称评价标准和方式，制定关于深化职称制度改革的意见，促进职称评价结果和科技人才岗位聘用有效衔接。《关于深化职称制度改革的意见》对深化职称制度改革提出具体部署。

深化科技人才职称制度改革主要举措包括 5 个方面：一是健全职称制度体系。完善职称系列，在保持现有职称系列总体稳定的情况下，探索在新型职业领域增设职称系列，健全职称层级设计，促进职称制度与职业资格制度有效衔接。二是完善职称评价标准。坚持德才兼备、以德为先，坚持把品德放在专业技术人才评价的首位，科学分类评价专业技术人才能力素质，突出评价专业技术人才的业绩水平和实际贡献。三是创新职称评价机制。丰富职称评价方式，建立以同行专家评审为基础的业内评价机制，注重引入市场评价和社会评价，拓展职称评价人员范围，推进职称评审社会化，同时加强职称评审监督。四是促进职称评价与人才培养使用相结合。充分发挥职称制度对提高人才培养质量的导向作用，评以适用、以用促评。五是改进职称管理服务方式。下放职称评审权限，发挥用人主体在职称评审中的主导作用，科学界定、合理下放职称评审权限。健全公共服务体系，建立权利平等、条件平等、机会平等的职称评价服务平台。

（七）改革院士制度

《关于改进完善院士制度的方案》在改革院士遴选机制、优化学科布局和年龄结构、规范兼职和待遇，以及完善退休退出制度等方面提出了改革措施，推动院士称号回归学术性、荣誉性的本质。《深化科技体制改革实施方案》进一步明确了在完善院士增选机制、规范院士学术兼职和待遇、实施院士退出机制等3个方面的改革任务部署。

改革措施主要包括改进院士候选人提名方式，实行院士和学术团体双渠道提名；完善增选工作机制，实行全院全体院士大会终选投票；完善候选人公示和投诉的分类调查机制，优化学科布局，提高中青年人才比例等[①]。在推荐环节，将原来由各部门、各地方、中国科协和院士推荐等并行的125个推荐渠道缩减为以院士推荐及中国科协推荐2个渠道[②]，强化了学术导向，排除行政干扰和部门利益影响。在组织审核环节，严把候选人政治关、经济关和品行关，健全投诉调查和处理机制，确保候选人资格条件过硬。在公示环节，有效候选人公示

① 邱晨辉，孙庆玲．新一轮院士制度改革任务总体完成[N]．中国青年报，2018-05-29（04）．

② 张鹏．科技体制改革加快推进“四聚焦”激发新动能[N]．中国高新技术产业导报，2016-03-07．

制调整为初步候选人公示制，对中科院院士候选人由所在单位和中科院同时进行公示，对工程院院士候选人实行所在单位公示和工程院抽查相结合，公示期均为 1 个月，增强了公示的针对性和有效性。在选举环节，学部投票制改为了全体院士终选投票制，提高了选举结果的公信力和权威性。在管理环节，实行院士学术兼职报批报备制度，对存在违纪违法违反科学道德行为的院士建立退出机制并明确了操作程序，“院士”打破终身制，不再是一个伴随人才一生的标签。《关于做好院士退休工作有关问题的通知》印发出台，明确院士 70 岁退休年龄和过渡期处理办法，通过“分批办理退休手续”，以 5 岁为间隔从 80 岁开展，进一步规范了对院士荣誉称号的管理。

三、改革实施进展

（一）科技人才评价改革加快推进

根据改革总体部署，各部门、各地方、部分科研单位积极推动以质量、绩效、功效为导向的科技评价改革，从中央层面到地方层面出台了一系列政策文件，积极推动转变科技人才评价导向，鼓励科研人员甘坐“冷板凳”，树立正确的价值导向。

有关部门高度重视科技评价改革工作，积极细化完善配套文件。科技部会同教育部等五部门开展清理“唯论文、唯职称、唯学历、唯奖项”专项行动，重点清理科技计划项目、人才项目等活动中涉及“四唯”等简单量化的做法。2020 年，教育部、科技部印发《关于规范高等学校 SCI 论文相关指标使用　树立正确评价导向的若干意见》，提出要按照正确的导向引领学术文化建设，不把 SCI 论文相关指标作为科研人员评价的标签。同年，科技部、财政部印发《关于破除科技评价中“唯论文”不良导向的若干措施（试行）》，注重评价学术道德水平，突出科学精神、能力和业绩的评价导向；强调注重标志性成果的质量、贡献和影响，应用研究、科技开发类科技活动评价不把论文作为主要评价依据和考核指标；强化分类考核评价导向，分类评价考核基础研究类科技活动和应用研究、技术开发类科技活动，并针对科技活动的特点分类提出具体评价标准和评价方式，“四唯”清理工作基本实现了对各相关部门和全国各地方的全覆盖。教育部加快推进高校教师考核评价制度改革，针对不同类型、层次的教师，按照哲学社会科学、自然科学等不同学科领域，基础研究、应用研究等不同研究类型，建立科学合理的分类评价标准。人力资源社会保障部破除“四唯”倾向，提出淡化学历要求，不具备相应学历可通过同行专家推荐申报职称；淡化奖项要求，重大原创性研究成果可“一票决定”。

目前，国家科技管理部门已完成对国家重点研发计划、国家科技重大专项、国家自然科学基金等主要管理文件的修订，对项目评审中提交评价的论文、专利等做出数量上限限制，国家自然科学奖、技术发明奖、科技进步奖三大项目奖评价强调实际贡献，删除了项目曾获省部级奖、社会力量奖和国外奖励的填报栏目，明确不将“头衔”“帽子”“论文数量”“获得奖励”等作为评价指标。国家自然科学基金委员会在地球科学部2019年人才项目评审中提出方法学创新、关键科学证据、理论认知或社会需求、学科发展等4条基础科学研究评价新标准，一再明确国家自然科学基金人才项目不是“永久”标签，有关部门和依托单位要设置科学合理的评价标准，让人才项目回归研究项目本质，避免与物质待遇挂钩①。教育部深入实施“长江学者奖励计划”遴选评价机制改革，着力重构高校评价体系，落实立德树人根本任务，将政治素质作为首要要求，从立德树人成效、学术创新贡献、服务国家战略、工作发展潜力4个维度全面准确评价人选。对从事不

① 唐婷．矫正人才评价导向　营造潜心研究科研生态[N]．科技日报，2020-07-21(03)．

同类型、不同领域研究的学者制定符合科学规律的评价方法，重点关注真实科学价值。

各地方、广大科研单位作为科技评价改革传导链条中的重要环节，在制定完善细化配套制度、采取推动落实的具体举措等方面均取得不同程度的进展，有力推动了科技评价改革进程。例如，四川省2019年连续发布了《四川省深化科研项目评审改革实施方案》《四川省深化科技人才评价改革实施方案》《四川省深化省级科研机构评估改革实施方案》3个专项改革方案，作为深入推进科技领域“放管服”的重要举措，以进一步促进四川科技资源配置更加高效，科技人才创新创业活力竞相迸发，让本地科研事业单位、创新基地等创新潜能得到更大发挥，有效引导和推动地方经济社会高质量发展。

（二）国家科技奖励制度改革成果逐项落地，进一步彰显国家科技奖的荣誉性

2017年，国家自然科学奖开始试行提名制，2018年，国家科学技术奖五大奖种全面放开专家学者提名，同时取消了单位提名的名额限制[①]。根据国家科技奖励办数据，2018年，国家科学技术奖共收到提名项目（人）1446项，比2017年提名数量大幅增加。专家学者和学术共同体的作用进一步发挥，2018年，参与提名的专家学者超过300人。专家提名在三大奖通用项目中的比例，自然科学奖仍为最高。省部级科学技术奖逐渐向高质量发展，目前已有27个省（区、市）和3个部门根据自身特点制定了具体改革方案和奖励办法。34个有地方市政府设奖的省（区、市）全部取消了共约370项地市州级人民政府科技奖。

① 杨舒．国家科技奖励制度改革成果逐项落地[N]．光明日报，2020-01-09（08）．

（三）职称制度改革持续深化，各系列各层级职称评审不断优化。

2019 年，人力资源社会保障部、科技部印发《关于深化自然科学研究人员职称制度改革的指导意见》，提出完善评价标准、创新评价机制、促进与用人制度有效衔接、加强职称评审监督服务等措施，进一步健全自然科学研究人员职称制度。2019 年，科技部等六部门印发《关于扩大高校和科研院所科研相关自主权的若干意见》，提出切实下放职称评审权限，高校和科研院所按照国家规定自主制定职称评审办法和操作方案，按照管理权限自主开展职称评审，评审结果事后按要求报主管部门备案。2019 年，人力资源社会保障部印发《关于改革完善技能人才评价制度的意见》，强调发挥政府、用人单位、社会组织等多元主体作用，建立健全以职业资格评价、职业技能等级认定和专项职业能力考核等为主要内容的技能人才评价制度。2020 年，教育部、科技部印发《关于规范高等学校 SCI 论文相关指标使用　树立正确评价导向的若干意见》，提出优化职称（职务）评聘办法，在职称（职务）评聘中，学校应建立与岗位特点、学科特色、研究性质相适应的评价指标，细化论文在不同岗位评聘中的作用，重点考察实际水平、发展潜力和岗位匹配度，不以 SCI 论文相关指标作为判断的直接依据。同年，人力资源社会保障部和教育部共同研究起草了《关于深化高等学校教师职称制度改革的指导意见（征求意见稿）》，围绕健全制度体系、完善评价标准、创新评价机制，力求形成以人才培养为核心，以品德、能力和业绩为导向，评价科学、规范有序、竞争择优的高校教师职称制度。

（四）院士制度改革取得良好进展，改革举措得到有效落实

《关于改进完善院士制度的方案》全面落地落实，2015 年、2017 年两次院士增选工作顺利完成。政策实施以来，院士遴选机制得到完

善，切实减少了非学术干扰，院士称号进一步回归学术性、荣誉性本质。推荐渠道进一步聚焦，实行院士和学术团体“双渠道”提名机制，学术渠道推荐不断增加，非学术渠道推荐不断减少。加强对新兴和交叉学科、国防和国家安全领域的支持，院士队伍的学科结构得到进一步优化[①]。院士退休退出制度建立，院士退休工作分年龄分阶段稳妥推进，首批80岁及以上院士退休工作已完成90%。院士队伍年龄结构得到调整，趋向年轻化，更加关注年轻优秀科学家。根据中国科学院和中国工程院公布信息统计显示，2019年，中国科学院增选64位院士，最小年龄42岁，60岁（含）以下的占87.5%；中国工程院增选75位院士，最小年龄50岁，60岁以下增选院士占全部增选人数的64%。

四、思考与展望

党的十九届五中全会提出，要深入实施人才强国战略，激发人才创新活力，健全以创新能力、质量、实效、贡献为导向的科技人才评价体系。科技人才评价改革是一项系统性改革，具有复杂性、长期性，需要循序渐进、久久为功。尽管当前改革已经营造了良好的形势并取得了积极进展，但还有许多方面的科技人才评价制度不利于激发科研人员积极性和潜心研究、多出好成果。新形势下，科技人才评价改革仍然是科技体制改革的重要内容之一，需要长期不断推进。

面向新时期现代科学有效评价机制转型升级的需求，下一步的改革应树立革故鼎新、守正出新、吐故纳新的价值导向，消解现有评价体系工具化、趋利化倾向，克服成果数量标准刚性、指标单一等偏执性弊端，不断完善建立潜心研究、追求卓越、崇尚创新、宽容失败的

---

① 董瑞丰．中科院新增61名院士，院士队伍学科结构进一步优化—— 多位“大国重器”设计师当选[N]．中国教育报，2017-11-29（02）．

科研生态环境[①]。

同时，要不断完善人才评价方式方法，建立各有侧重的评价路径，在政府主导及科研单位内部的评价活动中，引入学术共同体、市场、社会、用户等多元化评价维度，提高评价评估科学化水平，突出价值判断，用辩证的、发展的、全面的眼光评价人才。积极探索不同类型、不同类别人才的差异化评价标准，注重从群众口碑中闻品行、从业绩成效中看能力、从工作生活中观作风，让人才真正以综合素质来论高低[②]。对国有企业、高校、科研院所建立差异化的分类评价体系，以评价为导向激发各创新主体在创新体系中的活力，强化主体间协调互动从而提高创新体系整体效能。

最后，科技人才评价要更多与国际接轨，注重国际学术影响力评价。尤其是对高水平大学的知名专家和一流学者的评价，应更加重视其国际影响力，包括其在国际知名期刊的任职、国际顶级会议上的有效发声、国际权威奖项的荣誉、国际学术组织的地位等。

总体而言，科技人才评价改革既要坚决地“破”，更要善于“立”，多维度切入、多措并举，着力探索中国特色的科技人才评价体系。

① 黄维．如何进一步推进科技评价体系改革[N].学习时报，2019-05-29（06）.

② 破除人才评价“轻重观”，http：//pinglun.youth.cn/ll/201603/t20160322_7762689.htm。

第 12 章　科研人员流动制度改革

一、改革背景

党的十八大以来，我国人力资源市场体系不断完善，科技人才流动日益活跃，已经实现从统包统配的计划分配向市场化配置人才资源的根本性转变，取得了显著成效。各地区基于经济发展方式转变和产业结构升级的现实需求，也高度重视区域科技人才的集聚与流动，这不仅有助于科技人才自身价值的实现，也能产生集聚与流动的经济效应，提升区域科技创新水平，促进经济社会持续健康发展。但调研发现，人才流动配置机制尚不健全，影响人才顺畅流动的体制机制性障碍尚未根除，人才无序流动的问题仍然存在。

在习近平新时代中国特色社会主义思想指导下，按照党中央、国务院关于深化人才发展体制机制改革和加强人才工作的总体要求，人才流动制度改革围绕实施人才强国战略和创新驱动发展战略，以促进人才顺畅有序流动、激发人才创新创业创造活力为目标，以健全人才流动配置机制为重点，以充分发挥市场决定性作用和更好发挥政府作用为保障，加快建立政府宏观调控、市场公平竞争、单位自主用人、个人自主择业、人力资源服务机构诚信服务的人才流动配置新格局，努力形成人尽其才、才尽其用的良好局面，让各类人才的创造活力竞相迸发，聪明才智充分涌流。

二、主要改革举措

党的十八大以来，先后出台了一系列科技人才流动相关的重要文件。《关于深化人才发展体制机制改革的意见》作为我国关于人才发展体制机制改革的综合性文件，对于破除制约人才发展的思想障碍和制度藩篱，最大限度地激发人才创新创造活力，做出了明确的顶层设计和制度安排，并专门提出破除人才流动障碍，畅通党政机关、企事业单位、社会各方面人才流动渠道，促进人才向艰苦边远地区和基层一线流动。党的十八届三中全会指出，完善党政机关、企事业单位、社会各方面人才顺畅流动的制度体系，健全人才向基层流动、向艰苦地区和岗位流动、在一线创业的激励机制。党的十九大报告指出，要破除妨碍劳动力、人才社会性流动的体制机制弊端，使人人都有通过辛勤劳动实现自身发展的机会；鼓励引导人才向边远贫困地区、边疆民族地区、革命老区和基层一线流动。这一系列重大决策部署都对促进人才顺畅有序流动相关改革指明了方向。

（一）鼓励科研人员离岗创业，破除人才社会化流动机制障碍

完善企事业单位科技人才离岗创业机制。《关于进一步做好新形势下就业创业工作的意见》提出，调动科研人员创业积极性，支持高校、科研院所等专业技术人员在职和离岗创业，对经同意离岗创业的可在3年内保留人事关系。《关于支持和鼓励事业单位专业技术人员创新创业的指导意见》提出，通过支持和鼓励事业单位专业技术人员以接受选派到企业挂职或者参与项目合作、兼职创新或者在职创办企业、离岗创新创业，以及事业单位设置创新型岗位等方式，促进科技人才在事业单位和企业之间合理流动，加快推动科技创新和科技成果转化。教育部在《关于加快直属高校高层次人才发展的指导意见》中提出，支持高层次人才流动共享。鼓励高校在与科研机构、企业签署

人才流动共享协议的基础上，通过协同创新、建立联合实验室、联合开展重大科研攻关等方式，实现人才资源优势互补。教学科研人员在学校同意的前提下，按规范的制度和程序到科研机构、企业兼职。高校可根据实际需要设立一定比例的流动岗位，吸纳企业、科研机构、行业部门和其他组织优秀人才到学校兼职。《关于充分发挥市场作用促进人才顺畅有序流动的意见》进一步提出，支持和鼓励事业单位专业技术人员到企业挂职、兼职和离岗创新创业，建立健全相关制度，保障其在职称评定、工资福利、社会保障等方面的权益。

（二）引导人才跨区域合理流动，加强特殊人才流动支持

一是规范人才跨区域流动。教育部在《关于坚持正确导向促进高校高层次人才合理有序流动的通知》提出，高校高层次人才流动要服务于西部大开发、东北老工业基地振兴、“一带一路”建设等重大发展战略。“长江学者奖励计划”继续加大对引进海外高层次人才和西部、东北地区高校高层次人才发展倾斜力度。不鼓励东部高校从中西部、东北地区高校引进人才。坚持激励约束并重、精神物质激励结合，建立与岗位职责要求相统一的收入分配激励机制，合理确定高层次人才薪酬待遇，完善内部收入分配体系。完善职业年金等延期支付方式，建立人才薪酬待遇与其履职年限、长期贡献相匹配的机制，引导高层次人才长期稳定服务。高校之间不得片面依赖高薪酬高待遇竞价抢挖人才，不得简单以“学术头衔”“人才头衔”确定薪酬待遇、配置学术资源。

教育部在《关于加快直属高校高层次人才发展的指导意见》中提出，坚持正确的人才流动导向，在薪酬、职务、职称晋升等方面采取倾斜政策，引导高层次人才向中西部和东北地区高校流动。突出重大人才项目政策导向，通过设立专项计划、适度放宽年龄限制、加大支持力度等方式进行倾斜。支持中西部和东北地区高校发掘特色资源，

搭建特色平台，发展特色学科，增强人才集聚优势。不鼓励东部地区高校从中西部、东北地区高校引进人才，支持东部地区高校向中西部、东北地区高校输出人才，帮助中西部和东北地区“输血”“造血”。

《关于深化项目评审、人才评价、机构评估改革的意见》提出，鼓励人才合理流动，引导人才良性竞争和有序流动，探索人才共享机制。中西部、东北老工业基地及欠发达地区的科研人员因政策倾斜因素获得的国家级人才称号、人才项目等支持，在支持周期内原则上不得跟随人员向东部、发达地区流转。

二是鼓励和引导人才向艰苦边远地区和基层一线流动。《边远贫困地区、边疆民族地区和革命老区人才支持计划科技人员专项计划实施方案》提出，启动实施“三区”人才支持计划科技人员专项计划，明确自2014—2020年，每年选派2万名科技人员到“三区”提供科技服务、开展农村科技创新创业，每年为“三区”培养2500名本土科技服务人员和农村科技创新创业人员，积极推动“三区”科技人员队伍建设，围绕“三区”支柱产业大力引导科技成果的转移和转化，为“三区”经济社会发展提供有效的科技人才支持和智力服务。《关于加强基层专业技术人才队伍建设的意见》提出，健全人才向基层一线和艰苦边远地区流动激励政策措施，加大职称、工资等政策倾斜力度，鼓励人才向基层最需要的地方流动；专业技术人才由单位选派到基层服务期间，其原单位岗位、职级、工资福利保留不变，在基层工作经历和业绩可作为优先晋职、晋级、评聘和晋升专业技术职务的重要依据，有条件的单位可适当给予工作、生活补助。

《关于坚持正确导向促进高校高层次人才合理有序流动的通知》提出，高校高层次人才流动要服从服务于立德树人根本任务和高等教育改革发展稳定大局，服从服务于西部大开发、东北老工业基地振兴和“一带一路”建设等重大发展战略。《关于加快直属高校高层次人才发展的指导意见》提出，鼓励高层次人才向中西部和东北地区高校流动。坚持正确的人才流动导向，在薪酬、职务、职称晋升等方面采取倾斜政策，引导高层次人才向中西部和东北地区高校流动。

《关于充分发挥市场作用促进人才顺畅有序流动的意见》提出，聚焦实施乡村振兴战略和打赢脱贫攻坚战的基层人才需求，实施边远贫困地区、边疆民族地区和革命老区人才支持计划、贫困地区本土人才培养计划、人才服务基层行动计划，探索建立乡村振兴专业化人才终身培训机制，引导和支持各类人才向“三区三州”等人才薄弱地区和领域流动。《关于鼓励引导人才向艰苦边远地区和基层一线流动的意见》指出，要发挥人才项目示范引领作用，加强艰苦边远地区和基层一线人才帮扶协作。

三是完善人才柔性流动政策。柔性引才是人才资源开发的重要途径，也是带动、培养本土人才，提高人才队伍整体素质的有效举措。《关于加强基层专业技术人才队伍建设的意见》提出，创新双向挂职、对口支援、短期工作、项目合作、兼职等灵活多样的人才柔性流动政策，组织各类人才到基层创新创业和开展服务活动。《关于充分发挥市场作用促进人才顺畅有序流动的意见》提出，创新柔性引才方式，支持通过规划咨询、项目合作、成果转化、联合研发、技术引进、人才培养等方式，实现人才智力资源共享。鼓励高校、科研院所建立人才驿站，推行特聘教授、特聘研究员、特聘专家制度。完善柔性引才政策措施，建立以业绩为导向的柔性引才激励办法，柔性引进人才与本地同类人才在创办科技型企业、表彰奖励、科研立项、成果转化等方面可享受同等待遇。

（三）健全市场化、社会化的人才管理服务体系

改革的主要举措包括构建统一、开放的人才市场体系，完善人才供求、价格和竞争机制；深化人才公共服务机构改革；大力发展专业性、行业性人才市场，鼓励发展高端人才猎头等专业化服务机构，放宽人才

服务业准入限制；积极培育各类专业社会组织和人才中介服务机构，有序承接政府转移的人才培养、评价、流动、激励等职能；充分运用云计算和大数据等技术，为用人主体和人才提供高效便捷服务；扩大社会组织人才公共服务覆盖面；完善人才诚信体系，建立失信惩戒机制等。

《关于加快发展人力资源服务业的意见》提出，建立健全专业化、信息化、产业化、国际化的人力资源服务体系，努力提升服务规模和服务能力，并在培养自主品牌、建立产业园区、增强服务创新、培育多元机构等方面提出了指导意见。《人力资源市场暂行条例》规定，要充分发挥市场在人力资源配置中的决定性作用，按照建立统一开放、竞争有序的人力资源市场要求，巩固人才市场与劳动力市场整合的改革成果，对公共人力资源服务机构和经营性人力资源服务机构进行统一规范；要更好发挥政府作用，强化政府的人力资源市场培育职责，明确市场活动规范，综合运用信息公示、随机抽查、国家标准、行业自律等监管手段，确保市场活力与秩序；要落实“放管服”改革要求，按照《就业促进法》的规定，将职业中介活动明确界定为行政许可事项，对其他人力资源服务项目实行备案管理；要细化《就业促进法》及有关法律的规定，进一步增强制度的可操作性，对上位法已有规定的内容，《人力资源市场暂行条例》不再规定。《关于充分发挥市场作用促进人才顺畅有序流动的意见》进一步明确提出，为人才流动提供优质高效的服务保障，推进人才流动公共服务便民化，加快发展人力资源服务业，创新急需紧缺人才目录编制发布制度，优化人才流动政策环境。

三、改革实施进展

（一）不同地区多措并举推动事业单位科技人才离岗创业

在国家关于科研人员离岗创业的总体部署下，不同地方因地制宜，根据地方实际探索实践本地区鼓励离岗创业的政策措施。以北京和上海为例，北京市人力资源社会保障局发布《关于支持和鼓励高校、科研机构等事业单位专业技术人员创新创业的实施意见》，提出了支持和鼓励高校、科研机构专业技术人员创新创业的“6种模式”，即兼职、在职创办企业、在岗创业、到企业挂职、参与项目合作、离岗创业。其中，离岗创业期限一般为3年，因特殊需要可延长到5年。文件还为创新创业人员建立了托底机制，一旦创业不成功，这些人员还可以选择返回原单位，仍可按本人的专业技术职务进行相应的岗位聘用。创业期间，个人自愿流动到兼职单位或所创办企业的，原单位将按规定为专业技术人员办理解除合同等手续，保障其流动调出。文件在鼓励专业技术人员“走出去”创新创业的同时，也明确高校、科研机构等事业单位也可以根据工作需要，设置流动岗位或特设岗位，聘用有创新实践经验的企业家、科技人才、管理人才、海外高水平创新人才到本单位兼职。对急需紧缺人才采取“柔性吸引”的方法，为人才的双向流动畅通了渠道。上海市建立学校、企业、社会融合的人才流动“旋转门”机制。其中，上海市教育卫生工作委员会、教育委员会印发的《加强上海高校新型智库建设的指导意见》中提出，建立高校智库人员引进和聘用柔性流动运行机制，实现人员在政府、企业、高校智库之间的有序流动。鼓励高校教师到政府挂职或到各类研究机构全职从事咨询研究工作。高校保留3%的编制额度专门用于支持教师流动，教师全职到政府或研究机构等工作且人事聘用关系不变的，可保留其事业编制；探索设立特聘岗位、兼职岗位的年薪制，用于吸引政府、高校、研究机构和企业的优秀咨询研究人员。

（二）科技人才更好地服务于基层和欠发达地区

党的十八大以来，科技人才更加突出服务国家重大发展战略，在政策鼓励下，引导鼓励人才向东北、西部地区和“三区一线”流动，助力乡村振兴、打赢脱贫攻坚战。

一方面，东北和西部地区科研力量得到增强。据中国科技人才现状调查显示，2018年，东北和西部地区研发人员中研究人员所占比重分别为59.0%和51.3%，均高于全国42.6%的平均水平；东北和西部地区研发人员中具有研究生以上学历的人员比重分别为37.9%和27.6%，均明显高于全国21.8%的平均水平；东北和西部地区从事基础研究的研发人员占比分别为20.0%和11.4%，均高于全国7.0%的平均水平。从全国技术市场技术流向合同数量与金额的增长情况看，"十三五"以来，流向中部、西部和东北地区的技术合同数量均明显加快，年均增速分别为13.3%、13.6%和11.7%，东部地区年均增速为8.8%；各区域合同金额均保持20.0%以上的高速增长，其中，东北地区年均增速达到了30.1%，如表3–2所示。

表3–2　各区域技术市场流向地区合同数与合同金额增长情况

地区	2006—2010年	2011—2015年	2016—2018年
合同数年均增速			
全国	–2.8%	6.0%	10.3%
东部	–4.0%	6.2%	8.8%
中部	–8.2%	8.7%	13.3%
西部	5.4%	8.5%	13.6%
东北	–0.6%	–1.7%	11.7%
合同金额年均增速			
全国	20.3%	20.3%	21.6%
东部	16.4%	19.9%	24.5%
中部	16.3%	26.6%	25.0%
西部	20.2%	28.8%	27.6%
东北	19.7%	6.9%	30.1%

数据来源：《中国科技统计年鉴》。

另一方面，科技特派员队伍成为创新驱动乡村振兴发展的先锋队。截至 2019 年，共选派 10.3 万名科技人员到“三区”提供科技服务、开展农村科技创新创业，共为“三区”培养 1.7 万名本土科技服务人员和农村科技创新创业人员，积极推动“三区”科技人员队伍建设，围绕“三区”支柱产业大力引导科技成果的转移和转化，为“三区”经济社会发展提供有效的科技人才支持和智力服务。

各地方深入推行科技特派员制度，建立完善配套措施和政策保障。湖北省对事业单位开展农村科技公益服务的科技特派员，在 5 年内实行保留原单位工资福利、岗位、编制和可以晋升职务职称的政策，其工作业绩纳入科技人员考核体系；对深入农村开展科技创业的科技特派员，在 5 年内保留其人事关系，与原单位其他在岗人员同等享有参加职称评聘、岗位等级晋升和社会保险等方面的权利，期满后可以根据本人意愿选择辞职创业或回原单位工作。高等院校、科研机构的科技人员选派为科技特派员，兼职取得的报酬原则上归个人；科技特派员离岗开展创业和服务取得的收入，全部归其所有。云南省将科技特派员分为创业型科技特派员、服务型科技特派员和带动型科技特派员 3 类。全省科技特派员服务工作围绕“实施一个项目、推广一项技术、带动一批农户、致富一方百姓”的目标，在企业和周边农户开展技术服务，解决农户生产中的实际问题，提高企业自主创新能力，并以创办领办园区模式、有偿技术服务模式、资金入股模式、返租倒包模式等多种服务模式，开拓了“上连市场、下连农户、中间连着科技”的农业科技产业化路子。据了解，2002—2019 年，云南省累计认定科技特派员 11 628 人，特派员平均年龄 45.5 岁，其中，服务型科技特派员累计 7150 人，自主创业型科技特派员累计 2047 人，科技特派员正成为农村科技播种人。[①]

① 深化科技特派员制度 助推乡村振兴，http://www.yn.gov.cn/ywdt/bmdt/201909/t20190918_182570.html。

（三）科技人才柔性流动得到多方实践

许多地方以“院士专家工作站”建设为重要抓手，柔性引进院士、专家等高端科技人才，帮助企业解决技术难题、培育创新人才，提高自主创新能力，助推地方经济转型升级。北京、上海、江苏、浙江等地支持本地的高校、企业等设立“诺贝尔奖工作站”，柔性引进诺贝尔奖得主，服务于本地的科学研究、技术创新与人才培养等工作，充分发挥了诺贝尔奖得主的创新引领作用。安徽出台措施促进省内高校、科研院所与企业间人才相互柔性流动，通过各种渠道柔性引进各类“高精尖缺”人才，聚集了一大批“星期天工程师”“候鸟型教授”等顶尖人才。江苏首创“科技副总”机制，引导企业柔性引进科研人才，主要从全国高校院所引进专家教授，到企业兼任技术副总或副总工程师。西藏采取人才入股、技术入股、项目嫁接等方式，吸引内地“星期天专家”“候鸟型专家”等帮助西藏解决关键性技术难题。

（四）人力资源市场及服务不断发展完善

近年来，我国科技人才队伍迅速壮大，人才资源总量居世界第一。[①]市场快速发展，促进了市场的进一步分工、细化，形成了更专业的细分市场，职业培训、人才测评、猎头服务、劳务派遣、社保代理、跨区域劳动力协作等催生了大量的产业形态，成为区域经济一个不可或缺的支柱。

人力资源服务业作为一项产业推动，极大地激发了各类机构、企业、产业园、孵化基地的发展。据人力资源社会保障部统计数据，截至2018年年底，全国共有各类人力资源服务机构3.57万家，同比增长18.37%；行业从业人员64.14万人，同比增长9.89%；全年营业总收入1.77万亿元，同比增长22.69%；各类人力资源服务机构共设

① 数据来源：《“十三五”国家科技人才发展规划》。

立固定招聘（交流）场所 3.19 万个，同比增长 48.51%；建立人力资源市场网站 1.33 万个，同比增长 10.61%。2018 年，全国各类人力资源服务机构举办现场招聘会（交流会）23.48 万场，同比增长 5.29%，现场招聘会提供岗位招聘信息 1.14 亿条，同比增长 9.37%；各类人力资源服务机构通过网络发布岗位招聘信息 3.60 亿条，同比增长 16.84%；通过网络发布求职信息 7.29 亿条，同比增长 16.29%。2018 年，高端业态呈现快速发展态势，全国各类人力资源服务机构为 329 万家用人单位提供人力资源管理咨询服务，同比增长 27.52%；举办培训班 37 万次，同比增长 15.63%；高级人才寻访（猎头）服务成功推荐选聘各类高级人才 168 万人，同比增长 29.23%。[①] 人力资源服务为用人单位和求职者都提供了更多的选择和交流的机会，提高了人才和岗位的匹配效率。

（五）科技人才公共服务体系进一步优化

各部门、地方普遍建立健全党委联系服务专家工作机制，做实做活做细联系服务工作，持续深化人才服务“最多跑一次”改革，推进人才流动公共服务便民化，积极推进人才在线服务与“一网通办”融合，加快发展人力资源服务业，并继续完善国家基本公共服务制度，健全人才顺畅流动政策保障，开展科技人员服务企业专项行动。全国人力资源服务标准化技术委员会和中国人才交流协会发布了《公共就业和人才服务窗口服务人员行为规范》征求意见稿，全国人力资源服务标准化技术委员会发布了《流动人员人事档案安全管理规范》征求意见稿并草拟完成《人才测评服务规范国家标准》，从测评方法、服务流程和技术标准等方面对人才测评行业进行有效规范。

① 2018 年人力资源服务业统计情况，http://www.gov.cn/shuju/2019-05/27/content_5395036.htm。

江苏省“人才服务+”模式能够通过“数据”搭桥的方式，让人才服务的各项工作在“数据线上跑”，打通了信息壁垒，优化了高层次人才高频服务事项办理流程，实现多部门、多地区在线联审、联办、联供，让人才业务实现“不见面办理”，让各个部门之间搭建起一条共通的“信息桥梁”，自然能够实现群众“秒办事”。浙江省开通人才服务绿色通道，实现办理外国人来华工作许可事项“全零跑”。支持外国专家在国外通过网络指导开展在研项目。探索完善人才柔性引进机制，推广“研发飞地”和“人才飞地”模式，促进人才资源高效流动。

四、思考与展望

党的十九届五中全会提出，要深入实施人才强国战略，激发人才创新活力，全方位培养、引进、用好人才，造就更多国际一流的科技领军人才和创新团队，培养具有国际竞争力的青年科技人才后备军。实行更加开放的人才政策，构筑集聚国内外优秀人才的科研创新高地。科技人才在选择职业时会体现出不同的倾向与追求，发展空间、福利待遇等都是促进人才流动的重要因素。当前，人才流动中仍存在着制度、市场体系、流向等方面的问题，规范科技人才流动应当突出问题导向、对症下药。面向未来，一是进一步完善人事管理制度，逐步摆脱计划经济时代的人事管理办法与制度，特别是人事档案管理的区域限制，推行统一管理，提高档案管理的社会公信度。二是建立统一标准化的专业化科技人才服务平台，加强地区间的人才资源与信息共享，打破地域壁垒，推动科技人才资源的有效配置。三是建立全国统一规范的科技人才市场，定期发布供求信息、及时共享、跟踪管理，更加准确、全面地掌握科技人才资源的现状及预测未来科技人才的供求趋势。四是建立科技人才市场的执法队伍，监督管理各地区的科技人才市场，保障与维护供求双方的合法权益，加强科技人才法制化的管理，形成监督有力、运行规范、流动合理有序的科技人才市场。五是创新引才、留才模式，加强各地区人才的本地化培养、引进和人才使用模式，在鼓励市场化流动的同时，更多调动各地政府提高对人才培养投资的积极性，避免以财政资源为基础的“抢人大战”，提高人力资本的投资水平。

第四篇
营造有利于创新的市场环境

当前，我国经济发展进入新常态，国际竞争日趋激烈，国内发展动力面临转换，必须把发展落脚点放在创新上。习近平总书记强调："要营造有利于大众创业、市场主体创新的政策环境和制度环境。"党的十八大以来，我国深入实施创新驱动发展战略，创造性地提出了一系列着力改善创业创新环境的新思路、新举措，通过建立健全创业创新的生态环境，培育人才、资金、技术和信息等创新要素，有效发挥市场配置资源的作用，为科技创新提供有力保障。

《关于深化体制机制改革加快实施创新驱动发展战略的若干意见》和《深化科技体制改革实施方案》明确提出，要发挥市场竞争激励创新的根本性作用，积极营造公平、开放、透明的市场环境，实施严格的知识产权保护制度，打破制约创新的行业垄断和市场分割，改进市场准入与监管，推动有利于创新的要素价格改革，加快科技和金融的相互融合，形成全社会支持创新创业创造的发展氛围。

结合文件部署要求，本篇重点关注3个方面：一是创新要素配置市场化改革。打破制约创新的行业垄断和市场分割，改进新技术新产品新商业模式的准入管理，健全产业技术政策和管理制度，形成要素价格倒逼创新的机制。二是知识产权制度改革。建立高效的知识产权综合管理体制，构建便民利民的知识产权公共服务体系，提升综合运用知识产权促进创新驱动发展的能力。三是促进科技与金融结合。引导金融机构加强和改善对企业技术创新的金融服务，加大资本市场对科技型企业的支持力度（图 4-1）。

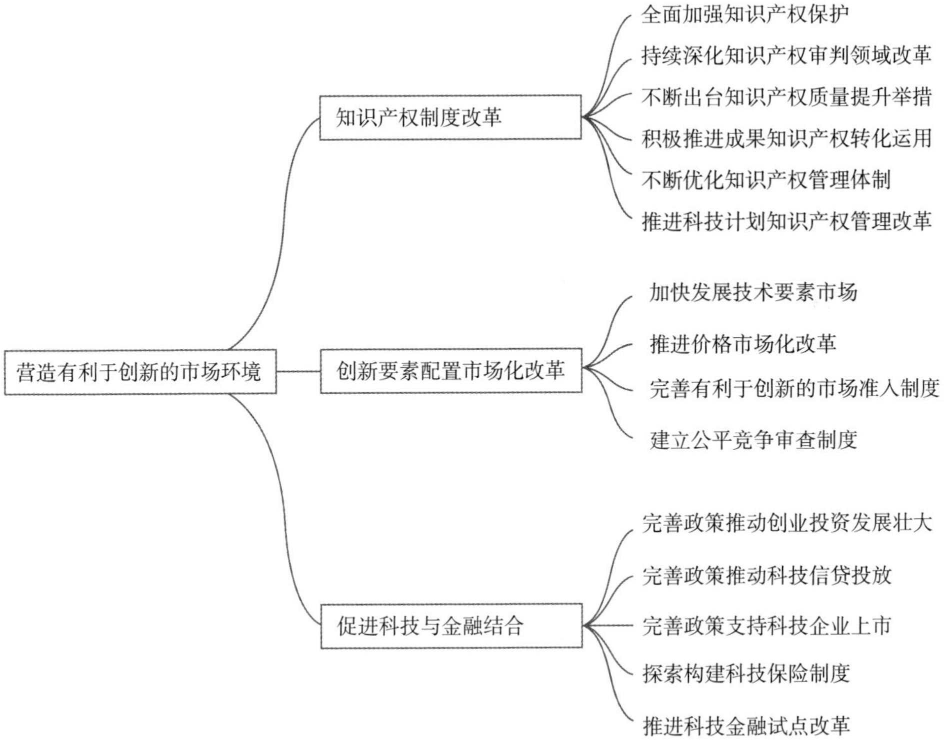

图 4-1　营造有利于创新的市场环境重点任务

第 13 章　创新要素配置市场化改革

一、改革背景

完善创新要素的市场化配置机制、更好发挥市场在资源配置中决定性作用，是提高国家创新体系整体效能的关键举措之一。党的十八大以来，我国科技创新和经济社会发展水平显著提升，取得历史性成就，实现历史性突破。但对标我国社会主要矛盾变化和经济发展阶段等新时代中国特色社会主义发展阶段特征，对照国内外新形势新要求，我国市场体系还不健全、市场发育还不充分，政府和市场的关系没有完全理顺，还存在市场激励不足、要素流动不畅、资源配置效率不高、微观经济活力不强等问题，更好发挥市场在资源配置中的决定性作用仍存在不少体制机制障碍。

在加快实施创新驱动发展战略的总体部署下，更好发挥市场在资源配置中起决定性作用和更好发挥政府作用成为科技体制改革的重点内容之一。通过改革，着力破除制约创新的思想障碍和制度藩篱，促进创新要素自主有序流动，提高要素配置效率，进一步激发全社会创造力和市场活力，提升劳动、信息、知识、技术、管理、资本的效率和效益，强化科技同经济对接、创新成果同产业对接、创新项目同现实生产力对接、研发人员创新劳动同其利益收入对接，增强科技进步对经济发展的贡献度。

2013 年 11 月，十八届三中全会通过的《中共中央关于全面深化改革若干重大问题的决定》中指出，完善主要由市场决定价格的机制，凡是能由市场形成价格的都交给市场，政府不进行不当干预，实行统一的市场准入制度，建设统一开放、竞争有序的市场体系，是使市场在资源配置中起决定性作用的基础。中共中央、国务院出台的《关于深化体制机制改革加快实施创新驱动发展战略的若干意见》《关于构建更加完善的要素市场化配置体制机制的意见》《深化科技体制改革实施方案》等一系列文件，对加快推动创新要素配置市场化改革做出了部署。

二、主要改革举措

党的十八大以来，党中央、国务院及有关部门加快推进市场化资源配置改革，在发展技术要素市场、加强知识产权、推动市场公平竞争、放宽市场准入、统一开放的要素市场、要素价格市场化、创新配置方式等多个方面实行了一系列改革举措。

（一）加快发展技术要素市场

技术要素是创新要素中的核心要素之一。国家对于发展技术要素市场从 4 个方面提出了具体举措。一是促进技术要素与资本要素融合发展。积极探索通过天使投资、创业投资、知识产权证券化、科技保险等方式推动科技成果资本化，鼓励商业银行采用知识产权质押、预期收益质押等融资方式，为促进技术转移转化提供更多金融产品服务。二是完善技术转移制度体系。深化科技成果使用权、处置权和收益权改革，开展赋予科研人员职务科技成果所有权或长期使用权试点。培育发展技术转移机构和技术经理人，支持科技企业与高校、科研机构合作建立技术研发中心、产业研究院、中试基地等新型研发机构，加快推进应用技术类科研院所市场化、企业化发展，支持高校、科研机构和科技企业设立技术转移部门，建立国家技术转移人才培养体系，提高技术转移专业服务能力。三是完善科技创新资源配置方式。改革科研项目立项和组织实施方式，坚持目标引领，强化成果导向，建立健全多元化支持机制。完善专业机构管理项目机制。加强科技成果转化中试基地建设。建立市场化社会化的科研成果评价制度，建立健全科技成果常态化路演和科技创新咨询制度。四是加强知识产权保护。完善和细化知识产权创造、运用、交易、保护制度规则，加快建立知识产权侵权惩罚性赔偿制度，加强企业商业秘密保护，完善新领域新业态知识产权保护制度。支持重大技术装备、重点新材料等领域的自主知识产权市场化运营。

（二）推进价格市场化改革

党的十八大以来，加速推进价格市场化改革，运用主要由市场决定要素价格的机制，促使企业从依靠过度消耗资源能源、低性能低成本竞争，向依靠创新、实施差别化竞争转变。中共中央、国务院发布《关于推进价格机制改革的若干意见》，明确了重点领域价格改革部署，提出完善水电燃气等能源价格、交通运输价格、环境保护、公用事业和公益性服务等与创新活动密切相关领域的价格形成机制改革。同时，要求加强市场价格监管和反垄断执法，逐步确立竞争政策的基础性地位，并充分发挥价格杠杆作用，加强价格总水平调控。通过市场重点领域价格的调整，为创新活动提供良好市场条件。

（三）完善有利于创新的市场准入制度

改进市场准入与监管，完善放活市场、拉动创新的产业技术政策，重点是制定和实施产业准入负面清单，对未纳入负面清单管理的行业、领域、业务等，各类市场主体皆可依法平等进入。国务院印发《关于实行市场准入负面清单制度的意见》（国发〔2015〕55号），以清单方式明确列出我国境内禁止和限制投资经营的行业、领域和业务，其中包含了创新相关领域的准入要求。清单包括禁止准入和限制准入两大类：对于禁止类事项，市场主体不得进入，行政机关不予审批；对于限制类事项，由市场主体提出申请，行政机关依法依规做出是否予以准入的决定，或由市场主体依照政府规定的准入条件和准入方式进入。同时，明确推进清单制度的6项配套改革措施，包括准入机制方面的改革、审批体制的改革、监管机制的改革、社会信用体系和激励惩戒机制的改革、信息公示制度和信息共享制度的改革、完善法律法规体系等。[①]

（四）建立公平竞争审查制度

建立实施公平竞争审查制度，有利于激发市场主体活力，促进大众创业、万众创新，培育和催生经济发展新动能，对当前深入推进供给侧结构性改革、促进经济持续健康发展具有重要的现实意义。《关于在市场体系建设中建立公平竞争审查制度的意见》（国发〔2016〕34号）明确提出了公平竞争审查对象、审查方式、审查标准、实施步骤、保障措施等内容，要求按照尊重市场、竞争优先，立足全局、统筹兼顾，科学谋划、分步实施，依法审查、强化监督的原则，建立和实施公平竞争审查制度，规范政府有关行为，加快建设统一开放、竞争有序的市场体系。政策制定机关在政策制定过程中，应当进行公平竞争审查。市场准入、产业发展、招商引资、招标投标、政府采购、经营行为规范、资质标准等涉及市场主体经济活动的规章、规范性文件和其他政策措施，均应当纳入审查范围。有关行政法规和国务院制定的其他政策措施、地方性法规，起草部门要在起草过程中进行审查。

① “一张清单”打开市场活力之门——聚焦全面实施市场准入负面清单，http://www.gov.cn/xinwen/2018-12/25/content_5352154.htm#1。

三、改革实施进展

党的十八大以来，政府各部门深入贯彻党中央和国务院的决策部署，积极落实政策要求，在推动技术交易、价格改革、破除垄断、依法执政等方面取得了成效，为进一步深化改革奠定了坚实的基础。

（一）技术转移体系逐步完善，技术成果交易日趋活跃

国家技术转移体系基本建成，技术市场互联互通范围和深度不断扩大，市场化的技术转移机构、专业化的技术转移人才队伍不断壮大，推动建设 11 家国家技术转移区域中心、453 家国家技术转移机构。技术、资本、人才等创新要素融合度提升，有利于科技成果资本化、产业化的体制机制基本建立。重大科技成果转移转化不断涌现，高价值技术转移屡创新高，高校、科研院所和科技人员开展科技成果转移转化积极性显著提高。据统计，2019 年全国技术交易总额 22 398.4 亿元，签订技术交易合同共计 48.4 万项，同比分别增长 26.6%、17.5%。

（二）完善价格市场化改革机制，限定政府定价范围

2017 年，发展改革委出台《关于全面深化价格机制改革的意见》，在与科技创新密切相关的 5 个方面推进价格机制改革工作。一是进一步深化垄断行业价格改革，推进电力、天然气、铁路货运等领域价格市场化改革。建立健全以“准许成本 + 合理收益”为核心、约束与激励相结合的网络型自然垄断环节定价制度，准确核定成本，科学确定利润，严格进行监管。二是加快完善公用事业和公共服务价格机制。深化城市供水供电供气供热、医疗服务等公用事业和公共服务价格改革，对政府定价的环节，科学界定财政补贴、使用者付费边界，建立健全价格动态调整机制。三是创新和完善生态环保价格机制。完善可再生能源价格机制，围绕污水和垃圾处理、再生水回收利用、北方地

区清洁供暖、成品油质量升级等领域制定完善绿色消费价格政策。四是着力清理规范涉企收费。积极服务实体经济发展，严格行政事业性收费管理，清理规范经营服务性收费，建立收费清单制度和具体监管办法，减轻实体经济收费负担。五是有效促进市场竞争公平有序。积极营造有利于公平竞争市场环境，全面实施公平竞争审查制度，推进反价格垄断执法常态化精细化，加强和创新市场价格监管。

发展改革委会同有关部门持续推进重要商品和服务价格市场化改革。2015年10月，对天然气、水利工程供水、电力、特殊药品及血液、重要交通运输服务、重要邮政业务、重要专业服务等7种（类）20项商品和服务实行政府定价或政府指导价管理，还明确了暂按现行办法管理并将视相关改革进程及市场竞争程度适时放开的10项商品和服务。2019年修订《中央定价目录》，修订后的输配电、油气管道运输、基础交通运输、重大水利工程供水、重要邮政服务、重要专业服务、特殊药品及血液等7类16项定价项目缩减近30%。同时对基础交通运输、重大水利工程供水、重要邮政服务等项目部分表述进行修改完善，推进定价项目清单化、规范化。

（三）深化市场准入制度，进一步破除行政垄断

2016年，《市场准入负面清单草案（试点版）》在天津、上海、福建、广东4省市先行试点。试点范围逐步扩大到15个省市。2018年12月公布的《市场准入负面清单（2018年版）》列禁止和许可类事项151项，比试点版负面清单减少了177项，具体管理措施减少288条，大幅压减54%。在2018年版负面清单中，专门增设了“地方性许可措施”栏目，纳入少量全国性管理措施未涵盖但符合清单定位且由省级人民政府按照相关立法程序制定的地方性市场准入管理措施。2019年11月公布的《市场准入负面清单（2019年版）》共列入事项131项，其中禁入类事项5项，许可准入类126项。《市场准入负面清单（2019

年版）》比《市场准入负面清单（2018 年版）》减少了 20 项，缩减比例为13%，取消了各地区自行编制发布的市场准入类负面清单23个，将大量社会规制、国家安全规制等移出清单，精准了清单适用范围，确保了清单的稳定性与连续性。

（四）推进公平竞争审查制度，建立开放透明的市场规则

2017 年 10 月 23 日，经国务院同意，国家发展改革委、财政部、商务部、工商总局、国务院法制办联合印发了《公平竞争审查制度实施细则（暂行）》（简称《实施细则》），分别从审查机制和程序、审查标准、例外规定、社会监督、责任追究等方面予以细化。总体思路是，坚持问题导向，在遵循《意见》基本规定和现行法律法规的前提下，通过明确相关程序和规则，督促和指导政策制定机关切实开展公平竞争审查工作，保障公平竞争发审查制度有效实施。2019 年 2 月，市场监管总局发布《公平竞争审查第三方评估实施指南》（2019 年第 6 号）分 7 部分共 24 条，分别从适用范围、评估内容、评估机构、评估程序和方法、评估成果及运用、保障措施和纪律要求等方面做出规定，旨在建立健全公平竞争审查第三方评估机制，鼓励支持政策制定机关在公平竞争审查工作中引入第三方评估。

据统计，2016—2019 年年底，各地区、各部门共审查新出台文件 68 万份，按照审查标准对 2600 余份文件进行了修改；对 82 万份存量文件进行了清理，废止修订文件 2 万余份，及时发现和纠正了一批妨碍统一市场和公平竞争的规定和做法，有力维护了市场公平竞争秩序。

四、思考与展望

党的十八大以来，我国创新要素配置的市场化改革进入快车道，取得了显著成效，但也仍然面临诸多问题和挑战。十九届五中全会继

续将“充分发挥市场在资源配置中的决定性作用，更好发挥政府作用，推动有效市场和有为政府更好结合”作为未来的工作重点，这也是科技创新与市场经济发展良性循环、相互促进的基础。

面向未来，需要充分发挥社会主义市场经济基本制度独有特征下的市场作用，以“双循环”为契机，建设开放联动的技术要素市场，进一步明确市场与政府配置资源的边界，政府站高一层、退后一步，把更多需要灵活高效配置的科技创新资源更多交给市场，依托强大国内市场，贯通研发、生产、分配、流通、消费各环节，发挥市场对技术研发方向和创新要素配置的导向作用，加大金融市场和金融工具对科技创新的支持力度，打破行业垄断和地方保护，建立快捷的新技术新产品准入机制，建立国际规则下的创新产品政府采购支持政策，形成科技创新与市场经济的良性循环。更多重视和发挥各类市场主体作用，充分调动广大科技创新企业等市场主体积极性，建立完善覆盖科技型企业全生命周期的政策，发挥多层次资本市场对科技型企业的直接融资作用，发挥政府创业引导基金和成果转化基金的带动作用，完善全链条的创业孵化载体建设，大幅提高科技成果转移转化成效。加强知识产权创造、运用和保护，引导各类创新主体在关键前沿领域加强专利布局，加强知识产权交易和运营服务，以完善的知识产权保护体系激发全社会的创新潜能。加快构建社会主义市场经济条件下关键核心技术攻关新型举国体制，扮演好市场机制下政府作为重大科技创新组织者的角色。

第 14 章　知识产权制度改革

一、改革背景

2008 年，《国家知识产权战略纲要》颁布实施，随着国家知识产权战略实施的全面推进，我国知识产权制度不断完善，知识产权创造、运用、保护、管理和服务能力不断提升，知识产权环境逐年改善，公众知识产权意识日益增强。在我国知识产权事业蓬勃发展的同时，依然存在知识产权总体质量不高、知识产权保护不够严格、知识产权运用效益尚未充分显现、知识产权与经济发展融合不够紧密、知识产权管理体制机制有待完善等问题，知识产权领域的新问题新矛盾也不断出现，亟须进一步深化知识产权领域改革。

党的十八大以来，党中央、国务院站在创新驱动发展和知识产权强国建设的战略高度，做出了一系列富有远见卓识的战略部署，先后颁布了《深入实施国家知识产权战略行动计划（2014—2020 年）》《国务院关于新形势下加快知识产权强国建设的若干意见》《“十三五”国家知识产权保护和运用规划》《深化党和国家机构改革方案》等一系列重要政策。其中，《国务院关于新形势下加快知识产权强国建设的若干意见》是继 2008 年颁布实施《国家知识产权战略纲要》以来，国务院再次专门部署知识产权工作的纲领性文件。该意见聚焦问题、突出重点，明确提出建设中国特色、世界水平知识产权强国的重大任务，旨在用改革的办法进一步释放创新创造活力，更好发挥知识产权制度激励创新的基本保障作用，具有重大的现实意义和深远的历史意义。该意见与《“十三五”国家知识产权保护和运用规划》《深入实施国家知识产权战略行动计划（2014—2020年）》形成政策体系，共同引领知识产权事业发展的新局面。

二、主要改革举措

（一）全面加强知识产权保护

一是综合运用审查授权、行政执法、司法裁判、仲裁调解、行业自律、社会监督等各种保护渠道，形成齐抓共管的工作局面，努力形成知识产权保护的合力。二是建立协调开放的知识产权司法保护政策体系、明确统一的知识产权裁判标准规则体系、均衡发展的知识产权法院体系、布局合理的知识产权案件管辖制度体系。三是对知识产权（专利）领域严重失信行为（重复专利侵权行为、不依法执行行为、专利代理严重违法行为、专利代理人资格证书挂靠行为、非正常申请专利行为、提供虚假文件行为等）加大监管力度，依法从重处罚。四是建立侵权惩罚性赔偿制度，大幅提高侵权违法成本，对故意侵权行为可处以最高5倍的惩罚性赔偿。五是加强知识产权快速保护机构建设。在优势产业集聚区布局建设一批知识产权保护中心，建立案件快速受理和科学分流机制，提供快速审查、快速确权、快速维权“一站式”纠纷解决方案。

（二）持续深化知识产权审判领域改革

一是在最高人民法院设立知识产权法庭，同时在地方设立跨区域管辖的知识产权法庭，统一受理知识产权民事、行政和刑事案件（简称“三合一”）工作。二是完善知识产权诉讼制度，加强知识产权法院体系建设，加强知识产权审判队伍建设，提高知识产权审判质量效率，充分发挥知识产权司法保护主导作用。三是探索设立首家杭州互联网法院，之后又增设北京、广州互联网法院，开辟了互联网时代司法发展的全新路径。[①]

（三）不断出台知识产权质量提升举措

一是优化有利于提升专利申请质量的政策导向，建立有利于提升专利申请质量的监管机制，加强有利于提升专利申请质量的能力建设。二是实施专利质量提升工程，培育一批核心专利，提高专利质量效益。三是全面修改专利优先审查管理办法，突出对高价值核心专利的快速审查服务。

（四）积极推进成果知识产权转化运用

一是实施科技成果转化基金，通过设立创业投资子基金、贷款风险补偿和绩效奖励等支持方式，引导和带动金融资本、民间投资和地方政府共同参与科技成果转化。二是进一步完善科技成果处置、收益和分配有关制度，破解知识产权交易转化中的制度性障碍，明确科技成果市场化定价的方式和程序，加大对成果完成人和转化工作做出重要贡献人员的激励力度。三是加强与地方政府、金融机构的合作与联动，形成财政科技投入的叠加效应、拉动效应和放大效应。四是积极推进知识产权运营平台建设，为知识产权的转移转化、收购托管、交易流转等提供平台支撑。[②]

---

① 世界首家互联网法院为何落子杭州，http：//www.xinhuanet.com//fortune/2017-06/27/c_129641523.htm。

② 科技部、财政部召开国家科技成果转化引导基金启动推进会，http：//www.most.gov.cn/kjbgz/201409/t20140930_115992.html。

（五）不断优化知识产权管理体制

一是从宏观层面对知识产权行政管理职责进行优化整合，新组建国家市场监督管理总局，重新组建国家知识产权局。统一商标、专利的行政管理和行政执法，加强知识产权执法监管力度。二是建立高效的知识产权综合管理体制。鼓励多种类型、多种模式的改革探索。科学划分知识产权部门政策引导、公共服务、市场监管职责，探索有效可行的知识产权管理体制机制。三是构建便民利民的知识产权公共服务体系。大力推行知识产权权力清单、责任清单、负面清单制度，并实行动态管理。加大知识产权领域简政放权力度，强化依法行政，坚持放管结合，合理减少审批和管理事项。放宽专利代理机构准入条件限制，加强知识产权服务机构事中事后监管，完善执业信息披露制度。

（六）推进科技计划知识产权管理改革

一是建立科技计划知识产权保护和管理的长效机制，制定明确的知识产权目标，指定专门机构和人员负责知识产权工作，跟踪国内外相关领域知识产权动态，形成知识产权分析报告，为科学决策提供参考。二是完善科技计划知识产权管理制度，探索建立国家科技计划知识产权目标评估制度、科技成果知识产权信息披露制度和对外转让审批等制度。这既是落实科技计划管理改革的重要举措，也是加快创新型国家建设和知识产权强国建设的必然要求。既有利于发挥知识产权激励、促进科技创新的作用，也有利于成果知识产权信息公开和转化，防止创新成果的对外流失。

三、改革实施进展

党的十八大以来，党中央、国务院把知识产权保护工作摆在更加突出的位置，部署推动了一系列改革，出台了一系列重大政策、行动、规划，实行严格的知识产权保护制度，坚决依法惩处侵犯知识产权行为，引领我国知识产权事业不断发展，走出了一条中国特色知识产权发展之路，知识产权保护工作取得了历史性成就，有力支撑了经济社会发展。

（一）知识产权法律制度日趋完善

一是知识产权法律法规不断修订完善。2018 年 8 月颁布《电子商务法》，9 月修订发布《专利代理条例》；2019 年 4 月修订发布《中华人民共和国商标法》和《中华人民共和国反不正当竞争法》；2020 年 5 月颁布《中华人民共和国民法典》，10 月修订发布《中华人民共和国专利法》，11 月修订发布《中华人民共和国著作权法》，12 月修订发布《中华人民共和国刑法修正案》。

二是知识产权侵权惩罚性赔偿制度全面建立。《民法典》第一千一百八十五条规定“故意侵害他人知识产权，情节严重的，被侵权人有权请求相应的惩罚性赔偿”。修订后的《专利法》《著作权法》规定了故意侵权专利权、著作权的惩罚性赔偿条款；修订后的《商标法》和《反不正当竞争法》规定了恶意侵犯商标专用权、恶意实施侵犯商业秘密行为的惩罚性赔偿条款。

（二）知识产权保护力度不断加强

一是知识产权审判领域改革取得成效，司法保护的主导作用不断强化。2014 年 8 月，十二届全国人大常委会表决通过关于在北京、上海、广州设立知识产权法院的决定。2016 年，知识产权审判“三合一”工作在全国法院全面推开。2017 年 8 月，全国第一家互联网法院落户杭州。2019 年 1 月，最高人民法院知识产权法庭正式挂牌成立，负责统一审理全国范围内专业技术性较强的专利等上诉案件。调查显示，

2012—2019年，知识产权案件总量增长5倍以上，审判质量不断提高，审理周期逐渐缩短，一审息诉率保持在90%以上。

二是知识产权行政保护更加快捷、高效。2013—2019年，全国共办理专利侵权假冒案件30.2万件，商标侵权假冒案件24.3万件。2018年，市场监管总局查办侵害消费者权益案件2.9万件，案值8.7亿元，罚没金额2亿元，持续打击市场混淆、虚假宣传等不正当竞争行为。[①] 各部门和各地方联合开展打击侵权假冒、软件正版化、打击网络侵权盗版等多项重点专项工作，通过“雷雨”“天网”“护航”“剑网”“雷霆”“溯源”等专项行动，显著改善了创新创业和营商环境。

三是知识产权保护社会满意度逐年提升。近年来，我国知识产权保护成效获得了社会公众普遍认可，2019年，我国知识产权保护社会满意度为78.98分，较2012年的满意度提升15.29分，整体步入良好阶段。

（三）知识产权创造实现量质齐升

一是我国知识产权拥有量大幅增长。2012—2019年，国内发明专利申请量和授权量分别从53.5万件和14.4万件增长至124.4万件和36.1万件，均居世界首位；PCT专利申请量从1.9万件增至5.9万件，跃居世界第一；商标注册申请量从150.2万件增至640.6万件；著作权年登记量从68.7万件增至418.6万件；植物新品种、集成电路布图设计、地理标志等数量均大幅增长。[②]

二是知识产权创造能力不断提升。通过实施创新驱动发展战略，在新一代移动通信、航空航天、高铁、核能、生物医药、人工智能等众多领域，形成一批拥有自主知识产权的核心技术，为国家相关产业

① 《中国知识产权保护与营商环境新进展报告（2018）》。

② 知识产权战略实施十年成效显著，http：//www.nipso.cn/onews.asp?id=41669。

创新发展提供了卓有成效的支持服务。一批专利被纳入国际行业标准，有效提升了我国在全球产业发展布局中的话语权和影响力。在世界知识产权组织划分的35个技术领域中，2017年国内发明专利拥有量高于国外来华发明专利拥有量的达30个。世界知识产权组织发布的《2019全球创新指数报告》显示，中国创新指数由2013年的第35位提高到2019年的第14位，位居中等收入经济体之首，是世界上进步最快的国家之一。

（四）知识产权转化运用成效显著

一是知识产权转让、许可和技术合同交易成效显著。《2019年中国知识产权发展状况评价报告》显示，2019年专利申请权和专利权转让数量为21.3万件，是2010年的35.7倍。2019年商标转让数达到44.6万件，是2010年的7.0倍。2018年我国技术市场成交合同成交项数为41.2万项，金额达到1.8万亿元，分别是2009年的1.9倍和5.8倍。

二是知识产权运营体系建设步伐加快。截至2019年，专利和商标质押融资金额达到了1515亿元，全国涉及知识产权技术合同成交额达到了9286.9亿元，知识产权运营服务体系建设重点城市已经增加到了26个,9个国家级知识产权运营平台挂牌各类知识产权12.1万件，注册用户达到28.4万个，知识产权运营体系建设取得了新的成效。

三是知识产权运用效益日益凸显。《2019年中国知识产权发展状况评价报告》显示，2010年以来我国知识产权运用指数整体上呈平稳增长态势，年均增长率为9.9%。2018年我国专利密集型产业增加值达到10.7万亿元，占GDP的比重达到11.6%，2018年版权产业的行业增加值占GDP比重达到7.37%，有力促进了经济社会发展。

（五）知识产权管理服务能力大幅提升

一是知识产权管理能力不断提升。知识产权行政管理部门的专利、商标审查能力大幅提升，审查周期明显缩短，发明专利授权周期稳定在 22 个月，商标注册审查周期从法定的 9 个月缩短到 8 个月。创新主体和市场主体的知识产权管理能力持续提高，已有 2.6 万家企业贯彻实施知识产权管理标准。[①]

二是知识产权公共服务体系建设取得成效。《中国知识产权公共服务发展报告（2019）》显示，全国知识产权公共服务组织机构进一步加强，知识产权领域“放管服”改革取得初步成效，知识产权信息公共服务体系建设取得显著进展，知识产权信息公共服务水平进一步提升，知识产权信息传播利用工作有序开展。

三是科技计划知识产权管理服务能力进一步提升。我国科技计划知识产权管理服务工作取得了积极进展，一些科技重大专项的重点领域开展了知识产权战略分析，探索建立了以国家科技计划项目承担单位牵头、吸引同行业企业合作研究开发、以知识产权分享为纽带的技术联盟，面向国家科技计划项目承担单位开展知识产权培训和辅导。

四、思考与展望

党的十八大以来，我国科技事业密集发力、加速跨越，创新成果特别是拥有核心知识产权的科技创新成果，已经成为经济社会发展的主要驱动和支撑力量，知识产权成为国家发展的战略性资源和国际竞争力的核心要素。随着创新能力的提升，我国跻身知识产权大国行列。与此同时，也还存在一些问题，如基础研究和应用基础研究领域的知

① 知识产权战略实施成效明显 版权执法监管力度不断加大，http：//ip.people.com.cn/n1/2018/0606/c192430-30037903.html。

识产权优势不够、重大经济和创新活动的知识产权审查和评议制度依然缺位、知识产权国际话语权不足、知识产权战略尚未形成有效的全球布局等。[①]

当前，新一轮科技革命加速兴起，科技创新呈现新的发展特征，国际产业分工格局和竞争态势深度调整，全球创新竞争日趋激烈。世界各国纷纷出台新的创新政策和知识产权战略，建立与创新驱动发展要求相匹配、与强化政府公共服务职能相一致、与国际通行规则接轨的现代化知识产权治理体系，不断优化知识产权管理体制机制。

2020 年 10 月，党的十九届五中全会审议通过的《中共中央关于制定国民经济和社会发展第十四个五年规划和二〇三五年远景目标的建议》对加强知识产权保护工作提出明确要求。2020 年 11 月，中共中央政治局以“加强我国知识产权保护工作”为题举行第二十五次集体学习，习近平总书记发表重要讲话，深刻阐释了加强知识产权保护工作与国家治理体系和治理能力现代化、高质量发展、人民生活幸福、国家对外开放大局、国家安全的重大关系，深刻阐明了事关知识产权改革发展的一系列方向性、原则性、根本性理论和实践问题，为新时代全面加强我国知识产权保护工作提供了根本遵循和行动指南。

面向未来，应进一步凝聚共识、统一行动、坚定信心，以服务发展全局为宗旨，以充分调动全国人民的积极性和创造性为方向，着力促进知识产权高质量创造和高效益运用，着力强化知识产权保护，着力构建中国特色现代化知识产权治理体系，着力推动知识产权国际化发展。充分发挥知识产权在现代化强国建设中的引领和保障作用，为我国经济社会高质量发展提供高质量战略资源，不断提高知识产权对经济社会发展的贡献率和国际竞争力。

---

① 以“大知识产权”战略思维应对挑战，http://theory.people.com.cn/n1/2018/1220/c40531-30477653.html。

第 15 章　促进科技与金融结合

一、改革背景

新技术产业化离不开金融支持，科技创新对金融创新的改革需求十分迫切。推进科技金融政策工具创新，不断完善科技金融政策体系，是充分发挥市场主导作用和更好发挥政策引导作用的前提和基础。2011 年以来，国家密集出台了多份科技金融相关政策，科技金融进入完善调整、优化升级阶段。[①] 党的十八大之后，中国人民银行、科技部、银监会、证监会、保监会、知识产权局于 2014 年联合印发《关于大力推进体制机制创新　扎实做好科技金融服务的意见》，指出要“促进科技和金融的深层次结合”，旨在通过发展和优化服务科技创新的金融组织体系、金融产品和服务推动体制机制创新，促进科技和金融的深层次结合，支持国家创新体系建设。习近平总书记在中央政治局第十三次集体学习时强调：要围绕建设现代化经济的产业体系、市场体系、区域发展体系、绿色发展体系等提供精准金融服务，构建风险投资、银行信贷、债券市场、股票市场等全方位、多层次金融支持服务体系。新时期科技金融要适应发展更多依靠创新、创造、创意的大趋势，推动金融服务结构和质量转变，大力支撑实施创新驱动发展战略。

① 易明．科技金融系统理论与实践 [M]．北京：科学出版社，2020．

二、主要改革举措

党的十八大以来，科技金融关注的重心是技术创新和科技成果转化，多项政策出台积极推动科技与金融深度融合，科技金融政策内容体系不断丰富深化，科技金融的重点领域和关键环节得到加强。

（一）完善政策推动创业投资发展壮大

一是完善创业投资税收优惠政策。2017 年，财政部、国家税务总局开展关于创业投资企业和天使投资个人有关税收试点工作，对京津冀、上海、广东、安徽、四川、武汉、西安、沈阳 8 个全面创新改革试验区域和苏州工业园区，从税收试点政策、相关政策条件、管理事项及管理要求等方面做了具体要求。试点政策执行一年之后，2018 年，财政部、国家税务总局联合发布《关于创业投资企业和天使投资个人有关税收政策的通知》，将创投企业税收优惠政策试点全面推广，规定公司制创业投资企业采取股权投资方式直接投资于种子期、初创科技型企业满 2 年的，可以按照投资额的 70% 在股权持有满 2 年的当年抵扣该公司制创业投资企业的应纳税所得额。二是发挥政府资金的引导作用。2014 年，科技部与财政部出台了《国家科技成果转化引导基金设立创业投资子基金管理暂行办法》，规定了设立子基金的条件、标准和程序，对子基金的投资运作、收入收缴、激励约束、资金管理和监督等提出明确要求。管理办法明确转化基金遵循引导性、间接性、市场化和非营利性原则设立子基金，引导社会资本共同设立子基金。2016 年，为加快推进国家新兴产业创业投资引导基金设立工作，发展改革委与财政部出台了《关于做好国家新兴产业创业投资引导基金参股基金推荐工作的通知》，国家新兴产业创业投资引导基金参股基金地方推荐工作启动。

（二）完善政策推动科技信贷投放

一是鼓励银行业金融机构设置科技分（支）行。2014 年，《关于大力推进体制机制创新　扎实做好科技金融服务的意见》中要求，创新从事科技金融服务的金融组织形式，鼓励银行业金融机构在高新技术产业开发区（简称高新区）、国家高新技术产业化基地（简称产业化基地）等科技资源集聚地区通过新设或改造部分分（支）行作为从事中小科技企业金融服务的专业分（支）行或特色分（支）行。此外，允许具备条件的民间资本依法发起设立中小型银行，为科技创新提供专业化的金融服务。二是开展科创企业投贷联动。2016 年，银监会、科技部、中国人民银行联合发布《关于支持银行业金融机构加大创新力度开展科创企业投贷联动试点的指导意见》，允许 10 家试点银行设立投资子公司、投资科创企业，为客户提供“信贷 + 股权投资”的综合金融服务。这也标志着我国银行业金融机构投贷联动试点正式启动。三是推动融资担保发展。2015 年，国务院发布《国务院关于促进融资担保行业加快发展的意见》，指出要政银担三方共同参与，构建可持续政银担商业合作模式。2017 国务院《融资担保公司监督管理条例》和 2018 中国银行保险监督管理委员会《关于印发〈融资担保公司监督管理条例〉四项配套制度的通知》出台，提高了担保机构准入门槛，在集中度方面有更严格规定，细化了担保责任余额计量方法和放大倍数的规定，体现了政策导向，监管升级促进了机构整改、规范化经营，有利于行业稳健发展。

（三）完善政策支持科技企业上市

一是设立科创板并试点注册制。科创板是由习近平总书记于 2018 年 11 月在首届中国国际进口博览会开幕式上宣布设立，是独立于现有主板市场的新设板块，并在该板块内进行注册制试点。2019 年，证监会发布《关于在上海证券交易所设立科创板并试点注册制的实施意见》《科创板首次公开发行股票注册管理办法（试行）》《科创板上市公司持续监管办法（试行）》。设立科创板并试点注册制是提升服务科技创新企业能力、增强市场包容性、强化市场功能的一项资本市场重大改革举措。二是建立资本市场转板机制。2013年，国务院发布《国务院关于全国中小企业股份转让系统有关问题的决定》，提出要建立不同层次资本市场间的有机联系，使交易所市场、全国股份转让系统和区域性股权转让市场间形成上下贯通、有机联系的统一整体。2020年6月，为建立转板上市机制，规范转板上市行为，统筹协调不同上市路径的制度规则，做好监管衔接，证监会发布《关于全国中小企业股份转让系统挂牌公司转板上市的指导意见》，符合条件的新三板挂牌公司可以申请转板至上交所科创板或深交所创业板上市。

（四）探索构建科技保险制度

为加快重大技术装备发展，促进装备制造业高端转型，打造中国制造升级版，2015年，财政部、工业和信息化部和保监会联合发布《关于开展首台（套）重大技术装备保险补偿机制试点工作的通知》，建立首台（套）重大技术装备保险补偿机制，在用户订购和使用此类装备的风险控制和分担上做出制度性安排。为更好满足新形势下重大技术装备创新发展需求，助力制造业高质量发展，2019年，财政部办公厅、工业和信息化部办公厅、银保监会办公厅发布《关于进一步深入推进首台（套）重大技术装备保险补偿机制试点工作的通知》，在新增保险责任限额等规定的同时，还鼓励有条件的地方结合当地产业基础、行业特征，因地制宜制定地方首台（套）重大技术装备保险补偿政策。

（五）推进科技金融试点改革

为促进科技和金融结合，加快科技成果转化，培育发展战略性新兴产业，支撑和引领经济发展方式转变，科技部、中国人民银行、中国银监会、中国证监会、中国保监会 2010 年 11 月联合开展“促进科技和金融结合试点”，发布《促进科技和金融结合试点实施方案》，确定中关村国家自主创新示范区、天津市、上海市、江苏省等 16 个地区为首批促进科技和金融结合试点地区。2016 年，五部门经过对试点实施方案评审和分析，最终确定在郑州市、厦门市、宁波市、济南市、南昌市、贵阳市、银川市、包头市和沈阳市等 9 个城市开展第二批促进科技和金融结合试点。并分别指导地方相关机构，在各自领域内围绕科技创新的规律和特点，引导带动金融资本在产品、组织和服务模式等方面与科技不断融合，在符合金融监管政策条件下，鼓励和支持金融领域的创新政策在试点城市先行先试，形成并推广更多有效的经验和模式。

三、改革实施进展

党的十八大以来，创业投资、科技信贷、证券市场、科技保险等各类金融工具、产品、业态、主体更加丰富，金融对科技的促进作用充分发挥。

（一）创业风险投资持续保持增长态势

一是创业投资机构及其管理资本增速明显。截至 2018 年，中国创业投资机构数持续增长，专业的创投基金与管理机构合计 2800 家，其中创投基金 1933 家，创投管理机构 869 家。全国创业投资管理资本总额达到 9179 亿元，基金平均管理资本规模为 3.28 亿元。二是政府资金引导作用显著。我国创业投资引导基金成功带动了一批社会投资机构和优质创业创新项目，截至 2018 年年底，政府引导基金带动的创业投资参股基金共计 492 支，获得引导基金支持的创业投资机构评价管理资本规模达到142 572.3万元。其中，科技成果转化基金已批准设立21支创业投资子基金，总规模313亿元。转化基金出资75.47亿元（按年度分期出资），转化基金资金放大比例为1∶4.15。[①]

（二）科技信贷业务持续深入推广

一是科技支行数量快速扩展。各大银行响应国家促进科技与金融结合的号召，陆续设立多家专门服务于科技企业的科技支行，并组建专业团队为科技型中小企业提供专属服务。[②]2019年，全国银行业金融机构已设立科技支行或专营机构超过750家。[③]二是投贷联动政策积极推进。对银行业而言，投贷联动意味着可以用投资收益抵补信贷风险，来自全国各地的多家银行积极推进试点落地，有效增加金融供给总量，同时，通过债权融资与股权融资相结合的方式，满足中小企业多元化的融资需求。[④]根据银保监数据，截至2017年年末，银行业金融机构外部投贷联动项下科创企业贷款余额225.6亿元。三是融资担保平稳发展。截至2018年年末，全国融资性担保机构实收资本11 365亿元，继续保持增长态势。2018年9月，国家融资担保基金有限责任公司成立，首期注册资本661亿元，采用再担保、股权投资等形式，支持担保机构为小微企业提供贷款担保。[⑤]

① 胡志坚，张晓原，贾敬敦．中国创业投资发展报告2019[M]．北京：经济管理出版社，2019.

② 连平，周昆平．科技金融：驱动国家创新的力量[M]．北京：中信出版社，2017.

③ 数据来源：银保监会副主席黄洪2019年11月在第十四届21世纪亚洲金融年会上的发言。

④ 赵慧慧．探究我国商业银行投贷联动之现状、问题与建议[J]．财讯，2019（12）：30.

⑤ 史建平．中国中小微企业金融服务发展报告（2019）[M]．北京：中国金融出版社，2020.

（三）资本市场逐步扩大对科技型企业的覆盖范围

科创板有效缓解科技型中小企业融资难问题。自2019年6月13日科创板正式开板至2020年7月22日，科创板上市公司达到140家，总市值逾2.79万亿元，合计融资2179亿元[①]，对中小型、创新型科技企业在创业初期更加便捷、更低成本获得融资给予实质性有效支持。而注册制审核作为科创板最大的改革成果，紧紧抓住信息披露这一核心，推动发行人、中介机构、交易所归位尽责，审核注册各环节公开透明，实际效果也基本得到了市场认可。

（四）科技保险助力企业创新发展

根据保监会2017年保险市场运行情况数据，科技保险为科技创新提供风险保障金额1.19万亿元；首台（套）重大技术装备保险为技术装备创新提供风险保障金额821.71亿元。[②]2015年4月，人保财险、太平洋财险、平安财险、大地财险、天安财险、中华联合财险、中航安盟财险7家保险公司组建的首个首台（套）保险共保体正式成立。截至2018年11月，首台（套）保险补偿机制试点共保体保险公司已达17家，共保体呈逐步扩大趋势。2015年，首台（套）保险投保项目104个；2016年，首台（套）保险投保项目179个，同比增长172%；2017年，首台（套）保险投保项目480个，同比增长268%。2015年，首台（套）保险保费约4亿元，2016年，保费增至2015年的2倍，约8.3亿元，同比增长108%；2017年，首台（套）保险保费达21亿元，同比增长153%。[③]

---

① 科创板公司首次公开发行股票上市暨科创板开市一周年仪式在上交所举行，http://www.sse.com.cn/star/media/news/c/c_20200722_5160308.shtml。

② 数据来源：2018年1月22日保监会新闻发布会。

③ 夏天．首台（套）重大技术装备保险试点阶段数据分析及发展建议[J]．保险理论与实践，2019（1）：63-77.

（五）科技和金融结合试点工作成效显著

根据科技部对首批16个促进科技和金融结合试点地区的工作进展情况开展的调研，试点地区“高度重视、积极响应、勇于探索、大胆尝试”，涌现许多成功经验和创新做法。一是健全地方科技工作金融组织体系。试点地区普遍成立了由政府主要领导牵头，科技、财税、金融办及“一行三局”等部门共同参与的试点工作协调推进机制。例如，天津市科委、陕西省科技厅等专门设立科技金融处；国家开发银行在北京、上海、武汉分支机构中专门设置了科技金融处。试点启动后，试点地区密集出台了350多项科技金融政策文件。二是创新科技资源配置方式。16个试点地区中江苏、深圳、武汉、青岛等12个地区设立了科技金融专项资金，总量近40亿元。试点地区还搭建了新型科技创新投融资平台，为不同发展阶段的科技企业提供多样化的投融资服务。例如，苏州工业园成立元禾控股集团公司，管理基金规模超过220亿元，业务范围覆盖股权投资、科技担保、科技小贷、融资租赁等；重庆市科委成立了集“投、保、贷、补、扶”于一体的科技金融集团公司；天津市科委成立了科技投融资集团等。[①]

四、思考与展望

尽管中国在科技与金融相结合方面取得了显著的成效，但是当前中国科技金融发展还存在产品创新不够、服务体系不完善、人才缺失、区域发展失衡等突出问题。这些问题的存在直接导致科技与金融结合的绩效不高，金融对科技创新、科技成果转化的支持不够。因此，必须加快构建由金融、科技、管理等多重要素，科技金融产业、现代科

① 首批16个促进科技和金融结合试点地区工作成效显著，http：//www.gov.cn/zhuanti/2016-01/04/content_5046075.htm。

技服务业等多领域，以及人才、政策、平台、机制等共同作用的多维度、多层次的科技金融系统，为建设世界科技强国提供重要保障。[①]

金融对科技促进作用的充分发挥，需要政府完善引导政策并调动各类金融机构的积极性。国家创新驱动发展战略为科技金融提供了难得的历史机遇和制度空间，科技部门应充分利用自身的资金和政策支持，积极调动各类型市场主体力量，构造政府与市场及各种社会力量的协同发展。未来需要以政府资金示范引导、社会资本为主力，兼顾地方经济发展和市场选择规律，逐步构建来源广泛、进出及组合自由、充分体现市场意志的体系化科技金融资源聚合平台；逐步建立以创业投资及私募股权投资机制为主导，以商业银行、证券公司、保险公司、信托公司、担保公司等金融机构和社会中介服务机构为依托，为科技创新企业提供创业资本、科技信贷、融资担保、科技保险和上市辅导等各类金融服务的多元化资源组合。[②]

① 易明．科技金融系统理论与实践 [M]．北京：科学出版社，2020．

② 徐义国．现代金融与科技创新：协同发展的制度逻辑 [M]．北京：经济日报出版社，2019．

第五篇
促进科技成果转移转化

科技成果转化为现实生产力是创新驱动发展的本质要求。习近平总书记在谈到深化科技体制改革时强调，“改革的目标只有一个，就是要进一步打通科技和经济社会发展之间的通道”。党的十八大提出实施创新驱动发展战略，明确要求提高科学研究水平和成果转化能力，抢占科技发展战略制高点。党的十八届三中全会提出全面深化改革，让一切劳动、知识、技术、管理、资本的活力竞相迸发，并对促进科技成果资本化、产业化、创新创业提出了明确要求。我国高校和科研机构集聚了大量高层次人才，承担了大量科研任务，积累了大量科技成果，是技术供给的重要力量。然而，在相当长的一段时期，国内科技成果转化、科研人员创新创业存在一定障碍，科技成果向现实生产力转化通道不畅、效率不高，离创新驱动发展要求存在较大差距。在上述背景下，为了加快促进科技成果转化和产业化，推动科技与经济深度融合，近年来我国先后开展了一系列相关改革任务部署。

2012 年，中共中央、国务院印发的《关于深化科技体制改革加快国家创新体系建设的意见》中明确提出“完善和落实促进科技成果转化应用的政策措施”“鼓励大学生自主创新创业，支持归国留学人员创新创业，进一步完善科技企业孵化器、大学科技园等创新创业载体的运行服务机制”等改革任务。《深化科技体制改革实施方案》中提出“深入推进科技成果使用、处置和收益管理改革”“完善技术转移机制”“发展众创、众筹、众包和虚拟创新创业社区等多种形式的创新创业模式”等多项改革任务。

本篇将重点对近年来我国促进科技成果转移转化、加快推动创新创业等方面的改革举措进行梳理分析，总结各项改革举措的实施进展、取得的成效及存在的问题，对未来改革方向进行思考和展望（图 5–1）。主要包括 3 个方面：科技成果转化制度改革、国家技术转移体系建设、推动大众创业万众创新。

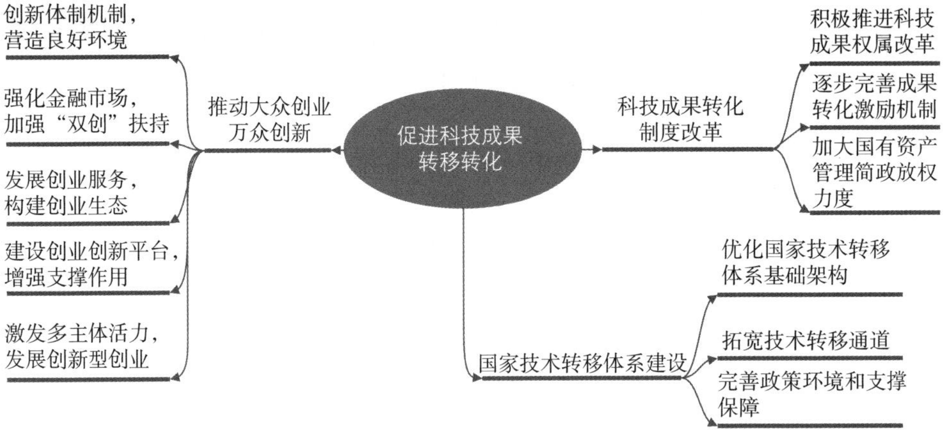

图 5–1　促进科技成果转移转化重点任务

第 16 章　科技成果转化制度改革

一、改革背景

科技成果转化是科学技术转化为现实生产力的重要途径，是科学技术研究的关键环节，也是促进科技与经济更加紧密结合的一个重要环节。党和国家长期以来高度重视科技成果的转化工作，把科技成果转化工作放在党和国家中心工作的大局中统筹考虑，把深化体制机制改革、加快实施创新驱动发展战略放在国家战略的层面上加以审视。习近平总书记在两院院士大会上要求，要加大应用基础研究力度，以推动重大科技项目为抓手，打通“最后一公里”，拆除阻碍产业化的“篱笆墙”，疏通应用基础研究和产业化连接的快车道，促进创新链和产业链精准对接，加快科研成果从样品到产品再到商品的转化，把科技成果充分应用到现代化事业中去。因此，形成以科技成果转化和科技型创新创业为基础的新竞争优势，成为关系到我国综合国力和中长期竞争力的重大战略问题。

随着我国经济社会发展和科技体制改革的深入，科技成果转化的环境和形势发生了很大变化，原有的科技成果转化政策部分内容已难以适应实践需要，科研机构和科技人员的考核评价体系，以及科技成果处置、收益分配机制没有充分体现科技成果转化特点，科研机构和科技人员的考核评价存在重理论成果、轻成果运用的现象，国家设立的科研机构处置科技成果审批手续烦琐等问题的出现严重影响了科研机构和科技人员积极性的发挥。[①] 针对这些情况，党的十八大以来，中央先后出台了一系列重要文件，为深化科技体制改革和加快科技成果转化工作指明了方向，并提出了具体的改革目标和要求。

为适应新形势下推进科技成果转化的要求，2015 年 8 月 29 日，《全国人民代表大会常务委员会关于修改〈中华人民共和国促进科技成果转化法〉的决定》公布实施，这标志着我国科技成果转化顶层设计逐步完善。2016 年 3 月 2 日，《实施〈中华人民共和国促进科技成果转化法〉若干规定》颁布，标志着我国科技成果转化自主转让权被放开，技术转移数量和速度加快，科技成果转化的收益比例提高，对科研人员的科技创新实现了大幅激励，为科技成果转化创造了良好环境。2016 年 5 月 9 日，《促进科技成果转移转化行动方案》发布，与以上两个并称为“三部曲”。2020 年 5 月 9 日，科技部等九部门印发《赋予科研人员职务科技成果所有权或长期使用权试点实施方案》，进一步激发科研人员创新热情，着力打通科技成果转化“最后一公里”。

二、主要改革举措

（一）积极推进科技成果权属改革

为破除制约科技成果转化的制度性障碍，打通科技成果向现实生产力转化的通道，进一步为高校和科研机构及其科技人员创新创业添油加力，一系列推进科技成果权属改革的政策出台。一是局部区域权属改革试点。2014 年 9 月，财政部、科技部和国家知识产权局联合印发了《关于开展深化中央级事业单位科技成果使用、处置和收益管理改革试点的通知》，在国家自主创新示范区、合芜蚌自主创新综合试

---

① 阚珂，王志刚．中华人民共和国促进科技成果转化法释义 [M]. 北京：中国民主法治出版社，2015.

验区部分符合条件的中央级事业单位开展科技成果使用、处置和收益管理改革试点。二是科研成果权属下移至单位。2015 年 8 月，修订发布了《促进科技成果转化法》，进一步完成了科研成果三权改革的重大突破，将科研成果使用权、处置权、收益权下移到科研院校和单位，科研院校和单位拥有了科研成果的使用权、处置权、收益权，大大提升了科研院校和单位及科研人员发明创造和科研成果转化的积极性。三是四川省率先探索科技成果所有权改革。2016 年 12 月，四川省科技厅、省知识产权局印发《四川省职务科技成果权属混合所有制改革试点实施方案》，在全国率先探索开展职务科技成果权属混合所有制改革试点，将职务科技成果的“国家所有”变为“国家、职务发明人共同所有”，以产权来激励职务发明人进行科技成果转化。四是科研成果权属赋予科研人员试点。为进一步破除科研单位内部利益分配的体制障碍，深化科技成果使用权、处置权和收益权改革，激发科技成果转化的第一主体科研人员的创新热情。2020 年 5 月，科技部等九部门联合印发了《赋予科研人员职务科技成果所有权或长期使用权试点实施方案》，明确要求分领域选择 40 家高等院校和科研机构开展试点，通过 3 年时间探索建立赋予科研人员职务科技成果所有权或长期使用权的机制和模式，促进科技成果转移转化。

（二）逐步完善成果转化激励机制

为使科技成果转化激励制度发挥其应有的作用，改变激励作用不明显等因素的影响，2015 年《中共中央、国务院关于深化体制机制改革加快实施创新驱动发展战略的若干意见》中，明确要求要完善科技成果转化激励政策，后续一系列改革科技成果转化激励制度的政策法规出台。一是提高科技人员激励标准。为了满足技术经济发展的要求，科技人员的报酬及奖励的标准都有所提高，2015 年修订后的《促进科技成果转化法》提高了对科技人员转化科技成果的最低奖励力度，对现金和股权奖励最低比例从20%提高到50%，以激励科研人员、科研机构的科技成果转化热忱。二是加强对科技人员的股权激励。修订后的《促进科技成果转化法》规定，高校直接出资成立校办企业形成的股权可以作为直接激励给予技术成果发明人。2016年，中共中央办公厅、国务院办公厅印发《关于实行以增加知识价值为导向分配政策的若干意见》，进一步完善股权激励管理制度；同年，《财政部 国家税务总局关于完善股权激励和技术入股有关所得税政策的通知》发布，规定技术入股税收优惠政策可以递延至转让股权之时，进一步扫除了科技人员获得股权奖励的障碍。三是明确现金奖励。修订后的《促进科技成果转化法》规定，成果转化奖励和报酬的支出不受当年单位工资总额限制、不纳入单位工资总额基数，进一步扫除了奖酬金的障碍。2018年，《国务院办公厅关于抓好赋予科研机构和人员更大自主权有关文件贯彻落实工作的通知》（国办发〔2018〕127号）中进一步要求落实现金奖励的政策，推动各单位落实到位。

（三）加大国有资产管理简政放权力度

党的十八大以来，调整国有资产管理对科技成果转化影响的着力点侧重于“简政放权”，财政部下放相关审批权限至中央级科研院所或其主管部门，充分赋予国家设立的研究开发机构、高等院校科技成果自主管理权限，缩短科技成果转化管理的审批周期，为提高科技成果转化效率创造了有利条件。一是高校院所可自主决策成果转化经济行为。2015年修订后的《促进科技成果转化法》规定，国家设立的研究开发机构、高等院校对其持有的科技成果，可以自主决定转让、许可或者作价投资。因此，在新修订的《促进科技成果转化法》颁布实施后，科技成果许可、转让、作价投资的经济行为由各成果持有单位自行决策，无须上报主管部门或财政部进行审批。二是评估备案由主管部门负责。为进一步提高科技成果转化效率、简化科技成果评估备案管理，2017 年《财政部关于〈国有资产评估项目备案管理办法〉的补充通知》规定，国家设立的研究开发机构、高等院校科技成果资产评估备案工作，原由财政部负责调整为由研究开发机构、高等院校的主管部门负责。三是单位自主决定是否开展资产评估。2019 年，《财政部关于修改〈事业单位国有资产管理暂行办法〉的决定》对争论已久的科技成果转让、许可或者作价投资是否需要资产评估做出相应调整，即由原来要求评估改为可由单位自主决策是否进行资产评估。四是国有股权审批权限下放到主管部门。2019 年，财政部发布《关于进一步加大授权力度　促进科技成果转化的通知》，进一步加大了科技成果转化形成的国有股权管理授权力度，将国有股权的转让、无偿划转或者对外投资等事项审批权限下放到各主管部门，降低了股权管理领域的审批时间成本，为提高科技成果转化效率创造了有利条件。

三、改革实施进展

（一）科技成果转化成效显著

各高校院所的科技成果转化活动日益活跃，科技成果转化推动工作取得了明显进展和成效。一是科技成果转化合同金额与数量增长。统计的 3200 家高校院所中以转让、许可、作价投资方式转化科技成果的合同项数 2018 年达到 11 302 项，合同金额达到 177.3 亿元，同比增长 52.2%（图 5–2）。其中，转化“龙头”单位成长迅速，2018 年签订的科技成果转化合同金额 1 亿元以上的高校院所数量达到了 32 家。二是科技人员激励力度不断加大。科研人员获得奖励的金额和人次均有所增长，现金和股权奖励总金额持续提升，股权奖励金额增速明显。2018 年，个人获得的现金和股权奖励金额达 67.6 亿元，同比增长 44.9%（图 5–3）。其中，股权奖励为 42.6 亿元，同比增长

75.8%。科技创富效应逐步显现，充分激励了科研人员创新创业的积极性。三是产学研合作持续加强。科研机构与企业共建成果转化平台、创设和参股新公司数量不断增多，科技成果供需双方的有效对接能力逐步提升。2018 年，与企业共建研发机构、转移机构、转化服务平台总数为 8247 家，同比增长 14.8%（图 5–4）；创设和参股新公司 2155 家，同比增长 16.2%。[①②]

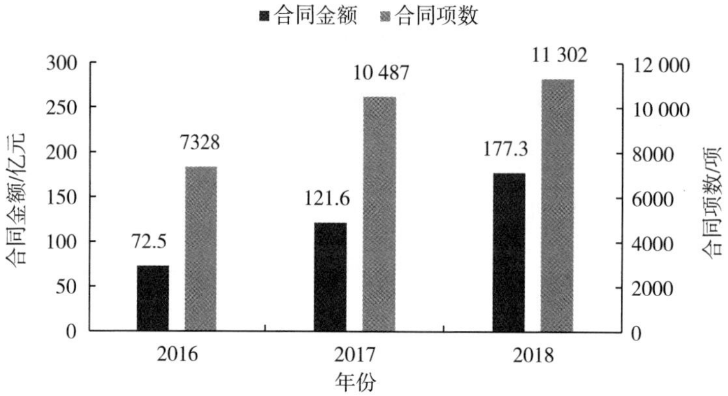

图 5–2　2016—2018 年以转让、许可、作价投资 3 种方式转化科技成果规模

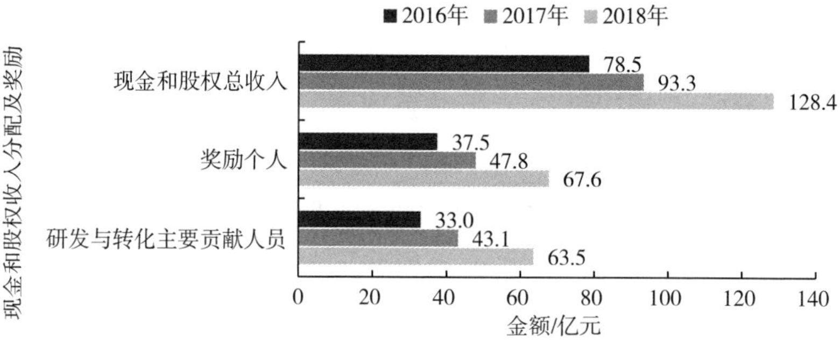

图 5–3　2016—2018 年科技成果转化奖励

① 中国科技评估与成果管理研究会．中国科技成果转化年度报告 2019[M]．北京：科学技术文献出版社，2020.

② 本段同比增长统计口径是同时填报了 2018 年和 2017 年年度报告的 3096 家单位的相应数据，图中所示数据指 2018 年 3200 家和 2017 年 3395 家相对应数据。

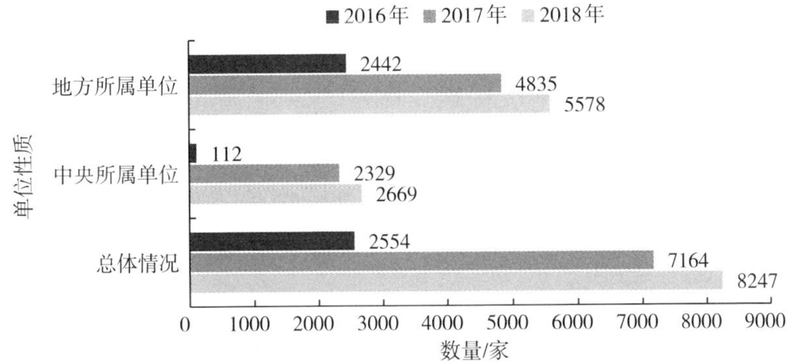

图 5–4　2016—2018 年与企业共建研发机构、转移机构、转化服务平台数量

（二）地方积极出台成果转化配套政策

针对国家出台的科技成果转化政策，地方政府积极响应并结合自身特点出台促进科技成果转化的相关政策。党的十八大以来，包括北京、四川、陕西、广东、甘肃、河南、山东、上海等省市相继出台新修订的促进科技成果转化条例。一是加强区域成果转化体系建设。四川通过不同层次的改革，形成了包括激励科技人员的创新创业政策体系、科技计划体系、促进区域发展的创新平台建设体系、支撑产业发展的技术创新体系、促进科技经济结合的成果转化体系在内的四川科技体制改革“五大体系”。江苏出台《关于促进科技与产业融合加快科技成果转化的实施方案》，提出 4 个方面 13 个关键任务，建立自主可控的现代产业体系。二是加大地方财政资金支持力度。深圳加强高校技术转移服务机构培育资助，按服务机构所属的高等院校上一年度投入的技术转移经费给予等额资助，并采用直接资助、股权投资、贷款贴息、风险补偿等多元化扶持手段，支持与科技成果转化相关的项目建设。上海采取政府采购、订购的方式支持成果转化，并支持各类服务机构发展，高校院所设立的成果转化服务机构可在转化收入中提取一定比例用于其运行发展。

（三）科研机构探索形成成果转化特色模式

在科技成果转移转化过程中，科研院所、高等院校结合实际，积极探索形成符合自身特点的科技成果转化工作模式。一是打通政策链，转化制度日益健全。多数单位在科技成果转化工作中加强政策落实，成立由高校院所主要负责人牵头的成果转化工作领导小组，出台、修订、完善具体可操作的科技成果转化管理制度。上海交通大学形成完成人实施成果转化项目“五步转移法”和作价投资项目“授权投资＋产权分割”新机制，实现成果转化模式与机制创新。东北大学建立“3+2+1”科技成果转化制度体系，形成分级决策、股权决策、价格决策三大转化机制。二是健全考核评价体系，提升成果转化动力。部分单位打破传统考核评价标准，注重以科技成果转化应用为导向，建立健全有利于激发教职工及科研人员转化科技成果积极性的考核评价体系。北京理工大学改革人才考核机制，建立起面向学校教师的成果转化类高级专业技术职称岗位。东南大学吸引各型人才，配置多种形式的技术转移岗位。三是完善激励机制，激发成果转化热情。大部分单位在国家加大对科技成果转化政策激励的大环境下，积极探索科技成果转化激励机制改革，探索形成灵活的奖励方式。四川大学在科研人员以作价投资入股的方式进行科技成果转化时，探索职务科技成果所有权确权改革，成果完成人可与学校共同作为成果所有权人。中国科学院上海有机化学研究所探索形成“现金＋股权”灵活奖励机制，建立科研成果转化及转化收益分配二次公示制度。

四、思考与展望

尽管近年来我国科技成果转化工作取得了显著成效，有效调动了各类创新主体的积极性，但是我国科技支撑经济高质量发展的力度还远远不够。面对经济发展新形势，建设世界科技强国，迫切需要进一步加强科技成果转化，推进创新链和产业链精准对接，真正将科技成果应用到现代化经济发展中去。①

国家发布的一系列和科技成果转化相关的政策是否可以真正促进科技成果转化，最关键的是政策能否切实贯彻落实。新修订的《促进科技成果转化法》自发布以来，对于在落实科技成果转化当中形成的问题已基本得到解决，但是依然有一些高校、科研单位缺乏实质性的落实相关转化政策，依旧在观望等待。② 目前部分管理和科研人员对科技成果转化利好制度带来的获得感仍不强，科技成果转化的效应与预期尚有差距。为了进一步推动科技成果转化，政府相关部门需要建立科技成果转化协调机制，加强科技、财政、人才、市场、金融等领域的协同，打破各部门之间的边界，共同制定路线图，推动科技成果转化政策的落实进度。高校及科研院所应当把科技成果转化纳入管理制度中统筹考虑，并将科技成果转化作为单位考核评价的一项重要指标。改变高校院所科研人员对科技成果转化概念的认知，破除“四唯”传统思想观念，从而形成高校教师和科研人员产出真正优质科技成果并将其转化为可服务于社会、支撑和引领行业发展的市场化产品或技术的良性循环。③ 此外，要推进技术转移人才建设，提升科技成果管理人员专业水平，鼓励专业人做专业事，形成市场化、专业化的科技成果转化运营体系，构建良好的科技成果转化生态。

① 汝绪伟，李海波，陈娜．科技成果转化体系建设研究与实践[M]. 北京：科学出版社，2020.

② 王海燕．落实科技成果转化政策的难点与对策建议[J]. 中国科技纵横，2020（5）：247–248.

③ 万慧，颖于岩．科技成果转化团队的素质要求与考核体系[J]. 中国高校科技，2016（6）：17–19.

第17章 国家技术转移体系建设

一、改革背景

国家技术转移体系是促进科技成果持续产生，推动科技成果扩散、流动、共享、应用并实现经济与社会价值的生态系统[①]。《中华人民共和国促进科技成果转化法》中明确提出要加快建设和完善国家技术转移体系。2017年9月，国务院印发《国家技术转移体系建设方案》（简称《方案》），首次提出国家技术转移体系的准确定义，并从多维度、多层次对技术转移全链条进行系统设计，旨在构建符合科技创新规律、技术转移规律和产业发展规律的国家技术转移体系，全面提升科技供给与转移扩散能力，推动科技成果加快转化为经济社会发展的现实动力。

建设和完善国家技术转移体系是在科技成果转化法律修订、出台若干意见和行动方案这“三部曲”及相关政策体系基础上，对我国科技成果转化和技术转移进行脉络化、系统化、体系化的构建和设计。建设和完善国家技术转移体系，对于促进科技成果资本化产业化、提升国家创新体系整体效能、激发全社会创新创业活力、促进科技与经济紧密结合具有重要意义。国家技术转移体系建设至今，取得了积极成效，企业、高校院所等创新主体积极参与技术转移，技术交易市场、

① 国务院关于印发《国家技术转移体系建设方案》的通知，http：//www.gov.cn/zhengce/content/2017-09/26/content_5227667.htm。

技术转移机构建设日趋深入，技术转移人才队伍不断壮大；良好的创新创业态势推动技术转移体系建设持续发展，科技成果跨区域转移持续活跃，国际技术转移模式不断创新，技术转移路径更加畅通；科技评价、人员激励等机制更加优化，创新产品采购、科技金融、税收优惠等配套政策持续推出，各项专业化服务日臻完善。

二、主要改革举措

国家技术转移体系从技术转移的全过程、全链条、全要素出发，在技术转移体系基础架构、转移通道、政策环境支撑保障3个方面对技术转移进行顶层设计和系统布局，为新时期科技成果转移转化制定了全面而详细的工作方向和工作任务。

（一）优化国家技术转移体系基础架构

一是激发各类创新主体技术转移活力。国家技术转移体系建设要求以国家技术创新中心、高校院所中试熟化基地、新型研发机构等机构作为媒介和平台，促进产学研协同技术转移。面向社会发展急需领域和战略必争领域，加快推动重大科技成果的转化和应用。面向农业农村经济社会发展科技需求，加强农业技术转移体系建设。二是建设统一开放的技术市场。国家技术转移体系建设要求培育发展若干功能完善、辐射作用强的全国性技术交易市场，健全与全国技术交易网络联通的区域性、行业性技术交易市场。2018年，科技部颁布了《关于技术市场发展的若干意见》，在技术市场分类布局、技术市场专业化服务、技术市场人才培养、机制创新和政策完善等方面均提出了任务要求，是对国家技术转移体系建设中技术市场相关任务的细化、延伸和衍生。三是强化发展专业化技术转移机构。《国家技术转移体系建设方案》提出要整合强化国家技术转移管理机构职能，面向全社会组织开展财政资助产生的科技成果信息收集、评估、转移服务。鼓励建设高校院所及社会化专业技术转移机构，创新高校、科研院所技术转移管理和运营机制，建立职务发明披露制度，实行技术经理人聘用制，明确利益分配机制，引导专业人员从事技术转移服务，鼓励各类中介机构为技术转移提供专业服务。四是壮大专业化技术转移人才队伍。完善畅通职业发展和职称晋升通道，支持高校院所设置专职从事技术转移工作的创新型岗位。通过项目、基地、教学合作等多种载体和形式吸引海外高层次技术转移人才和团队。鼓励有条件的高校设立技术转移相关学科或专业，与企业、科研院所、科技社团等建立联合培养机制。

（二）拓宽技术转移通道

国家技术转移体系改革对主要技术转移模式进行了分类布局，厘清了技术转移主要渠道和层次，主要改革任务包括通过科研人员创新创业及跨区域、跨国界技术转移，增强技术转移体系的辐射和扩散功能，推动科技成果有序流动、高效配置，引导技术与人才、资本、企业、产业有机融合，加快新技术、新产品、新模式的广泛渗透与应用。一是依托创新创业促进技术转移。引导科研人员通过到企业挂职、兼职或在职创办企业及离岗创业等多种形式，鼓励科研人员进行创新创业。引导企业、高校、科研院所发展专业化众创空间，优化孵化器、加速器、大学科技园等各类“双创”载体功能。发挥科技特派员引导科技成果向农村农业转移的重要作用。二是推动科技成果跨区域转移扩散。充分发挥北京、上海科技创新中心及其他创新资源集聚区域的引领辐射与源头供给作用。以东北老工业基地发展为基础，开展振兴东北科技成果转移转化专项行动。横纵联合发力，横向加大对中西部地区承接成果转移转化的差异化支持力度，纵向建立健全省、市、县三级技术转移工作网络，加快先进适用科技成果向县域转移转化。支持有条件的地区建设国家科技成果转移转化示范区，开展体制机制创新与政策先行先试。三是拓展国际技术转移空间。加快国际技术转移中心建设，加强国内外技术转移机构对接，创新合作机制，形成技术双向转移通道。开展“一带一路”科技创新合作技术转移行动，与“一带一路”沿线国家共建技术转移中心及创新合作中心，构建“一带一路”技术转移协作网络。

（三）完善政策环境和支撑保障

强化资源支撑、完善工作机制、营造良好的政策环境是国家技术转移体系建设的重要保障，政策环境和支撑保障方面的改革任务主要包括强化投融资、知识产权等服务，营造有利于技术转移的政策环境，确保技术转移体系高效运转。一是树立正确的科技评价导向。推动高校、科研院所完善科研人员分类评价制度，把科技成果转化对经济社会发展的贡献作为科研人员职务晋升、职称评审、绩效考核等的重要依据。二是强化重要政策衔接配套。健全国有技术类无形资产管理制度，优化相关资产评估管理流程；探索赋予科研人员横向委托项目科技成果所有权或长期使用权；建立健全符合国际规则的创新产品采购、首台（套）保险政策；健全技术创新与标准化互动支撑机制；完善出口管制制度，加强技术转移安全审查体系建设。三是完善多元化投融资服务。国家和地方科技成果转化引导基金通过设立创业投资子基金、贷款风险补偿；开展知识产权证券化融资试点，鼓励商业银行开展知识产权质押贷款业务；鼓励银行业金融机构积极稳妥地开展内部投贷联动试点和外部投贷联动。四是加强知识产权保护和运营。完善适应新经济新模式的知识产权保护，发挥知识产权司法保护的主导作用，完善行政执法和司法保护两条途径优势互补、有机衔接的知识产权保护模式，推广技术调查官制度，统一裁判规范标准；优化专利和商标审查流程，拓展“专利审查高速路”国际合作网络，提升知识产权质量。

三、改革实施进展

近年来，适应新形势、新任务、新要求的国家技术转移体系基本建成，技术市场互联互通的范围和深度不断扩大，市场化的技术转移机构、专业化的技术转移人才队伍不断壮大，技术、资本、人才等创新要素融合度不断提升，技术转移渠道更加畅通，面向“一带一路”沿线国家等的国际技术转移影响日益扩大，有利于科技成果资本化、产业化的体制机制基本建立。重大科技成果转移转化不断涌现，高价值技术转移屡创新高，高校、科研院所和科技人员开展科技成果转移转化的积极性显著提高。据统计，2019 年全国技术交易总额为 22 398.4 亿元，签订技术交易合同共计 48.4 万项，同比分别增长 26.6%、17.5%。

（一）国家技术转移体系基础架构逐步完善

国家技术转移体系“四梁八柱”初步构建，技术转移各项要素充分发挥各自资源优势，企业、高校、科研院所等创新主体在技术转移体系中的重要作用日益突显，技术市场统一开放程度逐步加深，技术转移机构和人才队伍建设更加完善，科技成果的供给与转化应用不断强化，紧密互动的技术转移网络逐步形成。

一是各创新主体积极参与技术转移。科技部会同多部门在重点研发计划设计和实施中，鼓励企业参与项目研发，赋予企业更大权限，形成“沿途下蛋”机制，随研发随转化。推动“核高基”与数控机床、核电等重大专项联合部署和成果转化衔接，把重大专项成果与国产软硬件政府采购紧密结合。市场导向类科技项目中企业主体地位显著提升。2018 年，国家科技重大专项对我国集成电路、高档数控机床及基础制造装备等产业发展提供重要技术支撑，企业承担研发项目达 60%以上，国家重点研发计划企业牵头承担项目（课题）的项目数和经费数均达到总量的 25%。高校、科研院所科技体制改革逐渐深化，科技成果转化活力显著增强。《中国科技成果转化 2018 年度报告（高等院校与科研院所篇）》中显示，2766 家高校院所中有转让、许可、作价投资转化活动的单位有 957 家，其成果转化合同总金额达 121.1 亿元，合同金额超过 1 亿元的单位达 31 家，2766 家单位签订技术转让、开发、咨询、服务合同的总金额达 751.8 亿元，科研人员获得奖励金额达 47.2 亿元。

二是技术交易市场发展总体向好。互联互通、辐射广泛的技术交易网络初见成效，2018 年，中国技术交易所技术交易网络平台累计达成成果交易项目 2300 余项，成交额超 7 亿元，浙江省科技大市场形成 1 个省级中心、11 个市级市场、94 个县级分市场，实现省内线上全覆盖。技术转移服务规范和标准不断完善，科技部联合原国家质检总局、北京市技术市场协会等于 2018 年发布推荐性国家标准《技术转移服务规范》，规定技术开发服务、技术转移服务等 7 类服务要求，对规范技术转移实践具有重要意义。江苏省完善技术合同网上登记系统，扩展免税申报、加计扣除申报等功能，促进 2018 年技术合同成交额达 1152.64 亿，同比增长 32.04%。山东省开发启用技术合同认定登记系统，实现了“零跑腿”服务，减轻了企业和群众负担。

三是技术转移机构专业化建设不断加强。政府引导技术转移机构向规范化发展，科技部推动建设 11 个国家技术转移区域中心、453 个国家技术转移机构。截至 2018 年，国家技术转移机构共促成技术转移项目 12.4 万项，成交额达 2133.3 亿元。高校院所和社会化技术转移机构建设逐步加强，北京市 2018 年支持 30 多所高校成立技术转移联盟，50 余个科技服务机构成立“科技成果转化服务共同体”，培育专利代理机构 500 余个、科技评估机构 30 余个，为科技成果转化提供专业服务。上海市技术转移服务机构在专业化、国际化方面逐步向纵深发展，形成“技术概念验证”型、“大企业研发中心”型、“跨国技术许可／并购”型、“专业化众创空间”发展型、“投融资服务”带动型等5种典型的技术转移发展模式。

四是技术转移人才队伍不断壮大。技术转移人才激励制度更加完善，人力资源社会保障部规定人才考核中增加成果转化、技术推广等评价指标的权重，技术转移人才按照规定参与职称评审，做出重大贡献可直接申报高级职称。高校、科研院所设立技术转移相关学科专业，人才专业化教育培训机制逐步建立，教育部统计全国88所高校开设知识产权本科专业，45所高校设置知识产权法律、管理等48个二级学科或交叉学科，强化知识产权教育支持技术转移人才建设。

（二）技术转移通道进一步拓宽

国家技术转移体系建设促进科研人员创新创业、跨区域、跨国界等技术转移通道越加多元化，科技成果逐步实现有序流动、有效配置，技术转移体系的辐射和扩散功能进一步增强。

一是依托创新创业促进技术转移的态势正在加速形成。科研人员创新创业环境更加宽松，助推企业发展效应逐步显现。2018年人力资源社会保障部出台相关政策支持鼓励事业单位专业技术人员以挂职、参与项目合作、兼职、创业等方式从事创新活动，允许事业单位设置创新型岗位，引进优秀人才从事创新活动。孵化基地、众创空间等载体功能发挥实效，截至2018年，科技部推动构建科技创业生态体系，建设众创空间5739家、孵化器4069家，为58万家科技初创企业和团队提供孵化创新服务，累计培育上市（挂牌）企业2775家。北京市搭建80个“硬科技”孵化服务平台，认定或备案孵化机构500个以上，累计服务创业企业7万余家，实现收入71.7亿元。

二是重点区域技术转移进一步强化。北京市、上海市充分发挥科技创新中心的引领辐射和源头供给作用，2018年北京市科技成果跨区域转化交易合同项数为47 454项，其中流向津冀4867项，成交额为227.4亿元；流向“长江经济带”11省市20 198项，成交额为1526.0亿元。上海市与江苏省、浙江省、安徽省签署技术市场资源共享协议，2018年流向长三角技术交易额达172.79亿元，同比增长263%。安徽省搭建省院合作和院地合作对接平台，北京航空航天大学、西安交通大学等高校相继在安徽省建立研发机构或技术研究院。北京市全面推广北京—贵阳大数据应用展示中心模式，大力推进北京技术市场区域服务平台建设。

三是国际技术转移对接机制和双向转移通道初具规模。国际技术转移活动形式愈加丰富，科技部支持在伦敦、波士顿等城市建设国际技术转移中心分中心，开展“一带一路”技术转移合作，持续推动与东盟、南亚等5个区域技术转移平台建设，面向上合组织成员国在信息技术、智能制造等领域形成落地合作成果。国际合作和项目引进进一步加强，广东省2018年与英国、荷兰等国家立项资助14项产业研发合作项目，在2018—2019年共立项67项重点国别及“一带一路”合作项目。

（三）政策环境和支撑保障助力技术转移有效推进

随着《促进科技成果转化法》等法律政策的深入实施，一系列制度举措不断出台，国家技术转移体系建设的良好政策环境日益完善。党中央、国务院出台提升科研绩效和深化项目评审、人才评价、机构评估改革意见，形成了科研项目绩效、科研人才评价重点关注成果转移转化和经济社会效益的积极氛围。

一是科技人员成果转移转化激励机制逐步完善。高校、科研院所科研人员评价体系日益优化，科技部等部门联合发布《关于开展清理“唯论文、唯职称、唯学历、唯奖项”专项行动的通知》，优化创新人才推进计划实施，将成果转化经济社会效益作为技术转移人才的主要评价指标。北京市、湖北省等地设立人才分类评价标准，打破职称评价“唯论文”的桎梏，将科技成果转化业绩纳入标准。赋予科研人员科技成果所有权或长期使用权成效显现，四川省2018年职务科技成果权属混合所有制改革试点单位扩大至45家，累计作价入股创办企业总投资额达100亿元。

二是利于成果转化的政策环境初步形成。国有无形资产管理制度持续优化，财政部出台《关于修改〈事业单位国有资产管理暂行办法〉的决定》，明确科技成果可自主决定转让、许可或者作价投资，不需报主管部门、财政部门审批或者备案；转让、许可或者作价投资，由事业单位自主决定是否进行资产评估。符合国际规则的创新产品采购政策不断发布，财政部会同工业和信息化部开展政府采购支持首台（套）重大装备等创新产品试点工作，通过采取强制采购、预留份额等灵活支持方式，加大创新产品采购力度。

三是多元化投融资服务不断完善。基金、信贷产品等多元化科技成果投融资渠道逐步建立，国家科技成果转化引导基金设立21支子基金，中央财政投入75.5亿元，撬动各类投资237.5亿元，有力支持企业科技成果转化。内部和外部投贷联动效果明显，截至2019年银行业金融机构内部投贷联动业务发放科创企业贷款余额23.6亿元，外部投贷联动项下科创企业贷款余额292亿元。财政部、税务总局发布《关于实施小微企业普惠性税收减免政策的通知》，扩展初创科技型企业优惠政策适用范围，对创投企业和天使投资个人投向初创科技型企业可按投资额的70%抵扣应纳税所得额。

（四）示范区成为国家技术转移体系的重要建设载体

《促进科技成果转移转化行动方案》中明确提出，“十三五”期间支持有条件的地方建设10个科技成果转移转化示范区。《国家技术转移体系建设方案》中明确支持有条件的地区建设国家科技成果转移转化示范区，其主要功能定位是充分发挥示范区的辐射带动作用，促进科技成果跨区域转移转化和创新资源开放共享，带动周边区域乃至全国范围的科技成果转化与产业升级。自 2016 年起，科技部会同地方共同组织江苏苏南、上海闵行等 9 个国家科技成果转移转化示范区建设。据统计，2019 年前三季度示范区达成技术交易合同 7 万余项，技术交易总额突破 3000 亿元，占全国技术交易总额的比例近 1/5。

专栏 5-1　国家科技成果转移转化示范区主要经验做法

上海闵行示范区服务全球科创中心建设，聚集打造高端产业集群，加速推进国际技术转移。一是吸引国际优质成果落地示范区，重点引进生物医药领域处于全球领先水平的技术项目，通过“基地 + 基金”模式推动海外优质生物医药项目落地转化。二是强化航空航天等国家重大战略项目在示范区落地转化。大力推动国家北斗导航上海产业基地、欧比特卫星大数据产业孵化基地等产业化基地建设，形成航空航天、信息技术、智能制造等引领全球的产业集群。

江苏苏南示范区以培育和壮大新型研发机构为突破点，面向产业需求探索科技成果转移转化新路径，以江苏产业技术研究院为改革试点，推动新型研发机构开展成果转化。一是探索“团队控股”释放研发团队创新活力，形成地方政府出“大钱”、产研院出“小钱”、研发团队出“零钱”模式，实现调动研发团队积极性和解决转化资金不足的“双赢”。二是与细分领域的龙头企业建立联合创新中心，征集、提炼企业愿意出资解决的真正技术需求。三是将技术商品化、研发产业化，引进专业化人才团队，突出培育一批以自主研发、技术转移为主营业务的研发公司。

四川成德绵示范区探索成果混合所有制改革试点，为全国开展赋予科研人员职务科技成果所有权或长期使用权改革提供了改革经验。在 45 家高校、科研院所开展成果混合所有制改革试点。一是探索赋予科研人员所有权或长期使用权，将职务发明创造专利权的归属由单位所有变为由单位和发明团队共同所有。二是提出“先确权、后转化”的模式，试点单位规定职务发明人与高校院所按照不低于7 ：3的比例共享成果知识产权。三是健全成果转化管理制度和容错免责机制，充分调动各方科技成果转化积极性。截至2019年年底，试点单位分割确权科技成果550余项，作价入股创办企业60余家。

四、思考与展望

国家技术转移体系自建设以来，技术转移体系三方面布局不断优化，在推动技术转移体系化、系统化布局，促进科技成果转移转化等方面取得了一系列宝贵经验。但与此同时，技术转移体系也存在部分建设任务滞后、配套政策举措缺乏落地细则、成果转化关键薄弱环节等问题。下一步，研究国家技术转移体系建设和发展应重点关注以下几个方面：一是鼓励企业牵头建立技术创新和产业化联盟，加快建立以企业为中心的技术转移联合体。二是完善高校院所评价指标体系，提升技术转移动力。三是强化科技成果中试熟化基地、产业技术创新联盟和新型研发机构等建设发展，全面提升各主体技术转移内在动力。四是加快技术转移市场、技术转移机构建设及协同发展；完善技术转移人才培养体系等。

第18章　推动大众创业万众创新

一、改革背景

2015年6月16日，国务院发布《关于大力推进大众创业万众创新若干政策措施的意见》（简称《“双创”若干措施》），对改革完善相关体制机制，构建普惠性政策扶持体系，推动资金链引导创业创新链、创业创新链支持产业链、产业链带动就业链提出指导性意见。2017年7月27日，为进一步系统性优化创新创业生态环境，强化政策供给，突破发展瓶颈，充分释放全社会创新创业潜能，在更大范围、更高层次、更深程度上推进大众创业、万众创新，国务院发布《关于强化实施创新驱动发展战略进一步推进大众创业万众创新深入发展的意见》（简称《“双创”深入发展意见》），对推进“双创”进一步深化改革，推动“双创”成为经济发展重要支撑提出新布局和新思路。2018年9月26日，为促进“双创”发展适应新常态和新要求，进一步激发市场活力和创造力，有效助力经济社会高质量发展，国务院发布《关于推动创新创业高质量发展打造“双创”升级版的意见》（简称《“双创”升级版意见》）。在政府的大力推动下，我国逐渐形成了创新创业浪潮，对培育新动能和带动就业、推动供给侧机构性改革、促进经济稳中向好发展发挥了重要作用。

大众创业、万众创新是充分释放市场活力的重要改革，是创新驱动发展的动力之源，也是富民之道、公平之计、强国之策，对于推动经济结构调整、打造发展新引擎、增强发展新动力、走创新驱动发展道路具有重要意义，是稳增长、扩就业、激发亿万群众智慧和创造力、促进社会纵向流动、公平正义的重大举措。近年来，国务院根据经济社会发展实际要求，接连发布“双创”发展指导性意见，对“双创”发展定位、发展布局、发展任务提出了明确要求，促进“双创”为社会进步、经济发展、民生改善提供新动力。中国特色社会主义进入新时代，党的十九大报告对“双创”提出了新的要求，面对新的形势，要深入贯彻学习习近平新时代中国特色社会主义思想，贯彻落实新发展理念，建设现代化经济体系，坚持以供给侧结构性改革为主线，深入实施创新驱动发展战略，培育融合协同共享创新创业生态环境，推动“双创”纵深发展，在更大范围、更高层次、更深程度上推动经济高质量发展，不断增强我国经济创新力和竞争力。

二、主要改革举措

（一）创新体制机制，营造良好环境

“双创”系列政策着力于强化创新创业全链条、各环节支撑保障政策和体制机制，在体制机制改革、商事制度改革等方面持续发力，为推动创新创业迈向高质量发展新阶段提供了有力支撑。一是深化转变政府职能。2015年《“双创”若干措施》中提出，要进一步转变政府职能，增加公共产品和服务供给，为创业者提供更多机会。2017年《“双创”深入发展意见》要求着力推动“放管服”改革，构建包容创新的审慎监管机制，有效促进政府职能转变，加大普惠性政策支持力度，改善营商环境，放宽市场准入，推进试点示范，加强文化建设，推动形成政府、企业、社会良性互动的创新创业生态。二是强化知识产权保护。《“双创”若干措施》对于“双创”改革知识产权保护给予了明确规定：积极推进知识产权交易，加快建立全国知识产权运营

公共服务平台。完善知识产权快速维权与维权援助机制，缩短确权审查、侵权处理周期。《“双创”深入发展意见》提出建立完善知识产权运用和快速协同保护体系，扩大知识产权快速授权、确权、维权覆盖面，加快推进快速保护由单一产业领域向多领域扩展。搭建集专利快速审查、快速确权、快速维权等于一体，审查确权、行政执法、维权援助、仲裁调解、司法衔接相联动的知识产权保护中心。探索建立海外知识产权维权援助机制。三是完善公平竞争市场环境。《“双创”若干措施》指出要加快出台公平竞争审查制度，完善收费目录管理制度。《“双创”深入发展意见》要求出台公平竞争审查实施细则，进一步健全审查机制，明确审查程序，强化审查责任，推动全面实施公平竞争审查制度，为创新创业营造统一开放、竞争有序的市场环境。2018 年《“双创”升级版意见》提出要加强社会信用体系建设，构建信用承诺、信息公示、信用分级分类、信用联合奖惩等全流程信用监管机制。这一系列政策的颁布，为营造公平竞争的市场环境提供了重要支撑。

（二）强化金融市场，加强“双创”扶持

一是优化资本市场。《“双创”若干措施》支持符合条件的创业企业上市或发行票据融资，并鼓励创业企业通过债券市场筹集资金。加快推进全国中小企业股份转让系统向创业板转板试点，研究解决特殊股权结构类创业企业在境内上市的制度性障碍，完善资本市场规则。规范发展服务于中小微企业的区域性股权市场，推动建立工商登记部门与区域性股权市场的股权登记对接机制，支持股权质押融资，支持符合条件的发行主体发行小微企业增信集合债等企业债券创新品种。二是丰富创业投融资新模式。《“双创”若干措施》支持符合条件的创业企业上市或发行票据融资。进一步推动科技型中小企业和创业投资企业发债融资，支持符合条件的企业发行“双创”专项债务融资工具。

《“双创”深入发展意见》要求要推动国家新兴产业创业投资引导基金、国家中小企业发展基金、国家科技成果转化引导基金设立一批创业投资子基金。推广专利权质押等知识产权融资模式，支持保险公司为科技型中小企业知识产权融资提供保证保险服务。三是创新银行支持方式。《“双创”若干措施》要求银行提高针对创业创新企业的金融服务专业化水平，不断创新组织架构、管理方式和金融产品。银行应与其他金融机构加强合作，对创业创新活动给予有针对性的股权和债权融资支持。银行业金融机构向创业企业提供结算、融资、理财、咨询等一站式系统化的金融服务。《“双创”升级版意见》进一步要求银行业金融机构积极稳妥地开展并购贷款业务，提高对创业企业兼并重组的金融服务水平。

（三）发展创业服务，构建创业生态

一是加快发展创业孵化服务。《“双创”若干措施》对于双创孵化提出明确的指向和要求：要大力发展创新工场、车库咖啡等新型孵化器，引导和鼓励国内资本与境外合作设立新型创业孵化平台，引进境外先进创业孵化模式。《“双创”深入发展意见》中对于孵化体系的精细化发展给予了指导，要求引导众创空间向专业化、精细化方向升级，支持龙头骨干企业、高校、科研院所围绕优势细分领域建设平台型众创空间。《“双创”升级版意见》提出加强孵化体系的动态化管理：要建立众创空间质量管理、优胜劣汰的健康发展机制，引导众创空间向专业化、精细化方向升级，鼓励具备一定科研基础的市场主体建立专业化众创空间。推动中央企业、科研院所、高校和相关公共服务机构建设具有独立法人资格的孵化机构，为初创期、早中期企业提供公共技术、检验检测、财税会计、法律政策、教育培训、管理咨询等服务。二是发展第三方及“互联网 +”创业服务。《“双创”若干措施》提出加快发展企业管理、财务咨询、市场营销、人力资源、

法律顾问、知识产权、检验检测、现代物流等第三方专业化服务；加强政府数据开放共享，推动大型互联网企业和基础电信企业向创业者开放计算、存储和数据资源。《“双创”升级版意见》提出实施大中小企业融通发展专项行动计划，加快培育一批基于互联网的大企业创新创业平台、国家中小企业公共服务示范平台。提出实施工业互联网三年行动计划，推进“国家创新创业政策信息服务网”建设，及时发布创新创业先进经验和典型做法，要求建设“互联网 +”创新创业平台，积极利用互联网等信息技术支持创新创业活动，进一步降低创新创业主体与资本、技术对接的门槛。三是营造创新创业氛围。《“双创”若干措施》要求持续优化返乡人员创业环境，建立有市场竞争力的协作创业模式，形成各具特色的返乡人员创业联盟，引导返乡创业人员融入特色专业市场，完善家庭农场等新型农业经营主体发展环境。《“双创”升级版意见》中对于“双创”活动给予了大力支持和鼓励，要求继续扎实开展各类创新创业赛事活动、全国大众创业万众创新活动周，拓展“创响中国”系列活动范围，充分发挥“互联网 +”大学生创新创业大赛、中国创新创业大赛、“创客中国”创新创业大赛、“中国创翼”创业创新大赛、全国农村创业创新项目创意大赛等品牌赛事活动作用。

（四）建设创业创新平台，增强支撑作用

一是打造创业创新公共平台。加强和完善中小企业公共服务平台网络建设。充分发挥企业的创新主体作用，鼓励和支持有条件的大型企业发展创业平台、投资并购小微企业等，支持企业内外部创业者创业，增强企业创业创新活力。《“双创”升级版意见》提出要加快建立全国一体化政务服务平台，建立完善国家数据共享交换平台体系，推行数据共享责任清单制度，推动数据共享应用典型案例经验复制推广。加快培育一批基于互联网的大企业创新创业平台、国家中小企业

公共服务示范平台等。

二是发展创业创新区域示范平台。《“双创”若干措施》中对于“双创”区域性示范指明了方向，要求支持开展全面创新改革试验的省（区、市）、国家综合配套改革试验区等，推动实施小微企业创业基地城市示范。依托自由贸易试验区、国家自主创新示范区、战略性新兴产业集聚区等创业创新资源密集区域，打造若干具有全球影响力的创业创新中心。《“双创”升级版意见》要求进一步发挥“双创”示范基地的引导示范作用，将全面创新改革试验的相关改革举措在“双创”示范基地推广，为示范基地内的项目或企业开通总体规划环评等绿色通道。充分发挥长三角示范基地联盟作用，推动建立京津冀、西部等区域示范基地联盟，促进各类基地融通发展。开展“双创”示范基地十强百佳工程，鼓励示范基地在科技成果转化、财政金融、人才培养等方面积极探索。

三是加强基础研究和科技成果转化。《“双创”若干政策》提出改革和创新科研管理、投入和经费使用方式，鼓励科研人员与创业者开展合作和互动交流，面向企业和社会创新的难点，凝练和解决科学问题，举办各种形式的创新挑战赛，通过众包共议方式，提高创新效率和水平；要建立科技基础设施、大型科研仪器和专利信息资源向全社会开放的长效机制。《“双创”深入发展意见》强化了科技成果转化对“双创”改革的推动作用，要求推动科技成果、专利等无形资产价值市场化，促进知识产权、基金、证券、保险等新型服务模式创新发展，依法发挥资产评估的功能作用，简化资产评估备案程序，实现协议定价和挂牌、拍卖定价。促进科技成果、专利在企业的推广应用。要探索在战略性新兴产业相关领域率先建立利用财政资金形成的科技成果限时转化制度。

（五）激发多主体活力，发展创新型创业

一是支持科研人员和大学生创业。《“双创”若干措施》提出要加快落实高校、科研院所等专业技术人员离岗创业政策，对经同意离岗的可在3年内保留人事关系，建立健全科研人员双向流动机制。要建立健全弹性学制管理办法，支持大学生保留学籍休学创业；深入实施大学生创业引领计划，整合发展高校毕业生就业创业基金。《“双创”升级版意见》提出对科教类事业单位实施差异化分类指导，出台鼓励和支持科研人员离岗创业实施细则，完善创新型岗位管理实施细则。健全科研人员评价机制，将科研人员在科技成果转化过程中取得的成绩和参与创业项目的情况作为职称评审、岗位竞聘、绩效考核、收入分配、续签合同等的重要依据。在全国高校推广创业导师制，把创新创业教育和实践课程纳入高校必修课体系，允许大学生用创业成果申请学位论文答辩。

二是支持留学归国人员和境外人才来华创业。《“双创”若干措施》要求继续推进人力资源市场对外开放，建立和完善境外高端创新创业人才引进机制；加强海外科技人才离岸创业基地建设，把更多的国外创新创业资源引入国内。《“双创”升级版意见》中对于留学归国人员创业给予进一步支持：深入实施留学人员回国创新创业启动支持计划，吸引更多高素质留学人才回国创新创业。继续推进两岸青年创新创业基地建设，推动内地与港澳地区开展创新创业交流合作。深入开展“万侨创新行动”，支持建设华侨华人创新创业基地，探索建立华侨华人创新创业综合服务体系，为华侨华人高层次专业人才和企业家出入境、停居留及申办外国人永久居留身份证件提供便利。遴选资助一批高层次人才回国创新创业项目，支持建设华侨华人创新创业基地和华侨大数据中心，持续推进海外人才离岸创新创业基地建设。

三是支持农民工和退役军人返乡创业。《“双创”升级版意见》

指出，健全农民工返乡创业服务体系。深入推进农民工返乡创业试点工作，推出一批农民工返乡创业示范县和农村创新创业典型县。进一步发挥创业担保贷款政策的作用，鼓励金融机构按照市场化、商业可持续原则对农村“双创”园区（基地）和公共服务平台等提供金融服务。安排一定比例年度土地利用计划，专项支持农村新产业新业态和产业融合发展。加大退役军人培训力度，依托院校、职业培训机构、创业培训中心等机构，开展创业意识教育、创业素质培养、创业项目指导、开业指导、企业经营管理等培训。大力扶持退役军人就业创业，落实好现有税收优惠政策，根据个体特点引导退役军人向科技服务业等新业态转移。推动退役军人创业平台不断完善，支持退役军人参加创新创业大会和比赛。

三、改革实施进展

（一）创新创业环境日益改善

为进一步优化创新创业改革发展环境，党中央、国务院做出一系列重大决策部署，在健全“双创”体制机制、完善政策体系、提升创业服务水平、加强基础科技支撑等方面持续发力，为我国创新创业迈向高质量发展新阶段提供了有力支撑。据财政部公开数据显示，2018年我国营商环境排名第46位，较2017年上升32位，取得近年来的最好成绩。

一是体制机制更加健全。“放管服”改革持续深入推进，2018年成立国务院推进政府职能转变和“放管服”改革协调小组，进一步取消、压减一批行政许可事项。北京、上海、天津等16个省（区、市）开展工程建设项目审批制度改革试点，全国政务服务网络日渐完善。人才激励机制不断健全，党中央、国务院通过推进人才分类评价、“三评”改革、加强作风和学风建设等改革措施，加快形成导向明确、精准科学、规范有序的人才评价机制。完善评价激励机制，加大对基层一线人员的奖励激励力度。中央企业、国有企业改革继续深化，规定中央企业工资总额预算按照效益决定、效率调整、水平调控3个环节决定；建立健全与劳动力市场基本适应、与国有企业经济效益和劳动生产率挂钩的工资决定和正常增长机制。

二是政策体系逐步完善。打通政策落实“最后一公里”，国务院陆续发布适应新形势、新要求的“双创”发展指导意见，市场活力和社会创造力不断被激发，通过激励支持、督查奖励等细化措施，对落实重大举措真抓实干、取得明显成效的地方进一步加大激励支持力度。人才激励政策助力高端人才队伍不断壮大，各地强化高层次人才引进措施，成都市通过“双创”升级版改革发展，大力实施海内外高层次人才来蓉创新创业计划；武汉、郑州、合肥等多个城市，针对高层次人才出台落户新政，向海内外高层次人才抛出橄榄枝。减税降负政策推进落实，财政部自2019年1月1日至2021年12月31日，对国家级、省级企业孵化器、大学科技园和国家备案众创空间提供孵化用房用地的，免征房产税和城镇土地使用税，并对孵化所得收入免征增值税。创业贷款贴息政策支持力度不断加大，国务院将个人和小微企业创业担保贷款额度上限分别从10万元、200万元提高至15万元、300万元。并对优秀创业人员等特定群体原则上取消反担保，允许贷款人累计享受3次贴息支持。

三是创新创业氛围更加浓厚。各类创新创业大赛加快发展，2018年，工业和信息化部举办的“创客中国”创新创业大赛，累计入库项目8112项，同比增长53.8%。教育部主办的中国“互联网+”创新创业大赛规模进一步扩大，共有265万名大学生参赛。2019年由科技部、财政部等联合指导举办的中国创新创业大赛报名参赛企业超3万家，较2012年增长近5倍，每届大赛地方赛和全国总决赛邀请超万人次来自的创投机构、金融机构等领域的专家参与大赛评审工作，促进参赛企业与投资机构高效接触，进而实现有效融资。2016—2019年，参赛企业获得的创业投资总金额超过234亿元。

四是创业就业群体日趋多元。大学生创业态势稳步增长，2018年，大学生当年首次创业人数为67.9万人，同比增长5.4%。自2014年创业引领计划实施以来，大学生创业规模逐年递增已持续5年，2014—2018年，累计登记注册大学生创业人数共297.5万人[①]。留学人员归国创业趋势明显，各地留学人员创业园聚焦地方产业优势，发挥留学人员创新创业特长，成为人才密集、以科技创新带动地方产业发展升级的重要平台。据统计，改革开放至2018年，我国累计留学归国人数为365.14万人，一大批留学人员为高科技企业实现科研成果产业化做出了重要贡献。农民工返乡创业日渐蓬勃，2015年以来，国务院常务会议3次专题研究支持农民工返乡创业工作，两次出台专门文件具体推进，并配套实施了“鼓励农民工等人员返乡创业三年行动计划”，营造了有利的政策环境。据人力资源社会保障部监测显示，2018年四季度，返乡农民工中有9.1%选择回乡创业，对于促进农村经济繁荣发展发挥了重要作用。

（二）创新创业服务更加专业

各地区各部门以习近平新时代中国特色社会主义思想为指导，主动适应“双创”改革，发展新布局、新举措，持续推进“双创”支撑平台、创业辅导培训和发展，为创新创业者提供了高质量服务。

一是科技企业孵化器成为企业培育的重要载体。“双创”改革背景下，科技企业孵化器总体呈现出“规模持续稳步增长，孵化产出

① 国家发展和改革委员会．2018年中国大众创业万众创新发展报告[M]．北京：人民出版社，2018．

资料更高，科技含量不断突显”的发展态势。据科技部火炬中心统计，截至2018年，全国孵化器总数达到4898家，孵化器使用总面积超13 100万平方米，在孵科技型中小企业为20.6万家，同比增长17.7%，在孵企业拥有有效知识产权超过65.6万件，其中发明专利10.6万件。推动央企、高校建设孵化器，科技部、国资委共同指导推动中央企业深入开展“双创”工作，共青团中央和中国移动公司联合启动“百万青年创业就业计划”在全国16个省建设90个高校就业孵化基地和12个社会创业孵化基地，聚焦173万名青年发展，征集参赛作品超过111万件。孵化服务向专业化方向发展，孵化服务从企业本身需求出发，整合各类资源，为企业提供更有效的服务。2018年，孵化器开展创新创业活动场次同比下降15.9%，创业导师对接企业数量同比上涨34.5%，孵化服务由“重数量”向“重效果”转变。在孵企业创造更多就业机会，2018年全国孵化器在孵企业从业人员为290余万人，比2016年增加了36.7%；其中非国家级孵化器在孵企业从业人员为155余万人，首次超越国家级孵化器在孵企业从业人员数，比2017年增加了29.4%，占比超过53%，非国家级孵化器创业岗位数量保持逐年递增态势。

二是众创空间发展水平持续提升。全国众创空间数量规模不断扩大，在培育科技型企业、促进经济转型升级等方面发挥着重要作用。据科技部统计，2018年全国众创空间数量共计6956家，同比增长21.3%；服务创业团队23.9万个，提供创业工位129.47万个，同比增长22.8%；众创空间内创业团队数量为18.7万个，同比增长16.5%。众创空间提供服务更加多元，在众创空间主要提供的9类服务项目中，九成以上的众创空间都能提供办公场地，众创空间融资服务能力明显增强。2018年，全国众创空间帮助9849个创业团队和企业获得投资总额333.95亿元，与此同时，帮助服务对象享受财政资金支持金额达33.59亿元，同比增长6.6%，强化了众创服务“投资+

孵化”发展模式。有效激发了科研人员的创新创业活力。2018年，全国众创空间常驻企业／团队拥有有效知识产权数量达到21.38万个，较上年增加40.4%，高校和科研院所以专业化众创空间为平台开展科研立项和科研评价体系改革，提升了科技成果转化效率，孵化了一批高质量创业项目，培育了一批优秀创业者①。

三是企业创新平台推动企业创新能力不断增强。大企业“双创”平台带动作用持续增强，在提高“双创”成功率和推进创新链融通发展方面显示出较强的促进作用。据统计，目前大企业“双创”平台主要包括央企“双创”平台、国家专业化众创空间和“双创”示范基地，其中央企充分发挥“双创”主力军、领头羊作用，累计搭建各类“双创”平台1251个，同比增加281个，覆盖航空航天、船舶、电子等重要产业领域。国家中小企业公共服务示范平台保持增长态势，2018年平台数量达到647家，同比上年新增174家，涵盖各地中小企业服务中心、科研机构、行业协会等多种主体，其中企业和中小服务中心是建设运营的主要力量，占比分别为54%和33%。公共服务信息化平台支撑不断强化，2018年全国各地“掌上政务”平台整合各部门服务功能，打造各项服务一体化的综合服务平台，通过“数据多跑路”实现“群众少跑腿”，据《中国互联网络发展状况统计报告》显示，我国在线政务服务用户规模达3.94亿个，占整体网民的47.5%。

四是创业辅导和培训为“双创”发展保驾护航。创业服务人员培训发展创新高，据科技部统计，2018年全国孵化器（众创空间）从业人员积极参与专业技能培训，累计参训人数达7181人次，同比增长35%。孵化器从业人员培训的组织工作已逐渐规范化、体系化，全国自主开展从业人员专业培训的孵化器和众创空间为35个，提供人员

① 科技部火炬高技术产业开发中心．中国创业孵化发展报告[M]．北京：科学技术文献出版社，2019．

全方位培训。高校“双创”教育改革不断深化，教育部办公厅印发《关于做好2018年深化创新创业教育改革示范高校建设工作的通知》。2018年，200所示范高校开设2807门线上线下创新创业教育课程，选课人数接近630万人。开展394场教师创新创业教学能力培训，参训教师超3.1万人次。创业培训广泛开展，2018年全国共组织开展政府补贴性创业培训201万人次，组织开展政府性补贴农民工返乡创业培训67万人次，开展高校毕业生创业培训71万人次。

（三）创新创业投融资市场日趋成熟

一是政府引导基金加强运营管理。逐步转入“精耕细作”模式，建立健全内部财务管理制度、设置信息披露制度等，增强对子基金和被投企业的风险管理，并针对政府引导基金的投资期和退出期分别制定相应的绩效考核指标。据科技部公开数据显示，截至2018年引导基金已设立创业投资子基金21支，总规模313亿元，引导地方政府和社会资本投资200多亿元。

二是创新创业融资结构和方式更加稳健。创业投资基金募资结构更加开放，据统计，2018年创业投资机构共新募资金额3025亿元，同比下降13%；新募集基金733支，同比下降18.1%。其中，外币基金新募资金额1055亿元，占比34.88%，同比增加125.43%。股权融资制度进一步推进，2019年，设立了科创板并试点注册制，研究制定创业板改革方案，全面启动新三板改革。截至2019年8月末，新三板挂牌公司合计9298家，中小微企业占比为94%，民营企业占比为93%，成为我国资本市场服务创新型民营中小微企业融资的重要平台。非股权融资取得积极进展，截至2018年，4家商业银行累计发行65亿元创新创业金融债券。同期，累计注册“双创”专项债务融资工具418.4亿元，发行243.2亿元。投贷联动助力科创企业发展，部分银行金融机构探索“创投机构投资+贷款”“贷款+远期权益”“股权收购基金”等金融服务模式，截至 2018 年，全国银行外部投贷联动项下科创企业贷款余额为 305.86 亿元。

三是早期投资和创业投资出现渐缓。早期投资由量向质转化，据统计，2018 年全国发生 1795 起早期投资案例，投资金额 142.45 亿元，同比均呈下降趋势；平均单笔投资金额 941.53 万元，同比上涨 12.9%。科技成为投资热点，2018 年，电子及发光设备与半导体投资金额同比增长 95.9%，机械制造投资金额同比增长 102.9%。从投资案例数看，信息技术、互联网和生物技术分别有 974 起、729 起、677 起，位列前三。单项投资金额超 10 亿元的案例有 24 起，包括蚂蚁金服、拼多多、平安医保科技和金融壹账通等项目。

四是创投基金退出制度加快创新。2018 年证监会建立了创投基金股份减持比例与投资期限的反向挂钩机制，有利于创业投资基金退出和形成再投资的良性循环。

（四）“双创”示范基地建设成为促进创新发展的重要抓手

自 2016 年以来，按照国务院的决策部署，分两批在全国各省（区、市）、高校和科研院所、企业谋划建设了 120 家“双创”示范基地。建设至今，第一批示范基地大部分已完成任务目标，并形成一批可推广复制的经验；第二批示范基地获批时间较短，但也基本完成规定建设工作，并结合自身情况出台了“双创”相关政策文件。2020 年，国务院办公厅印发了《关于提升大众创业万众创新示范基地带动作用，进一步促改革稳就业强动能的实施意见》，从落实企业扶持政策、实施就业示范行动、深化金融服务示范等 6 个方面着力提升“双创”示范基地带动作用，进一步强化了示范基地在适应新时期、新形势、新要求的“双创”改革中的重要作用。

“双创”示范基地按照建设方案要求，在有关地方政府和部门的大力支持下，高度聚焦发展特色优势产业，利用大数据和其他各类信息化手段统筹发展，将“双创”教育与专业特征、基地特色高度融合，引进企业研发中心等平台主体。以点带面充分发挥了“双创”示范基地带动和引领作用，为实现促进“双创”改革推动经济社会高质量发展发挥了重要作用。

专栏 5-2 “双创”示范基地典型经验和做法[①]

北京市海淀区深化放管服改革，探索“互联网 + 双创”的“创业会客厅”模式。一是深化商事制度改革，“一站式”降低企业成本，“码上办”优化营商环境。取消不必要审批流程，简化审批手续，率先在政务服务大厅设立“一站式”服务专区，整合各项办事事项，实现了企业“零跑路”；创新服务“码上办”行动，建立创新服务需求统一受理的互联网平台，发布创新服务二维码，开通 10 余项公共服务的在线办理。二是搭建一站式全方位“双创”服务平台——“创业会客厅”，海淀区中关村示范区中关村创业大街首创“政府政务服务 + 社会专业服务 + 产业服务”模式，深化“放管服”改革，搭建线上线下相融合的“创业会客厅”，提供工商、财税、知识产权等 300 多项专业咨询服务，累计接待线上线下创业咨询服务 1 万余次，为 3000 余家企业提供服务。

江苏省常州市武进区立足“新苏南模式”，依托育才和引才计划，激励多层次主体创新创业。一是立足科教相融，打造创新创业智慧谷，充分利用科教城全国青年创业示范园区等载体，实现大学、创业园和国家大学科技园三者贯通。二是大力实施“双创”计划，着力引进和培养科技领军人才和创业团队。截至 2018 年，全区各类人才资源近 25 万人次，高层次人才约 2.1 万人。三是积极创建劳模指导站，定期开展

① 林念修，任志武，伍浩，等．全国“双创”示范基地创新创业百佳案例 [M]. 北京：社会科学文献出版社，2019.

技术指导工作，推进创业培训、企业订单式培训和职业资格培训，鼓励职工创新创业。四是建设媒体和金融双平台，为农民创业保驾护航，实施“青武优品”创富项目，深入挖掘一批当地优质农产品，帮助青年创业者提高产品附加值，据统计帮助农民提高了 50% 的产品价值。

湖北省武汉市东湖新技术开发区，立足科研院所优势，链接全球“双创”资源，支撑科技企业“瞪羚式”发展。一是以市场化为导向，探索研究院各具特色发展模式。东湖区光电工研院打造了集共性技术研发、中试熟化对接、高端产业孵化、企业研发服务等功能于一体的协同创新平台，探索出“科研人员创新—科技成果转移转化—成果产业化—实体经济发展—再创新”的闭环发展模式。二是着力打造科技金融生态圈，加快建设光谷金融谷，大力引进各类金融服务机构，深入推进国家投贷联动试点，探索实施股权与债券相结合的科技投融资服务模式，鼓励企业利用多层次资本市场融资，建立起覆盖科技型企业全生命周期的融资服务体系。

四、思考与展望

自 2015 年国务院首次发布大众创业、万众创新改革发展指导意见以来，“双创”系列改革在培育壮大发展新动能、增强社会服务新供给、加速区域经济转型升级等方面取得了积极成效。2020 年是全面建成小康社会和“十三五”规划收官之年，面对全球新局势，推进大众创业、万众创新成为推动经济社会高质量发展和社会大局稳定的重要途径。未来，需深入推进“放管服”改革，进一步提高创新创业配置效率，加快培育创新创业文化，健全创新创业服务体系，强化支撑平台建设，努力增强科技创新源头供给，营造良好的创新创业生态。

第六篇
构建区域创新发展新格局

区域创新发展是创新型国家建设的重要支撑。党的十八大以来，党中央立足经济发展新常态，以新发展理念为指导，着力通过科技创新培育和打造区域经济发展新动力、新引擎，加强区域创新协调发展，我国创新发展的区域格局发生了深刻变化，逐步形成了优势互补、高质量发展的多层次战略布局。面向未来，区域科技创新发展要按照党的十九届五中全会的要求，加快区域科技创新体系能力建设，发挥区域创新在加速构建国际国内循环相互促进新格局和促进区域可持续发展中的作用，提升区域间协同创新的能力和水平，为实现我国科技强国建设目标提供更有力的支撑。

2012年，中共中央、国务院印发的《关于深化科技体制改革加快国家创新体系建设的意见》中提出要不断完善区域创新发展机制，建设区域创新体系。2015年，中共中央办公厅、国务院办公厅印发的《深化科技体制改革实施方案》中提出要推动区域创新改革，围绕打造具有创新示范和带动作用的区域性创新平台部署4项具体改革举措。

结合文件部署要求，本篇重点关注4个方面改革举措：一是推动北京、上海、粤港澳大湾区等优势地区建成具有全球影响力的科技创新中心。二是在京津冀、上海、广东、安徽、四川、武汉、西安和沈阳8个地区系统推进全面创新改革试验。三是优化国家高新技术产业开发区、国家自主创新示范区、国家农业科技园区、国家可持续发展实验区等不同类型的科技园区布局。四是健全京津冀、长江经济带、东西部跨区域合作等区域协同创新机制（图 6–1）。

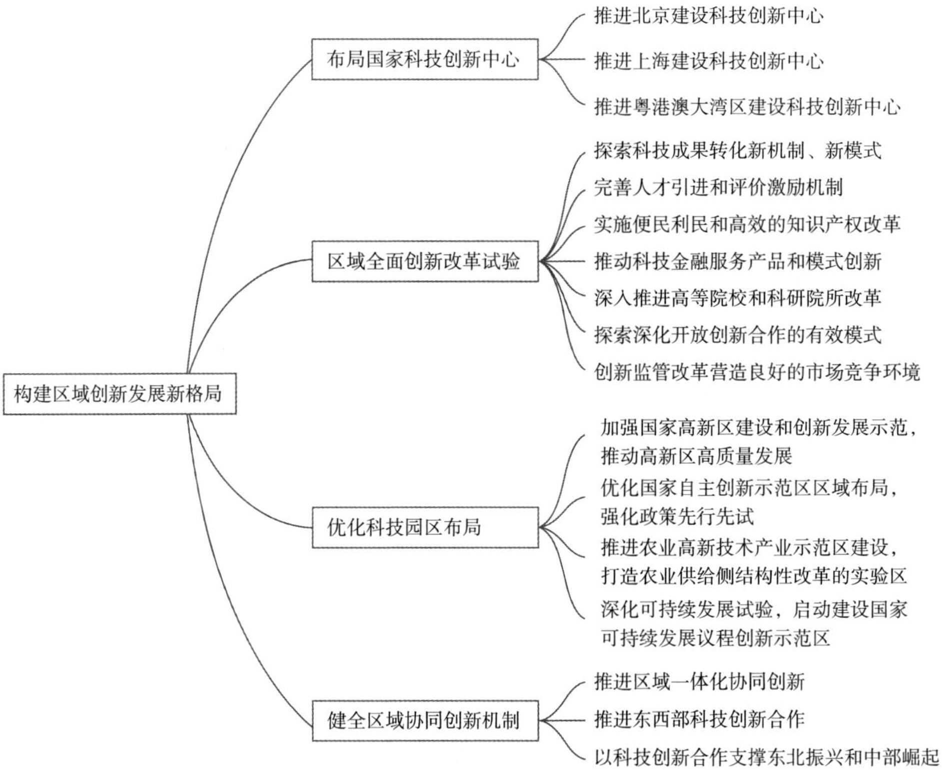

图 6–1　构建区域创新发展新格局重点任务

第 19 章　布局国家科技创新中心

一、改革背景

建设国家科技创新中心是我国实现科技强国目标的重要战略支点。科技创新中心是解决重大科学问题、提升原始创新能力、催生变革性技术的重要载体。随着新一轮科技革命和产业变革的孕育兴起，科技创新成为重塑世界经济结构和竞争格局的关键。为了增强科技创新的体系能力，提高国家创新体系的整体效能，我国加强了在不同区域推进国家科技创新中心建设，使其成为科技创新的引领者和高端经济的增长极。2014 年，习近平总书记在北京视察工作时，明确了北京要建设包括科技创新中心在内的 4 个中心的城市战略定位。同年，对上海也提出建设具有全球影响力的科技创新中心的指示。2019 年，在建设粤港澳大湾区的全面建设方案中提出要建设粤港澳国际科技创新中心。3 个地区结合实际情况明确了建设科技创新中心的定位和发展路径，并取得了阶段性进展。

二、主要改革举措

（一）推进北京建设科技创新中心

2014 年 2 月 26 日，习近平总书记在北京视察工作时，明确了北京“全国政治中心、文化中心、国际交往中心、科技创新中心”的城市战略定位，为首都科技发展赋予了新的定位、新的使命。2016年9月，《国务院关于印发北京加强全国科技创新中心建设总体方案的通知》（国发〔2016〕52号）中，对北京全面建设全国科技创新中心提出了“三步走”方针。以此文件为指导，北京发布了《北京市“十三五”时期加强全国科技创新中心建设规划》（京政发〔2016〕44号），对“十三五”时期北京科创中心建设做出了更为明确的部署。2017年2月24日，习近平总书记再次视察北京，对北京全国科创中心提出了更高的要求和期望，指出要以建设具有全球影响力的科技创新中心为引领，集中力量抓好“三城一区”建设，深化科技体制改革，努力打造北京经济发展新高地。2019年，北京印发《关于新时代深化科技体制改革　加快推进全国科技创新中心建设的若干政策措施》（京政发〔2019〕18号）（简称“北京科创30条”），为完成新的指示和“三步走”方针制定了新的政策措施。

北京作为我国的首都，长期以来担负着政治、文化、人才、科技等多方面资源集散的功能，结合北京在京津冀发展中的区位优势和协同发展的总体要求，为了统筹利用好各方面科技创新资源，《国务院关于印发北京加强全国科技创新中心建设总体方案的通知》（国发〔2016〕52号）中对科创中心建设做出了系统的部署。文件中提出，要充分发挥北京高端人才集聚、科技基础雄厚的创新优势，从建设原始创新能力、构建“高精尖”经济结构、推进京津冀协同创新、推动全球合作、优化创新创业环境5个方面部署了18项重点任务。按照“三步走”方针，到2017年，北京全国科技创新中心建设初具规模；到2020年，北京全国科技创新中心的核心功能进一步强化，科技创新体系更加完善，科技创新能力引领全国，形成全国高端引领型产业研发集聚区、创新驱动发展示范区和京津冀协同创新共同体的核心支撑区，成为具有全球影响力的科技创新中心，支撑我国进入创新型国家行列；到2030年，北京全国科技创新中心的核心功能更加优化，成为全球创新网络的重要力量，成为引领世界创新的新引擎，为我国跻身创新型国家前列提供有力支撑。

以国发〔2016〕52号文为指导，《北京市“十三五”时期加强全国科技创新中心建设规划》(京政发〔2016〕44号)的发布对国发〔2016〕52号文提出的要求做出了更明确的安排。文件对建设北京科技创新中心的形势与使命、北京科技创新的基础与条件做出了系统的梳理和剖析，明确“十三五”时期北京建设全国科技创新中心的重要使命是要“进一步促进科技创新与经济社会各方面的深入融合，增强全社会共同参与科技创新的积极性和主动性”。以人才为第一资源，以全面创新改革为主线，以中关村国家自主创新示范区为主要载体，文件从科技创新基础出发，全面部署打造原始创新能力策源地，结合技术创新发展，推动北京生态文明建设和产业技术跨越，建设京津冀创新共同体，推动区域创新发展，在科技的各个领域实现全面创新改革。

为深入贯彻党的十九大精神和新时代的新要求，2019年，北京市委市政府印发“北京科创30条”，对科技创新统筹、人才体制机制改革、高精尖经济结构构建、科研管理改革、创新创业生态优化等方面制定了全面的政策措施。创新中关村科学城、怀柔科学城、未来科学城、北京经济技术开发区（“三城一区”）管理体制机制，完善科创中心统筹制度和决策咨询机制，优化人才团队建设和培养评价机制，对重点产业发展和市场准入提供便利，通过统筹、完善创新激励机制和服务机制，实现创新创业和科技创新合作的全面开放。

北京科技创新中心，以其丰富的科技创新资源和人才团队资源为基础，引领全国科技创新行业发展，结合固有的国有资源，通过制度创新驱动科技创新，以京津冀协同创新共同体建设为支撑，带动形成区域创新高地，把“三城一区”确定为科技创新中心建设的主平台，建设创新型产业集群和中国制造2025创新引领示范区，打造出极具北京特色且具有国际影响力的科技创新中心。

（二）推进上海建设科技创新中心

2014年5月，习近平总书记做出上海“要加快向具有全球影响力的科技创新中心进军”的重要指示。2015年，上海市委市政府发布《关于加快建设具有全球影响力的科技创新中心的意见》（沪委发〔2015〕7号），对将上海加快建设成具有全球影响力的科技创新中心提出了22条意见。2016年，国务院印发《上海系统推进全面创新改革试验 加快建设具有全球影响力的科技创新中心方案》（国发〔2016〕23号），以全面创新改革试验为契机，推进全面深化改革，加快科技创新中心建设脚步。2019年3月，上海出台《关于进一步深化科技体制机制改革 增强科技创新中心策源能力的意见》，通过25条具体意见全力打造上海作为科技创新中心的策源能力。2020年1月，上海市第十五届人民代表大会第三次会议通过《上海市推进科技创新中心建设条例》，这是国内首部科创中心建设的“基本法”，以地方法规的方式全力保障科创中心建设，构建更具竞争力的法治环境[①]。

上海作为我国建设中的国际经济、金融、贸易和航运中心，一直以来极具创新领军能力。为了加快建设具有全球影响力的科技创新中心，沪委发〔2015〕7号文提出“五个坚持”的总体要求，即坚持需求导向和产业化方向、坚持深化改革和制度创新、坚持以集聚和用好各类人才为首要、坚持以合力营造良好的创新生态环境为基础、坚持聚焦重点有所为有所不为。通过建立市场导向的创新型体制机制、建设创新创业人才高地、营造良好的创新创业环境、优化重大科技创新布局等，力争在2020年前，形成科技创新中心的基本框架体系，2030年前，形成科技创新中心城市的核心功能，在服务国家参与全球经济科技合作与竞争中发挥枢纽作用。

① 《上海市推进科技创新中心建设条例》将于今年5月1日起施行，http：//www.gov.cn/xinwen/2020-01/20/content_5471040.htm。

2016年发布的国发〔2016〕23号文，以实现创新驱动发展转型为目标，以推动科技创新为核心，以破除体制机制障碍为主攻方向，以长江经济带发展战略为纽带。依托上海开展全面创新改革试验，在国际和国内创新资源、创新链和产业链、中国（上海）自由贸易试验区和上海张江国家自主创新示范区制度改革创新3个方面加强统筹结合，加快向具有全球影响力的科技创新中心进军。

对标国际最高标准、最好水平，推动上海科技体制机制改革向纵深发展，2019年上海“科改25条”出台，提出了6个方面25项重要改革任务和举措。以增强创新策源能力为政策主线，通过突破体制机制障碍，激发创新动力和活力，着眼于破立结合、创新体系建设，加快构建适应创新发展规律、科研管理规律、人才成长规律的科技体制机制，培育创新生态，坚持系统推进与重点突破相结合。一要打通科技创新与经济社会发展之间的通道。立足科技和经济社会领域改革两个方面同步发力，深化科技体制改革，进一步增强创新供给。二要处理好政府和市场的关系。突出“市场要活”这一理念，加快健全技术创新市场导向机制、市场配置创新资源机制、市场决定创新报酬机制，具体创新活动放手让市场说话。三要完善人才评价激励制度，树立正确的人才使用导向，按照谁用谁评价、干什么评什么的原则，推行代表性成果评价制度，对主要从事各类创新活动的人才实行分类评价。[①]

（三）推进粤港澳大湾区建设科技创新中心

粤港澳大湾区在区域发展新格局中具有引领和支撑作用，通过构建开放型区域协同创新共同体、打造高水平科技创新载体和平台、优化区域创新环境等集聚国际创新资源，着力提升区域科技成果转化能

① 《关于进一步深化科技体制机制改革 增强科技创新中心策源能力的意见》，http://www.shkjdw.gov.cn/c/2019-03-21/515347.shtml。

力，建设全球科技创新高地和新兴产业重要策源地。

2019年，为深入贯彻习近平总书记关于粤港澳大湾区建设重要论述，深入推进《粤港澳大湾区发展规划纲要》和《中共广东省委广东省人民政府关于贯彻落实〈粤港澳大湾区发展规划纲要〉的实施意见》贯彻实施，制定出台了《广东省推进粤港澳大湾区建设三年行动计划（2018—2020年）》，明确要建设国际科技创新中心。大湾区国际科创中心重在发挥港澳独特的国际化优势和广东改革开放先行区的优势，有望推出一批具有突破性和可操作性的举措。一要深化粤港澳创新合作，构建开放型融合发展的区域协同创新共同体，集聚国际创新资源，优化创新制度和政策环境，着力提升科技成果转化能力，建设全球科技创新高地和新兴产业重要策源地。二要推进建设“广州—深圳—香港—澳门”科技创新走廊，探索有利于人才、资本、信息、技术等创新要素跨境流动和区域融通的政策举措，共建粤港澳大湾区大数据中心和国际化创新平台。三要促进科技成果转化，创新机制、完善环境，将粤港澳大湾区建设成为具有国际竞争力的科技成果转化基地。[①]

三、改革实施进展

自2014年以来，北京、上海、粤港澳相继加快建设的脚步，依托已有资源，立足区域协同创新共同体，加大科技创新投入、人才团队建设，截至目前，全国科创中心建设的进程仍在加快进行中，已经产生一定的成效。

① 粤港澳大湾区发展规划纲要出炉：建国际科技创新中心，https：//www.sohu.com/a/295703007_697460。

（一）人才聚集效应显著，创新要素加速聚集

北京依托已有高教资源，优化人才培养和评价机制，深化改革创新，培育形成了中关村论坛、世界机器人大会、世界 5G 大会、国际人工智能与教育大会、北京国际学术交流季等品牌活动；北京营商环境排名全球第 28 位，进入全球五大科技集群行列（第 4 位）。粤港澳三地科技研发、转化能力突出，拥有一批在全国乃至全球具有重要影响力的研发机构、高新技术企业和国家大科学工程，创新要素吸引力强，具备建设国际科技创新中心的良好基础，粤港澳大湾区突破创新体制障碍，探索创新要素跨境流动新机制。上海是全球科学家最向往工作的中国城市，受调查的科学家中绝大多数人对上海科技创新中心建设持乐观态度，并认为鼓励大学与产业界开展产学研合作是最有价值的政策选择[①]。2014—2018 年，上海全社会研发经费投入及其相当于 GDP 的比例逐年提升，从 3.58% 升至 4.16%，提前完成了目标，政府和各类科技创新主体积极作为，合力建设具有全球影响力的科创中心。

（二）创新科技和新兴产业策源地效力突显

根据上海统计数据，2018 年创新资源集聚力和创新辐射带动力增长显著，在创新网络中的枢纽作用不断增强。为了提升作为科创中心的策源能力，上海系统布局张江实验室等高水平创新基地，全力打造国家重大科技基础设施群。围绕关键技术和瓶颈领域，在集成电路、人工智能、生物医药等战略新兴产业方面重点布局。北京聚焦中关村科学城，突破怀柔科学城，搞活未来科学城，建设创新型产业集群和中国制造 2025 创新引领示范区。“三城一区”进展顺利，中关村科

① 《上海科技创新指数报告》发布　科创中心建设影响凸显，http://www.stdaily.com/app/yaowen/2019-02/18/content_750706.shtml。

学城重点项目加快落地，原始创新策源地作用进一步强化；怀柔科学城综合性国家科学中心建设方案正式获批；未来科学城“打开院墙搞科研”的机制不断深化；以北京经济技术开发区为代表的创新型产业集群和“中国制造 2025”创新引领示范区全面启动建设，科技成果转化和产业化步伐不断加快。[①]

（三）区域融通带动效益显著

为了构建粤港澳大湾区开放型区域协同创新共同体，建立了一系列有利于人才、资本、信息、技术等创新要素跨境流动和区域融通的政策举措。香港特区政府与中科院签署备忘录，确立中科院将在香港设立院属机构，负责推动其广州生物医药与健康研究院和自动化研究所，分别落户两个科技创新平台，展开研发工作。香港的大学和科研机构可申请中央及内地一些省（区、市）的科技资金，并在香港使用，加强科技合作。自 2019 年年中，科技部、广东省及深圳市的有关部门已陆续批准一些申请，部分资金已成功过境拨付。粤港澳大湾区科创中心不仅瞄准世界科技和产业发展前沿大力发展新技术、新产业、新业态、新模式，同时还带动珠海、佛山、惠州、东莞、中山、江门、肇庆等城市充分发挥自身优势，深化改革创新，增强城市综合实力，形成特色鲜明、功能互补、具有竞争力的重要节点城市。[②③]

① 北京高质量建设全国科技创新中心，https://www.sohu.com/a/304040158_120060804。

② 香港与中科院签署在港设立院属机构备忘录，http：//www.cas.cn/cm/201811/t20181109_4669737.shtml。

③ 《关于鼓励香港特别行政区、澳门特别行政区高等院校和科研机构参与中央财政科技计划（专项、基金等）组织实施的若干规定（试行）》，https：//politics.gmw.cn/2019-02/26/content_32569501.htm。

四、思考与展望

纵观全球瞩目的科技创新中心，不仅是新思想、新知识、新技术、新产品、新产业的策源地，而且引领了全球创新文化和制度环境的变革，在全球科技创新活动中发挥着重要作用。北京、上海、粤港澳大湾区科技创新中心，以其优渥的科教资源、丰富的高端人才储备和创新人才吸引力及较为完整的创新链和产业链环境，已经初步具备成为世界级科技创新中心的潜力，加之近年来国家对 3 个地区创新改革政策的指导和统筹，建立成为具有世界影响力的科创中心指日可待。但由于发展时间较短，仍存在一些问题和不足，需要进一步完善。一是科创中心建设短板依然突出，需要加快补缺。上海和北京应注重大力推动建设一批领军型科技创新企业，京津冀三地区知识—创新—市场的创新模式应尽快建立健全协同机制。二是配套政策有待进一步完善，需要加快推进相关改革举措。在建设科技创新中心的过程中，针对人才奖励、企业税收、融通转化的配套政策应注重协同匹配，需要结合地方创新资源禀赋和特色，加强区域之间的协同联动，有针对性地出台科技创新激励政策，强化基础研究，激发原始创新和突破重大技术瓶颈。三是技术转移活跃度亟须进一步提升。当前我国科技创新中心在技术对外转移、知识价值输出能力上与发达国家相关高技术密集地区相比还有着很大的差距，还需要进一步加强区域科技创新的对外开放合作能力，持续提升技术转移能力和效率。

第20章 区域全面创新改革试验

一、改革背景

党的十八大提出实施创新驱动发展战略，党中央、国务院先后出台《关于深化体制机制改革加快实施创新驱动发展战略的若干意见》《国家创新驱动发展战略纲要》，明确到2030年跻身创新型国家前列、到2050年建成世界科技强国的战略目标。但是，制约创新驱动发展的一些深层次矛盾和问题仍然比较突出，如市场竞争秩序不规范、知识产权保护力度不够、基础研究投入不足、科技成果转化渠道不畅、企业创新动力不强、科研人员的创新积极性和创造力还未充分发挥、创新能力对外开放亟待加强等，这其中既有体制机制、政策制度方面原因，也有条块分割、地方保护主义造成的创新要素流动障碍等问题。解决这些问题，需要以新发展理念为指导，大力推动以科技创新为核心的全面创新，坚决破除市场公平竞争、知识产权、基础研究、科技成果转化、金融创新、军民融合、人才培养与激励和开放创新等领域的体制机制障碍，着力通过创新改革培育和打造经济发展新动力、新引擎，为建设现代化经济体系提供强有力的战略支撑。为此，党中央、国务院决定在部分区域系统开展全面创新改革试验，以此作为深化体制机制改革、加快实现创新驱动发展的一个重要抓手和试验平台。2015年8月，中共中央办公厅、国务院办公厅印发《关于在部分区域系统推进全面创新改革试验的总体方案》（简称《方案》），确定在京津冀、上海、广东、安徽、四川、武汉、西安和沈阳8个地区开展改革试验，旨在推动东、中、西部地区有代表性的区域开展聚焦核心主题、分层布局的大胆探索和政策先行先试，在一些重点领域和关键环节上取得重要改革突破，率先实现创新驱动发展转型，并通过对试验区域改革经验的复制推广和全局性、体系化的制度安排来引导和带动更多地方走创新驱动发展道路。

二、主要改革举措

系统推进区域全面创新改革试验是一项复杂系统工程，肩负“科技创新”和“体制机制创新”双重任务，涵盖经济、教育、科技、人才等多个重点领域，涉及面宽、覆盖面广、政策性强，同时需要处理好政府与市场、中央与地方、全面创新与重点突破、分权与集中等几对关系[①]。《方案》明确指出，力争通过 3 年努力，改革试验区域基本构建推进全面创新改革的长效机制，在科技成果转化、知识产权、金融创新、人才培养和激励、科技管理体制、开放创新和市场公平竞争等方面取得一批重大改革突破。同时，《方案》结合区域发展重点明确了各试验区域的改革试验主题，其中京津冀为“区域协同发展”、上海为“加快长三角核心区域率先创新转型”、广东为“深化粤港澳创新合作”、安徽和武汉为“促进产业承东启西转移调整”、四川和西安为“加速军民融合深度发展”、沈阳为“推进新型工业化进程”。

围绕上述改革试验主题和 7 个重点试验方面（领域），各试验区域结合当地实际，开展先行先试，经国务院批复 8 个试验区域先行先试改革举措共计 169 项，各试验地区改革举措数量分布如图 6–2 所

① 邢怀滨，王再进．唯改革者胜　唯创新者强　全面创新改革永远在路上 [N]. 中国改革报，2020–03–13.

示[①]。同时，各试验区域相关省市还推出了一系列改革力度大的自主探索类改革举措。这些举措紧密响应中央的重要改革关切，充分体现了“实”和“新”，着力在一些改革的“老大难”问题上进一步破题。

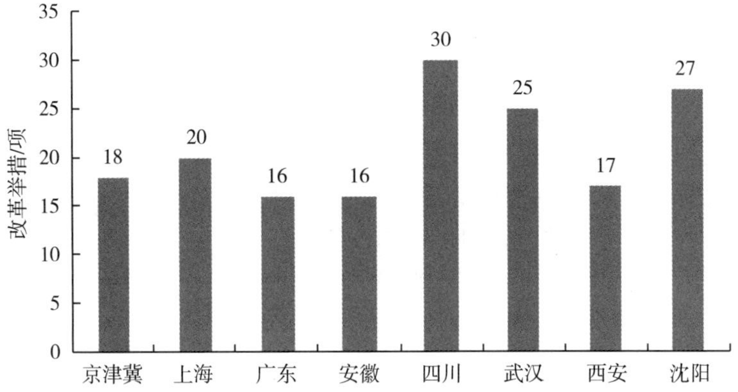

图 6-2　国家授权 8 个区域先试先行改革举措的分布情况

（一）探索科技成果转化新机制、新模式

针对长期制约科技成果转移转化的突出问题，8 个试验区域深化科技成果转移转化行动，在收益分配、税收激励、转移转化机制和模式、服务体系等方面先行先试，着力打通科技成果产业化通道，构建市场导向的科技成果转移转化机制。在成果收益分配方面，四川在全国率先探索开展职务科技成果混合所有制改革试点，将事后奖励变成事前激励，以产权赋予职务发明人转化成果的权力，以产权激励职务发明人科技成果转化的动力。在税收激励方面，上海完善股权激励机制，开展股权奖励递延纳税试点，上海理工大学太赫兹项目成为我国首个科技成果转化暂不缴纳个税的落地案例。在成果转移转化机制和模式

① 国家科技评估中心．全创改试验区域科技领域重点改革举措落实情况专题报告[R].2019.

方面，沈阳探索推出面向市场、定向转化、定向服务的成果转化机制；西安形成了交大“政金产学研＋友”模式、西安电子科大“四全”模式、西安理工大“吴江”模式等。在转化服务体系方面，安徽、沈阳、西安、武汉等地积极推进科技大市场建设，提升本地技术吸纳能力；西安构建了市场化、专业化技术经理人服务体系，技术转移环境和机构建设不断加强。

（二）完善人才引进和评价激励机制

8个试验区域实施更加积极开放的创新人才引进政策，探索打破创新人才自由流动的体制机制障碍，促进科研院所、高等学校人才的自由流动，推动实现人尽其才、才尽其用、用有所成。在人才引进方面，北京发出首张“创业类”留学生居留许可证，为海外人才来华创业打开了大门；广东发出首张“两证合一”外国专家工作许可证，率先整合专家来华工作和入境就业许可审批，全国推广后大幅简化来华工作手续。在人才激励方面，武汉加大人才薪酬激励，放宽对高层次人才薪酬，参照市场价位确定，不计入单位绩效总量。在人才评审方面，广东以高校院所、新型研发机构、行业龙头企业、高新技术企业、创新平台优势明显的社会组织重点下放职称评审权；安徽探索高层次人才职称评审同行推荐制，取消逐级申报程序，由两名同专业领域正高级职称人才联名推荐，即可直接评审。

（三）实施便民利民和高效的知识产权改革

试验区域聚焦建立高效的知识产权综合管理体制，大力构建便民利民的知识产权公共服务体系，在知识产权“三审合一”、快速维权等方面初步形成一些区域性新机制和新模式，在加强维权服务和加大惩处力度方面不断取得新突破，知识产权保护环境持续优化，逐步实现综合利用知识产权促进创新驱动发展能力的改革目标和任务。在综合管理方面，四川成都郫都区成立首个集专利、商标、版权行政管理、行政执法和公共服务于一体的“三合一”知识产权局，提高调解、查处各类知识产权纠纷案件的办理效率。在审判机制方面，湖北武汉、四川成都实施知识产权民事、刑事、行政案件“三审合一”快审机制。在惩处力度方面，北京知识产权法院积极探索惩罚性赔偿制度，加大司法保护力度。在维权服务方面，北京、广东、四川等推动建设知识产权保护中心，面向高新技术产业集聚区，开展集专利快速审查、快速确权、快速维权、运营导航于一体的“一站式”综合服务。

（四）推动科技金融服务产品和模式创新

针对科技型中小企业融资难的问题，各试验区域不断创新金融服务产品和模式，在无形资产金融创新、科技支行建设、发展多层次资本市场、投贷联动等方面，探索形成了支持技术创新的融资新渠道。在无形资产金融创新方面，安徽率先开展知识产权信托交易试点；北京探索无形资产融资新模式；武汉建立全国首家持牌经营的科技金融专营机构，开展知识产权质押融资试点。在科技支行建设方面，四川组建全国首家军民融合科技支行和保险支公司，形成多层次的军民融合金融专营服务体系；安徽在省内科技支行探索建立单独授信管理和风险容忍机制。在完善多层次资本市场方面，上海、安徽、武汉、西安在区域股权交易中心设立“科技创新板”，为科技型企业提供挂牌展示、托管交易、投融资服务、培训辅导等全方位服务。

（五）深入推进高等院校和科研院所改革

针对制约高校和科研院所科研人员创新活力和热情的难点问题，试验区域围绕下放高校和科研院所自主权、高校去行政化改革等方面开展改革探索。安徽改革绩效工资审批管理制度，高校院所绩效工资不再比照当地公务员津贴补贴标准，探索在绩效工资总量控制的情况下，允许高校院所自主分配。同时，选择安徽大学、安徽农业大学等6所高校开展高校编制周转池试点，建立“动态调整、周转使用”的高校编制调剂使用制度，形成需求引领、基数不变、存量整合、动态供给的编制管理新模式。四川出台《四川省事业单位领导人员管理暂行办法》《关于进一步加强和改进高等学校党的建设的意见》，提出探索教授治学有效途径、完善民主管理机制、推进依法治校、聘任制等一系列促进去行政化举措；出台《关于四川省深化高等教育领域简政放权放管结合优化服务改革的实施意见》，从学科专业设置、编制及岗位管理、进人用人制度等8个方面，提出22条政策措施，进一步向高校放权。

（六）探索深化开放创新合作的有效模式

广东、上海、天津等试验区域积极探索深化开放创新的有效模式，充分利用全球科技成果和高端人才，开展更高层次的国际创新合作。广东制定实施粤港澳科技合作发展研究计划，持续实施“粤港联合创新资助项目”，定期发布年度粤港科技创新联合资助计划指南，资助粤港科技项目。与港澳地区积极推动三地职业资格互认试点，探索开展社会工作者、职业药师、价格鉴证师等职业资格互认。上海探索设立境外股权投资企业试点工作，支持企业直接到境外设立基金开展创新投资。天津开展“限额内可兑换”外汇管理试点，限额内实行自由结售汇，实行限额内资本项目可兑换，对于加快推进资本项目可兑换与金融服务业开放、进一步推动企业自主开展跨境投融资活动具有重要意义。

（七）创新监管改革营造良好的市场竞争环境

试验区域积极创新监管改革，推动新兴产业和新动能监管破冰，为新技术、新产品、新业态的发展营造良好的市场环境。四川挂牌首个低空空域协同管理机构，通航飞机从审批制改为备案制，实现新机制下全国首飞。广东开出首张医疗器械注册、生产许可电子证照。北京与河北联合探索“企业注册地不变、品种注册地不变、监管责任地不变，企业生产灵活发展”的“三不变一发展”研产分离监管模式，共赢协作打造京冀区域医药产业链。沈阳改革行政审批制度，建立起市、区县、街道（乡镇）3 个层级的政务服务中心，集中各行政部门的审批职能、审批事项及审批人员，精简审批要件，压缩审批时限；同时，在加强企业诚信体系建设基础上，探索实施“你承诺，我审批，你建设，我监管”的“承诺制”审批改革。

三、改革实施进展

全面创新改革试验启动实施后，8 个试验区域均成立了高规格的组织领导机构，建立了省市联动、多部门参与的工作推进机制，围绕改革时间表和路线图，狠抓改革落实，攻坚克难，务求实效。以国家科技评估中心重点跟踪评估的四川、西安、沈阳 3 个区域为例，四川将全面创新改革从省“十三五”发展的“一号工程”上升为引领四川未来发展的“一号工程”，举全省之力给予推进，并“自行加码”将试验范围由成都、德阳、绵阳三市扩大至全省 21 个市（州），形成了以成德绵为“头雁”的改革试验“四川雁阵”，推出了改革试验“9 张清单”，实行“挂图作战”。西安试验区域围绕建设“一带一路”创新中心，聚焦军民深度融合和科技资源统筹两大领域，探索军民融合发展“西安模式”。沈阳试验区域围绕推进新型工业化进程，在科技创新、国企改革、产业金融、人才支撑等重点领域系统推进改革试验，着力解决“科技强、创新弱”的问题，努力改善营商环境，深化市场化改革，加快形成以创新为引领和支撑的经济体系和发展模式，带动东北老工业基地全面振兴。

截至目前，8个试验区域通过几年的系统推进改革试验，国家授权的改革举措已基本落地完成，为实现创新驱动发展转型探索了新的路径，形成了新的模式，贡献了新的经验，取得了多项卓有成效的改革成果，在改革创新方面发挥了良好示范带动作用。

（一）累计形成了3批56项可复制推广的改革经验

发展改革委、科技部鼓励和支持各试验区域结合各自改革任务与目标，适时对改革做法、经验和成果进行梳理总结和凝练，推动改革实践经验上升为制度成果。2017—2020年，印发《国务院办公厅关于推广支持创新相关改革举措的通知》（国办发〔2017〕80号）、《国务院办公厅关于推广第二批支持创新相关改革举措的通知》（国办发〔2018〕126号）和《国务院办公厅关于推广第三批支持创新相关改革举措的通知》（国办发〔2020〕3号），向全国或更大范围内复制推广3批共计56项改革经验，涵盖了科技管理体制创新、国有企业改革、知识产权保护、科技金融创新、军民深度融合等重点领域。

在加强基础研究方面，安徽探索了地方深度参与国家基础研究和应用基础研究的投入机制，从财政资金、人才和土地等多个方面入手，构建持续投入机制。在国有企业改革方面，沈阳探索了老工业基地国企创新创业增量型业务混合所有制改革新模式，破解传统组织模式下国有企业存在创新动力不足、有形与无形资源利用效率不高、人才匮乏与员工冗余并存、员工与企业利益不绑定等问题。在知识产权保护方面，广东探索建立了跨区域的知识产权远程诉讼平台，突破诉讼维权地域限制，大大提高了诉讼效率。在管理体制创新方面，北京探索形成了生物医药领域特殊物品出入境检验检疫“一站式”监管服务机制，沈阳探索建立了对战略性科研项目实施经费滚动支持制度。在促进科技与金融结合方面，上海、广东探索银行与专业投资机构建立市场化长期性合作机制，西安探索政银保联动授信担保提供科技型中小企业长期集合信贷机制，四川探索实施银行与企业风险共担的仪器设备信用贷，缓解科技型中小企业“融资难、融资贵”问题。在军民融合方面，四川、西安探索形成了若干破除制约军民深度融合体制机制障碍的改革新经验新成果。

（二）部分重点领域和关键环节改革取得显著成效

8个创新改革试验区域聚焦改革试验主题，着力突破最紧迫、有影响、可实现的重大举措，大胆先行先试，在科技成果转化、知识产权保护、人才培养激励、科技金融结合、军民科技融合等重点改革领域和关键环节取得积极进展和显著成效。例如，在促进科技成果转化方面，职务科技成果混合所有制改革试点单位由西南交通大学逐步扩大到四川全省45家高校和科研院所，各试点单位累计已完成确权分割专利551件，作价入股创办企业60余家，带动企业投资近30亿元[①②]；东北大学探索实施了“分级决策管理，全覆盖奖酬，多元化评价”的科技成果转化模式，2017年和2018年超过80%的成果在东北地区企业转化，带动社会资本数亿元[③]；西安试点高校院所已完成科技成果转化项目1014项，实现成果转化收入7.64亿元，促成横向合同5209项，合同总额15.7亿元[④]。另据有关试验区域统计，在人才培养和激励方面，上海两年受理外籍高层次人才永久居留数量是改革实施前的8倍；广东全省27个职称系列评审权限已下放19个，有220家行业组织、用人单位承担高级职称评审工作。在高校院所改革方面，安徽批复核定6家试点高校周转池事业编1425名，用于引进人才；上海逐步将市属高校经常性经费比例提高到70%，实现市属和部属高

① 国家科技评估中心．职务科技成果混合所有制改革试点情况专项评估报告[R].2017.
② 国家科技评估中心．四川试验区域全面创新改革试验情况总结评估报告[R].2019.
③ 国家科技评估中心．沈阳试验区域全面创新改革试验情况总结评估报告[R].2019.
④ 国家科技评估中心．西安市全面创新改革试验情况评估报告[R].2018.

校的统一。在知识产权改革方面，武汉知识产权案件结案率提高到90%以上，成都案件平均审结时间缩短40天；广东外观设计专利授权时间由6个月缩短至7～10个工作日。在金融创新方面，北京近70家企业以版权、专利权作为租赁物，获得融资超过13亿元；四川推出“军工采购贷”等60余种专属金融产品。在军民融合方面，四川运营的全国首家军民融合大型科学仪器共享平台，累计为1127家企业提供服务3375次，服务金额1300余万元；西安企业以标准引领实现了价值增长，如华达公司通过编制国际标准、行业标准等，2018年获得订单2.92亿元。在开放创新方面，2018年广东省科技创新战略专项资助计划预算投入财政资金5000万元，建设粤港创新平台10项，资助粤港科技项目。在市场竞争环境方面，上海平均每个工作日新注册企业达1332家，活跃度达80%。

（三）打造升级了若干体制机制改革试验田和创新高地

各试验区域立足自身功能定位，结合科技资源禀赋优势，聚焦区域创新发展瓶颈持续发力，形成了若干各具特色的科技创新高地。北京、上海、广东大力推进科研资金管理、创新要素流动、人才引进使用、知识产权保护，成为国际科技创新中心建设、跨区域协同创新发展的重要抓手。安徽大力推进人事制度改革、下放科研院所自主权，为合肥综合性国家科学中心建设、合芜蚌国家自主创新示范区建设提供重要支撑。四川、西安聚焦军民融合主题，大力推进科技成果转化、科技资源开放共享、军民科技标准、科技金融服务，为创建国家军民融合创新示范区奠定了重要基础。武汉持续推动人才引进服务、科技金融创新，为建设高技术产业基地注入强大动力。天津、河北、沈阳以科技创新为引领，对当地经济高质量发展发挥了重要牵引作用。

（四）试验区域在率先实现创新驱动发展转型方面迈出了实质步伐

在全面创新改革试验的牵引和带动下，各试验区域创新改革的氛围日益浓厚，创新环境显著改善，科研人员创新创业活力得到激发，科技创新这一发展新引擎催生了更强劲的动力源，区域经济转型升级步伐明显加快。据有关统计，在激励创新投入方面，2016—2018 年，8 个区域全社会研发经费投入年均增速 11.7%，高于全国平均水平 0.6 个百分点；在稳增长方面，2016—2018 年，8 个试验区域 GDP 年均增速高达 10.8%，大幅释放了区域发展活力；在引领产业创新发展方面，科技成果与创新产品市场化转化、规模化运用提速，推动传统产业提质增效，培育壮大新兴产业，产业结构不断优化、发展动能进一步巩固，如安徽战略性新兴产业产值 3 年增长 61.4%，占规模以上工业产值的比重由 23.3% 提高到 29.4%；在优化创新环境方面，各区域不断完善促进创新创业的税收政策体系，降低创业门槛，努力营造良好的创新环境，有效地激发了全社会创新创造活力。2018 年区域全面创新改革试验评估问卷调查显示，全面创新改革试验给 8 个试验区域带来的被认为变化最明显的前 3 项是创新能力大幅增强（54.7%）、科技成果转化明显加快（47.0%）、知识产权质量和效益显著提升（41.9%）。

四、思考与展望

全面深化改革永远在路上。习近平总书记在中央全面深化改革委员会第十一次会议上强调，要“突出制度建设这条主线，继续全面深化改革”，“实现改革举措的有机衔接、融会贯通，确保取得扎扎实实的成效”。这对后续开展新一轮区域全面创新改革试验工作提出了新的更高要求。在踏上科技强国之路的新征程上，需要我们以更大的勇气、更多的智慧和更有力的措施来深化改革，在新的起点上高水平谋划推动新一轮的区域全面创新改革试验，努力打造创新支撑引领高质量发展的新格局[①]。一是在改革定位和内容上，要坚持问题导向和目标导向，瞄准改革的重点领域和关键环节，加强改革的系统集成、协同高效，突出整体性、重大性和协调性。找准改革的关键点、切入点和突破点，尝试在基础研究、大中小企业和各类主体融通创新、人才评价和激励、国企改革、军民融合、开放创新等领域，再推出一批新的、力度更大、含金量更高的改革举措。二是在改革方式和模式上，“自上而下”与“自下而上”良性互动，将顶层设计与基层摸索有机结合，将中央要求与地方需求紧密结合。涉及大的改革航向、需要通盘谋划、举全国之力的改革，一般由中央“出题”，地方、部门、试点单位共同“破题”；对于地方、区域有强烈需求、可发挥其优势和示范效应的改革，由地方“出题”，中央部门“充分授权”，由央地协同“破题”，有风险及时把控。三是在改革保障机制上，强化组织领导和宏观统筹，进一步发挥国家科改领导小组和全面创新改革部际协同机制作用，完善上下联动、部门协调、央地协同机制，增强改革合力；严格落实改革主体责任，各试验区域相关省（区、市）要进一步解放思想，提升改革意识和抓改革的本领；给试验区域、改革试点单位和基层一线改革人员充分授权，提高改革主体的动力和积极性，给予更大的“大胆闯”“大胆试”“自主改”的政策空间和平台；健全改革试验的监督反馈机制，完善改革的奖惩制度，加强创新改革政策与纪检审计政策的协调衔接，研究出台试验区域改革容错纠错机制的实施办法，构建抓改革的长效机制。

① 邢怀滨，王再进．唯改革者胜　唯创新者强　全面创新改革永远在路上[N]. 中国改革报，2020-03-13.

第 21 章 优化科技园区布局

一、改革背景

改革开放以来，为迎接世界高新技术革命浪潮，我国先后建立了国家高新技术产业开发区（简称高新区）、国家可持续发展实验区（简称可持续实验区）、国家农业科技园区（简称农业园区）、国家自主创新示范区（简称自创区）等一系列不同类型的科技园区，经过几十年的规划建设，科技园区的发展初步实现了“从无到有”“从小到大”。党的十八大以来，科技园区的建设速度加快，有关部门和地方进一步加强对科技园区的分类指导，优化科技园区布局，推动科技园区创新发展。

2013 年，习近平总书记在东湖和大连高新区考察时做出“又要高，又要新”的重要指示，高新区迈入创新驱动、战略提升的新阶段。新时期高新区要在着力做好“高”和“新”这两篇文章、不断提升创新发展水平的基础上，着力打造更多的先发优势，加快形成发展的新动能，在创新发展和转型升级上发挥引领和示范作用。

2014 年，国务院常务会议研究决定加快推进自创区建设，自创区进入全面布局的新阶段，这一时期按照“东转西进”的原则优化布局，逐步增加自创区数量，支持政策先行先试，大力提升创新能力，发挥自创区在创新发展中的引领示范和辐射带动作用。

“三农”发展历来是我国发展的重中之重，随着创新驱动发展战略和乡村振兴战略的实施，加快建设国家农业科技创新体系，加强面向全行业的科技创新基地建设成为新时代农业发展的内涵要求，打造具有国际影响力的现代农业创新高地、人才高地、产业高地成为国家农业科技园区建设的高阶目标，中央一号文件多次提出要提升农业园区建设水平，加快推进国家农业高新技术产业示范区、国家农业高新技术产业开发区建设。

党的十八大以来，可持续发展的内涵不断丰富和完善，为推动落实2030年可持续发展议程，充分发挥科技创新对可持续发展的支撑引领作用，国务院在可持续发展实验区的基础上提出创建升级版的国家可持续发展议程创新示范区（简称可持续示范区），通过在区域层面的探索和实践，为在整体上落实“五位一体”“四个全面”及新发展理念做出示范并发挥带动效应。《“十三五”国家社会发展科技创新规划》提出“研究建立基于监测与评价结果的实验区激励与淘汰机制”，标志着可持续实验区和示范区管理进入一个新的阶段。

二、主要改革举措

党的十八大以来，国家持续加强对不同类型科技园区的分类指导，合理优化空间布局，鼓励政策先行先试，在创新制度安排、政府服务转型、优化管理体制、行政审批改革等方面开展了全方位探索。

（一）加强国家高新区建设和创新发展示范，推动高新区高质量发展

《“十三五”国家科技创新规划》提出高新区要围绕做实做好“高”和“新”两篇文章，加大体制机制改革和政策先行先试力度，促进科技、人才、政策等要素的优化配置，完善从技术研发、技术转移、企业孵化到产业集聚的创新服务和产业培育体系。《国家高新技术产业开发区“十三五”发展规划》提出按照择优选择、以升促建、分步推进、

特色鲜明的原则，加快推进中西部地区省级高新区升级，支持在农业科技产业优势突出的地区创建国家高新区，推动国家高新区在全国大部分地级市布局，并进一步明确提高自主创新能力、优化创业孵化链条、集聚创新型人才、培育壮大市场主体、完善科技金融服务、构建创新型产业体系、加快建设科技产业新城区、扩大全球辐射链接、深化体制机制改革等9项重点任务。2020年7月，发布《国务院关于促进国家高新技术产业开发区高质量发展的若干意见》(国发〔2020〕7号)从提升自主创新能力、激发企业创新发展活力、推进产业迈向中高端、加大开放创新力度、营造高质量发展环境、加强分类指导和组织管理等六大方面提出18条具体举措，赋予国家高新区新使命和新定位。高新区所在省市政府和园区结合地方特色和需求，围绕落实国家创新驱动发展战略，在科技成果转移转化、高端人才引进、培育高新技术产业、开展国际化合作等具体工作上开展了一系列改革试点。

（二）优化国家自主创新示范区区域布局，强化政策先行先试

《“十三五”国家科技创新规划》提出紧密结合国家重大战略，按照“东转西进”的原则优化布局，依托国家高新区再建设一批国家自创区。大力提升自创区创新能力，发挥科教资源集聚优势，释放高等学校和科研院所创新效能，整合国内外创新资源，深化企业主导的产学研合作，着力提升战略性新兴产业竞争力，发挥在创新发展中的引领示范和辐射带动作用。支持国家自创区先行先试，全面深化科技体制改革和政策创新，结合功能提升和改革示范的需求建设创新特区。加强政策总结评估，加快成熟试点政策向全国推广。《国家高新技术产业开发区“十三五”发展规划》中提出结合“一带一路”、长江经济带、京津冀协同发展、东北振兴等国家重大战略，统筹中央改革部署与地方改革需求，按照“东转西进”的原则，鼓励支持若干创新成果多、体制基础好、转型走在前等有条件的区域，依托高新区积极建

设自创区，进一步优化完善自创区区域布局，到2020年，将自创区建设成为构筑国家先发优势的示范样板，为全国区域创新发展提供可复制、可推广的模式和经验。围绕创新创业和新兴产业发展，自创区在产学研合作、知识产权运用和保护、科技金融、人才吸引和培育、产城融合、国际化发展等方面开展了一系列政策创新探索与实践。自2010年起，自创区先后进行了三轮创新政策的先行先试和示范推广。

（三）推进农业高新技术产业示范区建设，打造农业供给侧结构性改革的实验区

2018年，印发的《国务院办公厅关于推进农业高新技术产业示范区建设发展的指导意见》（国办发〔2018〕4号），首次以农业高新技术产业为主题，从国家层面上部署国家农业高新技术产业示范区建设。把握农业科技园区的“农、高、科”定位和作用，实施农业科技园区“333”布局，到2025年建设30个国家农业高新技术产业示范区、300个国家农业科技园区、3000个省级农业科技园区，把农业科园区建设成为创新创业的重要基地、培训职业农民的大课堂、成果示范推广的主阵地、集聚创新资源的重要载体、农业农村改革的试验田，吸引更多的农业高新技术企业到园区落户，培育世界级农业高新技术企业。科技部印发《科技部落实〈国务院办公厅关于推进农业高新技术产业示范区建设发展的指导意见〉的方案》（国科办农〔2018〕28号）和《国家农业高新技术产业示范区建设工作指引》（国科发农〔2018〕150号），从加强政策支持、整合创新资源等方面对农高区建设进行了部署，并从工作层面明确了示范区的申报条件和建设流程。

（四）深化可持续发展试验，启动建设国家可持续发展议程创新示范区

2016年，我国发布《中国落实2030年可持续发展议程国别方案》，

提出了包括建立落实 2030 年可持续发展议程创新示范区在内的一揽子落实举措。同年 12 月，国务院印发《中国落实 2030 年可持续发展议程创新示范区建设方案》，明确提出结合 2030 年可持续发展议程的落实，以国家可持续发展实验区工作为基础，以实施创新驱动发展战略为主线，以推动科技创新与社会发展深度融合为目标，以破解制约我国可持续发展的关键瓶颈问题为着力点，集成各类创新资源，加强科技成果转化，探索完善体制机制，提供系统解决方案，促进经济建设与社会事业协调发展，打造一批可复制、可推广的可持续发展现实样板，在 2020 年前建设 10 个左右创新示范区。可持续示范区建设，在组织机制上成立了科技部牵头，外交部、发展改革委、生态环境部等 20 个部门组成的部际联席会议机制，负责对创新示范区建设的指导和管理，并结合自身职责，围绕创新示范区建设主题，在科技支撑、政策先行先试等方面支持创新示范区建设。

三、改革实施进展

（一）高新区已成为我国实施创新驱动发展战略的重要载体

作为我国科技创新的主阵地，高新区以创新为第一动力，发展质量和效益不断提升，逐步成为我国发展新经济、培育新动能、发展高新技术产业的重要平台，也成为转方式、调结构、促进高质量发展的重要力量。数据显示，2012—2019 年，国家高新区从 104 家增长至 169 家，分布在除西藏以外的所有省（区、市），营业收入从 16.57 万亿元增长至 38.3 万亿元，工业总产值从 12.86 万亿元增长至 24.8 万亿元，净利润从 1.02 亿元增长至 2.4 万亿元，上缴税额从 0.96 万亿元增长至 1.9 万亿元，出口总额从 0.38 万亿元增长至 3.8 万亿元，园区生产总值从 5.22 万亿元增长至 12.2 万亿元[①]。同时，高新区坚持开放协同发展，在全球的创新竞争力显著增强。2018 年申请的 PCT 国际专利受理量达到 2.3 万件，占我国 PCT 专利申请受理量的比重超过 41.8%[②]。新冠肺炎疫情发生以来，高新区充分发挥大批科技型企业和新业态企业集聚优势，组织、引导各类企业精准抗疫，以新技术、新产品、新模式为疫情防控阻击战贡献高新力量。高新区的建设情况如表 6–1 所示。

表 6–1　国家高新区分布情况[③]

序号	省（区、市）	高新区名称
1	北京	中关村
2	天津	天津滨海
3	海南	海口
4	青海	青海
5	山西	太原、长治
6	上海	上海张江、上海紫竹
7	贵州	贵阳、安顺
8	甘肃	兰州、白银
9	宁夏	银川、石嘴山
10	内蒙古	呼和浩特、包头稀土、鄂尔多斯
11	黑龙江	哈尔滨、齐齐哈尔、大庆

① 科技部火炬高技术产业开发中心．2012—2018 年国家高新区综合发展与数据分析报告 [R]．2019．

② 李享，谷潇磊，张琳，等 .2018 年国家高新区综合发展与数据分析报告 [J]．中国科技产业，2020（3）：45–59．

③ 数据来源：科学技术部火炬高技术产业开发中心，http：//www.chinatorch.gov.cn/。

续表

序号	省（区、市）	高新区名称
12	云南	昆明、玉溪、楚雄
13	新疆	乌鲁木齐、昌吉、石河子
14	重庆	重庆、璧山、荣昌、永川
15	广西	南宁、柳州、桂林、北海
16	河北	石家庄、唐山、保定、承德、燕郊
17	吉林	长春、长春净月、吉林、通化医药、延吉
18	安徽	合肥、芜湖、蚌埠、淮南、马鞍山慈湖、铜陵狮子山
19	福建	福州、厦门、莆田、三明、泉州、漳州、龙岩
20	河南	郑州、洛阳、平顶山、安阳、新乡、焦作、南阳
21	陕西	西安、宝鸡、杨凌、咸阳、渭南、榆林、安康
22	辽宁	沈阳、大连、鞍山、本溪、锦州、营口、阜新、辽阳
23	浙江	杭州、萧山临江、宁波、温州、嘉兴秀洲、莫干山、绍兴、衢州
24	湖南	长沙、株洲、湘潭、衡阳、常德、益阳、郴州、怀化
25	四川	成都、自贡、攀枝花、泸州、德阳、绵阳、内江、乐山
26	江西	南昌、景德镇、九江共青城、新余、鹰潭、赣州、吉安、宜春丰城、抚州
27	湖北	武汉东湖、黄石大冶湖、宜昌、襄阳、荆门、孝感、荆州、黄冈、咸宁、随州、仙桃、潜江
28	山东	济南、青岛、淄博、枣庄、黄河三角洲、烟台、潍坊、济宁、泰安、威海、莱芜、临沂、德州
29	广东	广州、深圳、珠海、汕头、佛山、江门、湛江、茂名、肇庆、惠州仲恺、源城、清远、东莞、中山
30	江苏	南京、无锡、江阴、徐州、常州、武进、苏州、昆山、苏州工业园、常熟、南通、连云港、淮安、盐城、扬州、镇江、泰州、宿迁

（二）自创区在区域创新发展中发挥了引领示范和辐射带动作用

作为创新发展的主战场，自创区持续保持较快速度发展，自主创新能力显著提升，高水平创新成果不断涌现，已经成为我国创新活动最活跃、创新投入强度最大、创新成果最丰硕的区域。2012—2019 年，自创区数量从 3 个增加至 21 个，基本覆盖了全国东西南北经济最发达、创新资源最密集的区域。各自创区在发展定位上都围绕创新主题，基于自身的禀赋，又具有各自的特色，如上海的科技金融、杭州的“互联网 +”、深圳的硬件创业等。北京中关村、武汉东湖、上海张江、深圳、苏南、天津滨海、西安等 7 个自创区对所在地区 GDP 增长贡献率都超过了 20%。中关村先后试点了 16 项政策，其中 12 项政策经其他国家自创区进一步试点后推广到全国实施，在电子信息、生物医药、航空航天等领域产生了一大批国际领先的技术和产品。东湖自创区的光电子信息产业，光纤光缆产量居全球第一，市场份额占全国的 50%、全球的 25%。成都自创区以“菁蓉汇”创业品牌为核心，打造菁蓉国际广场创新创业旗舰，全区在孵企业超过 7500 家[①]。自创区的建设情况如表 6–2 所示。

表 6–2　国家自创区的定位与特色[②]

序号	名称	定位	特色
1	中关村国家自主创新示范区	全球有影响力的科教创新中心	探索在科教资源密集区域实现科技与经济有机结合的路径和方式，成为我国最具活力的创新中心
2	东湖国家自主创新示范区	世界一流的高科技园区，享誉世界的“光谷”	成为推动资源节约型和环境友好型社会建设，依靠创新驱动发展的典范

① 国家自主创新示范区带动形成区域创新高地，http：//www.most.gov.cn/kjbgz/201804/t20180404_138980.html。

② 部分数据来源：朱常海．国家自主创新示范区政策评述[J]．中国高新区，2017（5）：28–36．

续表

序号	名称	定位	特色
3	张江国家自主创新示范区	—	成为培育战略性新兴产业的核心载体和实现创新驱动、科学发展的示范区域
4	深圳国家自主创新示范区	具有全球影响力的科技创新中心	依托创新资源集聚和体制机制优势，探索以城市为主体推进示范区建设，打造国家科技体制改革“试验田”、原始创新协同创新先行区、战略性新兴产业重要增长极、创新性企业孵化中心、开放创新与合作国际枢纽、珠三角地区科学发展示范区
5	苏南国家自主创新示范区	具有国际竞争力的创新型经济发展高地	以城市群为基本单元、发挥科教人才优势和开发开放优势，打造创新驱动发展引领区、深化科教体制改革试验区、创新一体化先行区
6	天津国家自主创新示范区	具有国际竞争力的产业创新中心	以产业创新为重点，聚焦科技中小企业发展，打造京津冀协同发展产业先导区、开放创新先行区、转型升级引领区、创新主体聚集区
7	长株潭国家自主创新示范区	具有全球影响力的“一带一路”创新创业中心	打造创新驱动引领区、体制机制创新先行区、军民融合示范区、两型社会建设先导区、城市群协同创新试验区、中西部创新发展增长极
8	成都国家自主创新示范区	新兴的国际创新创业中心	发挥成都的产业优势和创新资源集聚优势，打造高端要素富集区、创业生态标杆区、新兴产业引领区、改革开放模范区、西部创新发展首位区
9	西安国家自主创新示范区	丝绸之路经济带“创新之都”	围绕科技体制改革和军民融合发展，打造创新驱动的引领区，创新创业的生态区、军民融合的示范区、改革开放的模范区
10	杭州国家自主创新示范区	具有全球影响力的“互联网 +”创新创业中心	聚焦互联网领域，打造创新驱动转型升级示范区、互联网大众创业示范区、科技体制改革先行区、全球电子商务引领区、信息经济国际竞争先导区
11	珠三角国家自主创新示范区	国际一流的创新创业中心	以区域为建设单元，发挥珠三角地区的产业优势和创新资源优势，着力培育良好的创新创业环境，全面提升区域创新体系整体效能
12	郑洛新国家自主创新示范区	具有国际竞争力的中原创新创业中心	建设成为具有较强辐射能力和核心竞争力的创新高地，打造我国开放创新先行区、转型升级引领区、协同创新示范区、创新创业生态区

续表

序号	名称	定位	特色
13	山东半岛国家自主创新示范区	全球影响力的海洋科技创新中心	充分发挥山东半岛地区的创新资源集聚优势，全面提升区域创新体系整体效能，打造转型升级引领区、创新创业生态区、体制机制创新试验区、开放创新先导区
14	沈大国家自主创新示范区	东北亚科技创新创业中心	建设成为东北老工业基地高端装备研发制造集聚区、转型升级引领区、创新创业生态区、开放创新先导区
15	福厦泉国家自主创新示范区	具有国际影响力的科技创新中心	建设科技体制改革和创新政策先行区、海上丝绸之路技术转移核心区、海峡两岸协同创新示范区、产业转型升级示范区
16	合芜蚌国家自主创新示范区	打造具有重要影响力的产业创新中心	建设成为科技体制改革和创新政策先行区、科技成果转化示范区、产业创新升级引领区、大众创新创业生态区
17	重庆国家自主创新示范区	打造具有重要影响力的西部创新中心	建设成为创新驱动引领区、军民融合示范区、科技体制改革试验区、内陆开放先导区
18	宁波、温州国家自主创新示范区	打造民营经济创新创业新高地	建设成为科技体制改革试验区、创新创业生态优化示范区、对外开放合作先导区、城市群协同创新样板区、产业创新升级引领区
19	兰白国家自主创新示范区	—	建设成为科技体制改革试验区、产业品质跃升支撑区、人才资源集聚区、东西合作发展先行区、生态文明建设引领区
20	乌昌石国家自主创新示范区	—	建设成为科技体制改革和创新政策试验区、创新创业生态优化示范区、科技成果转化示范区、新兴产业集聚示范区、转型升级引领区、科技创新国际合作先导区
21	鄱阳湖国家自主创新示范区	打造长江经济带经济与生态联动发展的创新高地	建设成为产业技术创新示范区、绿色发展引领区、开放协调发展先行区、创新政策和体制机制改革试验区

（三）农业高新技术产业示范区为促进现代农业发展提供了新型模式

2012—2018 年，农业园区数量从 65 个增加至 279 个，基本覆盖了全国所有省、自治区、直辖市、计划单列市及新疆生产建设兵团，初步形成了特色鲜明、模式典型、科技示范效果显著的发展格局。按照建设和运营主体的差异，农业园区形成了政府主导型、企业主导型、科研单位主导型 3 种模式，基于自身发展模式和区域特色等，政府主导型园区向农业高新技术产业培育和产城产镇产村融合的杨凌模式发展，其他两类园区分别向科技服务和成果应用方向发展。农业园区通过打造科技创业苗圃、企业孵化器、星创天地、现代农业产业科技创新中心等“双创”载体，结合园区产业优势，培育了一批技术水平高、研发投入大、综合效益好、带动能力强、成长潜力大的科技型企业；加强现代农业技术集成示范，将一大批先进适用的农业科技成果和技术进行转化推广，示范带动本地及周边农业技术水平的整体提高，通过园区窗口效应和带动作用的发挥，为产业升级、农业增效、农民增收提供了科技支撑。

（四）可持续发展实验区和创新示范区成为推进可持续发展的现实样板

2012—2018 年，可持续实验区数量从 116 个增加至 189 个，遍布全国除港澳台外的 31 个省（区、市），东、中、西部实验区数量基本呈现 5 ∶ 3 ∶ 2 格局，县域型、城区型、地级市型和乡镇型占比分别为 48%、34%、15% 和 3%，实验主题覆盖经济转型、社会治理、环境保护等可持续发展各领域。2018—2019 年，国务院批准太原、桂林、深圳、郴州、临沧和承德 6 个城市为可持续创新示范区。作为我国落实可持续发展战略、对外展示可持续发展成就的重要空间载体，可持续实验区促进了可持续发展理念在国内的普及，探索出了一批具有示范推广意义的地域可持续发展模式，如美丽乡村建设的浙江安吉模式、水源地保护的湖南资兴模式、精准扶贫的河北平泉模式、生态循环农业的广西恭城模式、科技与文化融合的安徽歙县模式等，并发挥了向世界展示中国可持续发展做法和成就的窗口作用。可持续创新示范区的建设情况如表 6–3 所示。

表 6–3　可持续创新示范区的建设情况 ①

序号	名称	目标
1	太原市可持续发展议程创新示范区	建成创新活跃、产业升级、生态良好、宜居宜业的现代化都市
2	桂林市可持续发展议程创新示范区	建成宜游宜养的生态之城、宜居宜业的幸福之城、活力迸发的创新之城
3	深圳可持续发展议程创新示范区	建成社会主义现代化先行区、创新驱动引领区、绿色发展样板区、普惠发展示范区
4	临沧可持续发展议程创新示范区	建成沿边全面开放新动能释放先行区、环境友好产业跨越式发展样板区、民族特色资源高品质利用引领区
5	承德可持续发展议程创新示范区	建成京津冀水源涵养功能区、国家绿色发展先行区、环京津宜居宜业典范区、著名国际旅游城市
6	郴州市可持续发展议程创新示范区	建成绿水青山样板区、绿色转型示范区、普惠发展先行区

四、思考与展望

经过多年的建设发展，高新区和自创区成为区域创新重要引擎，农业园区成为我国特色农业自主创新的一面旗帜，可持续实验区开创

① 数据来源：中国 21 世纪议程管理中心，http：//www.acca21.org.cn/trs/000100310001001/。

了我国可持续发展的新局面。但与此同时，科技园区的建设发展与形势的发展变化和新的战略要求相比，仍存在一些问题和不足。一是科技园区发展不平衡，区域布局需要进一步优化。新升级高新区与稳定期高新区在发展规模和质量上相比差距较大；自创区主要集中在东中部经济较发达地区和西部中心城市，支撑“一带一路”、东北振兴、西部大开发等国家战略的能力需进一步加强；农业园区发展区域不均衡，“东强西弱”较为明显。二是科技园区的统筹协调需要进一步加强。科技园区的改革涉及组织、人事、经济、规划等相关部门，需要充分发挥国家对相关部门的组织协调作用，但高新区和自创区尚未形成跨部门、跨地区、跨领域的协同机制；可持续实验区的实验内容涉及经济、社会、环境等方方面面，实际工作中跨部门推进难度相对较大。三是科技园区的能力建设需要进一步加强。高新区和自创区适应新时代新要求的创新驱动发展动力尚未完全形成；农业园区可持续发展能力较弱，农业产业竞争力不强；可持续实验区考核、监测、评价机制不完善，激励与淘汰机制没有建立起来，特别是对已经通过验收的实验区缺乏有效的管理措施。

科技园区作为高质量发展的重要引擎，是科技产业的集群区和创新驱动的策源地，具有引领、集聚和辐射带动的使命和责任，在新一轮科技革命和产业变革中，需要加强创新能力建设，优化政策环境，完善高质量发展体制机制，将科技园区逐步建设成能自演进、自更新和自加强的创新经济体。

第22章　健全区域协同创新机制

一、改革背景

随着科技全球化与区域化的加速发展，区域逐渐成为科技创新的主体单元，区域间的协同创新越来越成为世界科技活动发展的新趋势。当前，我国正处于新旧动能接续转换的重要阶段，为实现产业链的高端转移和经济发展的新跨越，提高区域整体创新能力、促进创新要素的有效配置和自由流动，成为突破地区间创新发展不平衡、不协调等重大瓶颈，支撑经济高质量发展的必然要求和战略选择。

党的十八大以来，以习近平同志为核心的党中央高度重视区域创新发展，2016年在全国科技创新大会、两院院士大会、中国科协第九次全国代表大会上，习近平总书记指出“要围绕‘一带一路’建设、长江经济带发展、京津冀协同发展等重大规划，尊重科技创新的区域集聚规律，因地制宜地探索差异化的创新发展路径，加快打造具有全球影响力的科技创新中心，建设若干具有强大带动力的创新型城市和区域创新中心”。2019年8月，习近平总书记在中央财经委员会第五次会议上再次强调要着力加强协同创新共同体建设。加强区域协同创新已成为新时代提升区域整体创新能力、实现区域经济高质量发展的重要任务。

二、主要改革举措

（一）推进区域一体化协同创新

2016 年，中共中央、国务院印发的《国家创新驱动发展战略纲要》（简称《纲要》）和国务院印发的《“十三五”国家科技创新规划》（简称《规划》）对区域协同创新做出重要战略部署。《纲要》提出要“提升京津冀、长江经济带等国家战略区域科技创新能力，打造区域协同创新共同体，统筹和引领区域一体化发展”。《规划》提出要“紧紧围绕京津冀协同发展需求，打造协同创新共同体”，并“加速长三角、珠三角科技创新一体化进程，建设开放创新转型升级新高地”。为深入推进区域一体化协同创新，中央和有关部门在深入推动区域协调发展战略过程中，将构建区域协同创新共同体作为一项重要任务做出系统改革部署。

一是深化区域全面创新体制机制改革。2012 年，中共中央、国务院印发《关于深化体制机制改革加快实施创新驱动发展战略的若干意见》，明确要遵循创新区域高度集聚的规律，在有条件的省（区、市）系统推进全面创新改革试验。2015 年 8 月，中共中央办公厅、国务院办公厅联合印发《关于在部分区域系统推进全面创新改革试验的总体方案》，将京津冀确定为全国唯一一个以协同创新发展为主题、跨省级行政区域开展改革试验的实验区。2016 年 6 月，国务院发布《京津冀系统推进全面创新改革试验方案》，围绕促进京津冀协同发展，以深化科技体制改革为动力，充分发挥北京全国科技创新中心的辐射带动作用，推动京津冀协同创新共同体建设；同期，国务院印发《广东省系统推进全面创新改革试验方案》，结合独特的区位特点，重点围绕深化粤港澳创新合作和建立粤港澳创新圈开展改革试验。

二是创新要素跨区域互联互通。《纲要》提出要构建跨区域创新网络，推动区域间共同设计创新议题、互联互通创新要素、联合组织技术攻关。2019 年 2 月，中共中央、国务院印发《粤港澳大湾区发展规划纲要》，允许香港、澳门符合条件的高校、科研机构申请内地科技项目，并按规定在内地及港澳使用相关资金。支持粤港澳设立联合创新专项资金，就重大科研项目开展合作，允许相关资金在大湾区跨境使用。为推动粤港澳大湾区内科研经费便利使用，2018 年 5 月，科技部联合财政部发布了《关于鼓励香港特别行政区、澳门特别行政区高等院校和科研机构参与中央财政科技计划（专项、基金等）组织实施的若干规定（试行）》，实现了省级财政科研资金跨境流通的重大突破，该规定明确允许港澳高等院校和科研机构通过竞争择优方式承担中央财政科技计划项目，获得项目经费资助；支持港澳机构联合内地单位按照指南要求牵头或参与申报中央财政科技计划的相关项目，并根据港澳特区科研活动的实际支出情况提出项目经费需求。为推动人才要素跨区域一体化进程，2019 年 3 月，财政部、税务总局印发《关于粤港澳大湾区个人所得税优惠政策的通知》，对在大湾区工作的境外（含港澳台）高端人才和紧缺人才，按内地与香港个人所得税税负差额给予补贴，并对补贴免征个人所得税，通过降低大湾区工作的境外人才实际税负水平，破除人才流动壁垒。

三是加强区域创新科技合作。党的十九大报告提出“要支持香港、澳门融入国家发展大局，以粤港澳大湾区建设、粤港澳合作、泛珠三角区域合作等为重点，全面推进内地同香港、澳门互利合作”。2018 年 9 月，科技部与香港特区政府签署《内地与香港关于加强创新科技合作的安排》，作为两地科技创新合作的框架性文件和基础依据，提出要建立两地科技创新合作重要政策和重大事项协商机制，支持香港建设国际创新科技中心，明确两地将在科研、平台与基地建设、人才培养、成果转移转化及培育创科产业、融入国家发展战略，以及营造创科氛围 6 个范畴加强合作。两地同步签署的《科学技术部与香港特别行政区政府创新及科技局关于开展联合资助研发项目的协议》提出，3年内，支持香港与内地不同省份在生物科技、人工智能、智慧城市及金融科技等领域开展科研合作。2019年12月，中共中央、国务院印发《长江三角洲区域一体化发展规划纲要》，支持长三角区域联手营造有利于提升自主创新能力的创新生态。

四是推动区域共建科技成果转移转化高地。2016年9月，国务院印发《北京加强全国科技创新中心建设总体方案》，提出京津冀三地要建设协同创新平台载体，围绕首都创新成果转化共建科技成果转化基地等。《长江三角洲区域一体化发展规划纲要》中提出要进一步打通原始创新向现实生产力转化通道，依托现有国家科技成果转移转化示范区，推动科技成果跨区域转化。《粤港澳大湾区发展规划纲要》，也明确提出要支持珠三角九市建设国家科技成果转移转化示范区。为建设跨区域创新科技成果转移转化机制试验田，2016年9月，科技部发布《关于建设河北·京南国家科技成果转移转化示范区的函》，同意河北省建设河北·京南国家科技成果转移转化示范区，加强京津冀三地间科技创新成果、人才、平台、资本等资源开放共享，探索承接京津创新要素外溢转移、与河北产业创新需求对接转化的新模式。2018年5月，科技部发布《关于支持广东省建设珠三角国家科技成果转移转化示范区的函》，探索面向港澳地区双向转移转化科技成果的新模式、新路径。

五是推动区域产业技术协同创新。产业是区域协同发展的重要实体支撑，为发挥区域比较优势，我国多个区域间都开展了产业技术协同创新。以党中央高度重视的京津冀区域协同发展为例，为全面推进京津冀产业协同发展，2016年6月，工业和信息化部会同北京、天津、河北三省（市）政府出台了《京津冀产业转移指南》，提出要不断调整优化区域产业布局，构建“一个中心、五区五带五链、若干特色基地”的产业发展格局。主要以北京中关村、天津滨海新区、唐山曹妃甸区、沧州沿海地区、张承（张家口、承德）地区为依托，建成京津冀产业升级转移的重要引擎，发挥京津冀现有产业基础与优势，引导汽车、新能源装备、智能终端、大数据和现代农业五大产业链合理布局，协同发展。针对三地产业转移承接的税收分享等核心问题，三地进行了突破性探索，2015 年 6 月，财政部和国家税务总局印发《京津冀协同发展产业转移对接企业税收收入分享办法》（简称《办法》），推动迁出地与迁入地之间建立财政利益共享机制。《办法》明确提出迁出企业完成工商和税务登记变更并达产后 3 年内缴纳的增值税、企业所得税、营业税，由迁入地区和迁出地区五五分账。未满 3 年，分享期限再延长 2 年，此后迁出地区不再分享，由中央财政一次性给予迁出地区适当补助，有效促进区域间产业合理流动和布局。

（二）推进东西部科技创新合作

东西部科技创新合作是贯彻落实习近平总书记重要讲话精神的具体举措，是依托开放合作深入实施创新驱动战略的有效途径。党的十八大以来，党中央、国务院继续把深入实施西部大开发战略放在优先位置，实施了一系列支撑西部科技创新发展的战略部署。2020 年 5 月，中共中央、国务院印发的《关于新时代推进西部大开发形成新格局的指导意见》中，再次强调要深化东西部科技创新合作，打造协同创新共同体，持续强化对西部欠发达地区的支撑引领和带动作用。

一是支持甘肃与上海张江国家自主创新示范区创建“兰白科技创新改革试验区”。2014 年 11 月，科技部发布《关于支持开展兰白科技创新改革试验区建设试点的复函》，同意甘肃依托兰州高新区、兰州新区、兰州经开区和白银高新区开展兰白科技创新改革试验区建设，旨在强化甘肃地区与上海张江等国家自主创新示范区（试验区）的密切合作，实施双边与多边的科技经济合作项目，促进重大科技项目、高端研发团队、创新基地与服务平台的引进落地，吸引科技创新资源向试验区聚集，带动区域间的融合互动和振兴崛起。科技部与甘肃组织召开了 3 次工作推进会议，促进试验区加快建设，并支持举办了 4 届“中国兰州科技成果博览会”，促进科技成果向甘肃转移转化。

二是支持宁夏与北京等六省（市）合作开展“科技支宁”。2016 年习近平总书记在宁夏视察时做出了“越是欠发达地区越需要实施创新驱动发展战略。欠发达地区可以通过东西部联动和对口支援等机制来增加科技创新力量”“东部地区要舍得拿出真技术支援西部地区”的重要指示。为落实习近平总书记宁夏视察时的重要指示精神，2017 年 4 月 28 日，科技部与宁夏回族自治区政府联合向北京、天津、江苏、浙江、福建、山东六省（市）以及中国科学院、中国工程院、中国农业科学院、西北农林科技大学等有关院校的科技管理部门印发了《关于推动宁夏与东部有关省（市）科技合作的通知》，确定“6+4”合作主体，提出按照“市场主导、政府引导、互惠互利、合作共赢”原则，建立“科技支宁”东西部合作长期推进机制。2017 年 8 月，科技部和宁夏联合在银川召开了“科技支宁”东西部合作推进会，集中签约 104 个科技合作项目，全面开启了“科技支宁”东西部合作之路。

三是支持新疆与深圳、中科院开展丝绸之路经济带核心区创新驱动发展试验。2016 年 10 月，科技部、新疆、深圳和中科院建立了“四方合作”机制，重点依托高新区和经开区，深入开展新疆创新驱动发展试验，探索具有新疆特色的创新路径、创新模式和创新机制。2017 年 11 月，科技部会同发展改革委联合印发《关于支持新疆开展丝绸之路经济带核心区创新驱动发展试验的函》，提出新疆创新试验将以深化科技体制改革为动力，建立健全以科技创新为核心的全面创新体制机制，着力破解制约新疆创新驱动发展的体制机制障碍，探索科技成功向新疆有序转移的利益分享机制和合作共赢模式。依托乌鲁木齐、昌吉、石河子等国家高新技术产业开发区创建国家自主创新示范区，打造新疆创新试验的核心载体。加强开放创新合作，与“一带一路”

沿线国家共建技术转移中心、创新合作中心及技术转移协作网络，开展多种形式的国际转移活动，建立常态化的交流机制。

四是中关村与贵阳建设大数据科技创新试验区。科技部支持贵州依托贵阳高新区建设“贵阳大数据产业技术创新试验区”，积极协调北京中关村国家自主创新示范区与贵阳开展对口合作。实施“云上贵州·贵阳平台”工程，依托大数据提升政府治理效能和民生服务水平。

（三）以科技创新合作支撑东北振兴和中部崛起

2017 年 3 月，国务院办公厅印发《东北地区与东部地区部分省市对口合作工作方案》，辽宁省与江苏省、吉林省与浙江省、黑龙江省与广东省、沈阳市与北京市、大连市与上海市、长春市与天津市、哈尔滨市与深圳市为对口合作关系。支持内蒙古自治区主动对接东部省（市），探索建立相应合作机制。鼓励中西部老工业城市和资源型城市主动学习东部地区先进经验做法。相关合作双方充分发挥中央和地方两个积极性，通过市场化合作促进各类创新要素合理流动、资源共享、园区共建，依靠科技创新合作，加快形成共同推进东北地区实现全面振兴的合力。

三、改革实施进展

党的十八大以来，根据党中央、国务院关于加强区域协同创新的任务部署要求，各相关部门和地方深入推动相关改革举措落实落地，区域间创新合作关系更加密切，创新要素流通更加畅通，区域政体协同创新能力得到大幅提升，形成了更加开放合作的跨区域创新高地。

（一）区域协同创新水平稳步提升，技术溢出效应逐步显现

区域协同创新能力不断增强，据国家统计局数据显示，京津冀区

域创新发展指数持续平稳上升，与2013年相比，平均每年提高8.25个点。《2020长三角区域协同创新指数》显示，2019年长三角地区的创新协同总指数为204.16分，较2011年翻了一番，协同创新综合水平年均增速达到了9.33%。区域创新投入逐年增加，2018年京津冀区域研发经费投入强度为3.36%，比2013年提高了0.37个百分点，三地的研发经费投入强度差距不断缩小，投入强度之比由2013年的5.86∶2.93∶1变为2018年的4.45∶1.89∶1（其中河北为1）。长三角总体R&D投入强度为2.81%，同比增长3.60%，高于全国2.14%[①]。2018年泛珠区域R&D经费支出达到5511亿元，是2010年的4倍。区域的创新产出逐年增加，《2020长三角区域协同创新指数》显示，2011—2019年，长三角城市间专利转移数从不足千次跃迁为近两万次，发明专利申请量、科技论文合作量均翻了4倍多。2014—2018年，粤港澳大湾区的发明专利总量增幅达到219.31%[②]。2014—2018年，京津冀国内3种专利申请授权数年均增长率为17.4%[③]。

（二）区域创新资源加速集聚，创新环境不断优化

从大型仪器共享情况来看，截至2018年12月，长三角科技资源共享服务平台已集聚区域内大型科学仪器31 169台／套，仪器总价值达到362.3亿元，大型仪器共享率为90.3%[④]，且实现了大规模互通共享。从创新人才集聚情况来看，2018年长三角每万人拥有R&D人员60.06人年，同比增长4.75%。2018年，粤港澳大湾区总体人才净流入率为1.39%，较上年同期的1.24%进一步提高，共聚集从事研发的科学家和工程师40万人。从科研基础设施集聚情况来看，粤港

① 数据来源：《2020长三角区域协同创新指数》。
② 数据来源：《粤港澳大湾区协同创新发展报告（2019）》。
③ 数据来源：《河北蓝皮书：京津冀协同发展报告（2020）》。
④ 同①。

澳大湾区内现已集聚了4万多家国家级高新技术企业、9个国家级大科学装置、4所世界100强的大学，珠三角九市共建设27家国家重点实验室，香港16家，澳门4家[①]。

（三）区域科技创新合作更加紧密，创新成果不断涌现

粤港澳大湾区成功实现了科研资金跨境自由流动和科研项目的跨境合作，2018年7月香港科技大学承担的省级科研项目财政资金316.96万元顺利拨付香港，成为首例港澳高校参与省级科研资金科技计划的成功案例。南方海洋科学与工程广东省实验室（广州）向香港科技大学成功拨付3800万元科研经费。截至目前，粤港联合创新资助项目达到151个。长三角区域呈现出更加紧密的科研协同态势，《2020长三角区域协同创新指数》报告显示，2018年长三角科研合作网络密度为0.613，相比2010年增加了0.276，增幅达到82.12%。2017—2018年长三角地区41个地级以上城市全部参与到科技论文合作网络中，实现了长三角区域科研合作网络全覆盖。2019年，长三角区域联合争取国家重大攻关项目超100项，获批经费超18亿元。东西部地区科技合作态势良好，其中宁夏先后与北京、上海、浙江等8个省（市），中科院、中国工程院、清华大学等8个院所和高校签署合作协议，搭建了67个合作平台和5个合作园区，柔性引进科技创新团队35个、吸引1700多名人才参与宁夏科技创新活动，形成了全国26个省（区、市）和150多家高校院所参与的东西部科技合作机制[②]。

① 数据来源：中国智库网，《粤港澳大湾区国际科创中心建设重在“软环境”》。
② 数据来源：光明日报，《建立完善东西部科技合作长效机制》。

（四）产业技术协同创新不断深化

2019 年，京津冀三地技术合同成交额占全国技术合同成交总额的比例超过三成，达到 7000.4 亿元，同比增长 17.4%。北京对津冀的辐射带动作用进一步增强，技术合同成交额达 5695.3 亿元，居全国第 1 位，输出到津冀的技术合同成交额持续增长，近 3 年达到 17.9% 的年均增速，2019 年北京流向津冀技术合同成交额超 210 亿元[①]。长三角地区四省（市）表现出强劲的上升势头，技术合同成交额为 4624.9 亿元，占全国的 20.6%。浙江、江苏、安徽增速超过 40%。粤港澳大湾区开放合作成效显著，技术合同成交额达到 2123.2 亿元，同比增长 55.75%[②]。9 年间长三角高技术产业利润从 1559.2 亿元增长至 3160.7 亿元，增长幅度超过 1 倍[③]。

四、思考与展望

目前区域间创新要素分布不均衡、创新资源共享不足、创新链和产业链对接融合不充分等现象仍然是区域协同创新的突出问题，导致缺少有效整合的区域性协同创新机制和创新网络，未能完全形成区域协同创新合力。为了进一步推动区域科技创新合作、提升区域间协同创新能力，下一步要谋划形成统一的区域创新发展战略规划顶层设计，在区域规划、科技资源配置、科技创新政策制定和重大科技项目布局上统筹协调；要推进区域间创新要素融通，打破跨行政区域的创新壁垒，缩小区域间市场环境差距，促进人才、技术、资金和信息等创新要素互联互通；组建区域间的区域科技创新联盟，搭建跨行政区域科

① 数据来源：《河北蓝皮书：京津冀协同发展报告（2020）》。

② 数据来源：科技部官网，《2019 年全国技术交易实现跨越式增长》。

③ 数据来源：《2020 长三角一体化区域协同创新指数》。

技创新平台，实现更大范围的区域协同合作创新理念。建立“强强联合”或“优势互补”的协同创新共同体，实现创新资源和产业布局上的合理统筹。

第七篇
扩大科技创新开放合作

改革开放是坚持和发展中国特色社会主义、促进国家繁荣发展的必由之路，是我国的基本国策。全面系统回顾、分析党的十八大以来我国科技创新开放合作改革政策的背景、举措、进展，总结改革经验，对我国“十四五”时期继续深化科技体制改革、全面扩大开放、推动国际科技创新合作，对内全面支撑高质量发展，对外构建人类命运共同体具有时代意义。党的十八大以来，习近平总书记围绕开放创新做了一系列重要论述，党中央、国务院围绕科技创新开放合作做出一系列重大部署。在当今世界面临百年未有之大变局下，要系统理解自主创新与科技创新开放合作的辩证关系。一方面，只有正确把握开放合作改革的初心和目标，才能在创新驱动发展战略实施中，持续以全球视野谋划和推动科技创新，深度融入全球创新网络，与全球各国共同推动世界科技进步；另一方面，只有深入了解新时期全面扩大开放的内涵，才能在新形势下全方位加强科技创新开放合作、高效配置全球创新资源，同各国人民一起推动人类命运共同体构建、实现互利共赢。

本篇重点围绕党的十八大以来《关于深化科技体制改革加快国家创新体系建设的意见》等文件中，对开放创新改革的部署安排和工作要求，特别是《深化科技体制改革实施方案》中的相关重点任务部署，深入分析了党中央、国务院关于“引进来和走出去相结合，鼓励人才创新要素自由流动，开展全方位、多层次、高水平的国际科技合作与交流，推动形成深度融合的开放创新局面”等与科技创新开放合作有关的战略部署。通过实施开放创新战略、科技创新体系的对外开放、打造具有国际竞争力的人才制度优势，以及构建以科技为支撑的开放型经济新体制 4 个方面，梳理了党的十八大以来科技创新开放合作改革举措及发展脉络、构建开放创新新格局在科技领域的具体实践和成果成效，研究提出了“十四五”时期扩大开放和加强科技创新合作的新思路。科技创新开放合作的改革举措部署如图 7–1 所示。

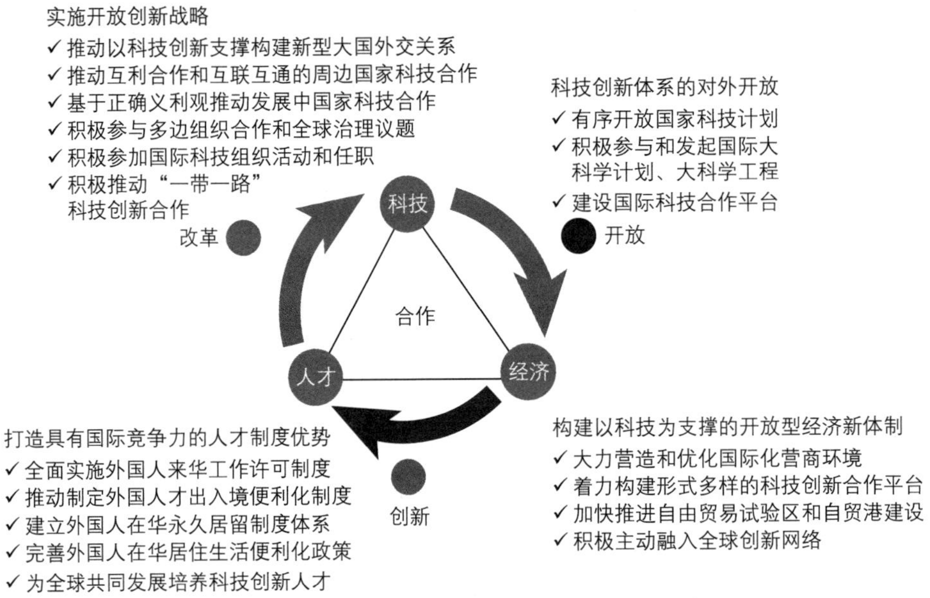

图 7–1 扩大科技创新开放合作重点任务

第23章　实施开放创新战略

一、改革背景

改革开放以来，我国从制造业到服务业，开放领域范围不断拓宽；从沿海到内地，开放区域不断扩大；从港澳地区到发达国家，再到发展中国家和地区，开放对象覆盖全球；从双边到多边合作，开放方式不断创新；从试验性开放到有针对性的战略性开放，开放策略和目标不断清晰。党的十八大以后，国内外环境发生了极为广泛而深刻的变化，我国发展面临着一系列突出矛盾和挑战，包括：发展中不平衡、不协调、不可持续问题依然突出，科技创新能力不强，产业结构不合理等。为应对国际国内更加复杂的环境和变局，以习近平同志为核心的党中央再一次准确把握“和平、发展、合作、共赢”的时代潮流和国际大势，从中国特色社会主义事业“五位一体”总布局的战略高度、从实现中华民族伟大复兴中国梦的历史维度，指出要实行更加积极主动的对外开放战略，即以开放“促改革、促发展、促创新、促合作”，全面提高开放型经济水平、加快科技强国建设。

2012年11月15日，习近平总书记在《求是》杂志发表了《全面贯彻落实党的十八大精神要突出抓好六个方面工作》的重要文章。文中指出，“我国过去30多年的快速发展靠的是改革开放，我国未来发展也必须坚定不移依靠改革开放”，强调了“以改革促开放”，全面实施扩大开放的历史必然性。习近平总书记进一步审时度势、高瞻远瞩，2015年在中央全面深化改革领导小组第十六次会议上强调，“改革和开放相辅相成、相互促进，改革必然要求开放，开放也必然要求改革。要坚定不移实施对外开放的基本国策、实行更加积极主动的开放战略，坚定不移提高开放型经济水平，坚定不移引进外资和外来技术，坚定不移完善对外开放体制机制”。4个“坚定不移”是总书记从当时中国面临的问题挑战及国际形势出发，进一步强调了扩大开放的现实紧迫性，为进一步发挥以开放促创新、促发展的成功经验，提供了重要遵循路径、指明了努力前进方向。

二、主要改革举措

近年来，国际形势复杂多变的特点比以往任何时候都更加突出，而开放创新合作则是在新时期赋予对外开放和创新驱动发展战略的新内涵，是在新形势下对外开放战略内容上的创新和超越。

（一）推动以科技创新支撑构建新型大国外交关系

党的十八大报告指出，“当今世界正在发生深刻复杂变化，和平与发展仍然是时代主题。世界多极化、经济全球化深入发展，科技革命孕育新突破，全球合作向多层次全方位拓展，新兴市场国家和发展中国家整体实力增强，国际力量对比朝着有利于维护世界和平方向发展，保持国际形势总体稳定具备更多有利条件”。党的十八大以来，我国在贯彻互利共赢开放战略的基础上，系统提出了“新型大国关系”的外交理念，对推动国际关系的转型和大国间的科技创新合作具有重大的理论指导意义[①]。

“新型大国关系”即以相互尊重、合作共赢的合作伙伴关系为核

① 金灿荣，王浩．十八大以来中国外交的新理念和新特点[J]．湖北大学学报（哲学社会科学版），2014（3）：32-36，154．

心特征的大国关系，是崛起国和守成国之间处理冲突和矛盾的新方式。这一外交理念于 2012 年在中美战略与经济对话期间提出，并于 2013 年 6 月中美元首加州庄园会晤时，最终成为中美双方共识并开始具体落实。这一理念还被应用到与其他主要大国的关系上。例如，习近平主席就任后出访的首站为俄罗斯，表明中俄关系已经成为新型大国关系的典范。

在科技创新实践上，“十二五”时期我国以巩固和深化政府间科技合作为主，相较于“十一五”时期，中美、中俄、中欧及中日韩政府间科技合作机制日臻完善。“十三五”时期，我国分类制定国别战略，系统设计科技合作，加强国家科技外交，丰富新型大国关系的科技内涵。如利用政府间科技合作机制，推进与发达国家建立创新战略伙伴关系和“创新对话”机制，形成与人文交流、高层对话机制间的有机衔接。在合作机制、合作方式上均体现了改革、开放和创新要素。可见，新型大国科技创新合作的关系始终秉承“不冲突不对抗、相互尊重、合作共赢”的理念。

新型大国外交关系下的科技创新，有助于将创新驱动战略与国家外交战略相结合，更有利于推动建立更为广泛的创新共同体，在更高水平上开展科技创新合作，因而使得科技外交在国家总体外交中的作用日益凸显。

（二）推动互利合作和互联互通的周边国家科技合作

周边国家外交新理念的提出，反映了周边国家对于中国的极端重要性，也体现出党的十八大以来党中央根据国际及地区形势变化，及时调整对周边国家的外交思路，对周边外交战略做出了新部署、确立了新目标。

党的十八大报告指出“我们将坚持与邻为善、以邻为伴，巩固睦邻友好，深化互利合作，努力使自身发展更好惠及周边国家”。为进一步加强与周边国家的睦邻友好关系，构建与周边国家互联互通的战略高地，创造有利于我国现代化建设的国际环境指明了方向。2013年10月，中共中央召开的首次周边外交工作座谈会上，习近平总书记再次阐述了周边外交的基本方针，坚持睦邻、安邻、富邻，突出亲、诚、惠、容的全新理念。该理念致力于使中国自身的发展更好地惠及周边国家，使周边国家能够通过与中国的合作而获益，是“打造人类命运共同体”和“构建新型国际关系”思想在周边外交中的具体实现形式。习近平总书记再一次为中国特色社会主义理论体系在外交与国际战略领域增添了新的内涵。

从科技创新合作内容上看，“十一五”时期，我国同周边国家在外交关系和经济技术合作方面互动较多。“十二五”时期，我国开始推动实施面向周边的对外开放战略。例如，建设区域科技创新枢纽和国际科技合作基地，共建合作研究站点、科技园区和农业科技示范基地，通过项目合作和人员培训扩大我国在周边国家的影响。“十三五”科技创新规划中，我国进一步加强了同周边国家（地区）科技创新需求的对接，打造互利合作的周边命运共同体和创新共同体。

一方面，在中国的周边外交中，中国—东盟关系是重要一环。中国自1991年与东盟开启对话关系以来，已与所有东盟成员国都确立了合作伙伴关系或全面战略合作伙伴关系。党的十八大后，我国更是推出了一系列新举措以深化同东盟的合作。例如，打造中国—东盟自贸区升级版、中国—东盟“2+7合作框架”等，均标志着中国与东盟国家多领域合作关系的不断发展与提升。另一方面，积极推进中日韩自贸区的构建是中国周边外交的又一新举措。2013年3月，三国举行首轮自贸区谈判。2014年11月，中韩签署会议纪要，标志着中韩自贸区实质性谈判结束。截至2018年，中日韩自贸区谈判已举行了13轮，中日韩三国在部分议题上取得一些积极进展。2020年11月15日，包括中日韩在内的15个国家签署了区域全面经济伙伴关系协定

（RCEP），将进一步提升亚太地区高质量发展，进而促进亚太和全球经济发展。

（三）基于正确义利观推动发展中国家科技合作

我国虽然已经是世界第二大经济体，但仍然是世界上最大的发展中国家。在维护同发展中国家的科技合作关系时，我国始终做到切实加强团结合作，维护国际公平正义，而科技创新合作在深化同发展中国家的团结合作，构建形成携手共进、共同发展的新局面方面具有重要作用。

为加强与发展中国家的科技合作，“十二五”时期，我国开始组织实施面向发展中国家的“科技伙伴计划”，在非洲、拉美、东南亚、中亚等地区建立国际技术转移示范点，探索在发展中国家推广科技服务和科技创业的经验。相比于“十一五”时期，我国在开拓和加强与发展中国家的科技合作方面实施了较大力度的改革举措，在技术服务和示范、技术培训和援助方面均做出了新的探索和创新。“十三五”时期推动完善与新兴经济体和发展中国家的政府间科技合作，我国进一步完善了与发展中国家及新兴经济体之间的科技伙伴计划，加强同发展中国家（地区）科技创新需求的衔接，尤其在巩固与非洲、拉美等地区的科技合作时，以科技创新合作为纽带强化命运共同体理念。此外，我国还持续扩大科技援助规模，创新援助方式，以科技对外援助的方式帮助发展中国家加强创新能力建设。

在 2018 年 6 月的中央外事工作会议上，习近平总书记强调，“要深化同发展中国家团结合作，推动形成携手共进、共同发展新局面；广大发展中国家是我国在国际事务中的天然同盟军，要坚持正确义利观，做好同发展中国家团结合作的大文章”。实践表明，我国同广大发展中国家的科技创新合作进一步得到深化。

（四）积极参与多边组织合作和全球治理议题

随着中国综合国力的大幅提升，整个世界对中国在国际事务中发挥更大作用的期待明显上升。而中国作为负责任的大国，不仅利用全球化带来的机遇推动自身创新发展，而且也始终强调要使中国的创新发展成为推动整个世界进步的重要动力。

党的十八大以来，习近平总书记在坚持“多边外交为舞台”的基础上，强调通过多边外交来“推动国际体系和全球治理改革”，而中国在参与多边国际事务中始终高举“和平、发展、合作、共赢”的旗帜，从而将多边外交作为发展同世界各国关系的舞台。“十一五”期间，我国还主要通过与欧盟、东盟、亚太经合组织、经济合作与发展组织、世界卫生组织、国际原子能机构、联合国教科文组织等国际组织，开辟国际合作与交流的渠道，还未达到主动设计议题和参与科技活动的能力。“十二五”以后，我国一方面仍积极主动参加各类国际组织和多边合作框架活动；另一方面开始围绕全球热点问题开展相关技术的联合研发，持续强化我国在国际事务中的作用。“十三五”时期，我国进一步加强多边科技合作，广泛深入参与多边机制中关于创新议题的磋商，为全球重大发展议题和挑战提供解决方案，为国际社会创造更多的公共产品。

从改革的进程看，中国正在由全球化和全球治理的受益者，发展成为主动参与全球治理、履行国际责任的承担者，而在实施全球治理过程中，“科技创新合作”是一个重要的手段和途径。

（五）积极参加国际科技组织活动和任职

当今世界科技发展速度日益加快，发展中国家在科技创新领域的积累较发达国家仍有不小差距。由于先进科学研究的复杂程度日益提升和国际话语权的缺失，唯有深度参与全球科技治理，才能全面提升我国科研实力，建设成为全球领先的科技强国。因此，积极参加国际科技组织、参与国际科技合作规则的制定，对提升我国科技影响力和制度性话语权具有十分重要的作用。

我国早在“十五”时期就开始支持科学家参与国际学术组织，并在“十一五”时期争取重要国际学术组织在华建立总部或设立分部。习近平总书记始终重视参与国际组织活动，拓展国际合作伙伴网络，为推动化解热点问题、完善全球治理做出贡献。党的十八大之后连续颁布的《关于深化体制机制改革加快实施创新驱动发展战略的若干意见》等多个文件，均将积极参加国际科技组织、标准化组织作为重要改革举措。

为逐步提升我国在重点领域国际科技组织中的话语权，《国家“十二五”科学和技术发展规划》强调积极参与国际科技组织和区域组织，支持我国优秀科学家到国际科技组织、学术组织、标准组织和学术期刊任职，提升我国参与重要国际标准制定的能力。与“十二五”相比，《“十三五”国家科技创新规划》提出“鼓励设立新的国际组织，争取和吸引国际组织在华落户”，同时支持“推荐更多的科学家等优秀人才到国际科技组织交流和任职”。《国家创新驱动发展战略纲要》中也将推动我国优势技术与标准成为国际标准作为一个重要任务。这些举措将使得我国日益成为国际组织和全球治理举足轻重的推动者、建设者、贡献者，同时也将日益成为国际多边组织和全球治理在制度创新、理念创新方面“软资源”的重要来源。

（六）积极推动“一带一路”科技创新合作

“一带一路”倡议是在全球经济处于复苏阶段的背景下提出的，区域协调合作是促进全球经济增长的主要动力，以基础设施建设为切入点推动沿线地区合作交流，涉及的领域极为广泛，其中尤以科技创新最为重要。

我国作为世界第二大经济体，一举一动都会牵动世界发展的脉搏。2013年，习近平总书记根据我国特殊的地理位置，以及与亚洲、欧洲、非洲特殊的地缘政治关系和经济互补优势，提出了中国对外发展过程中的重大倡议[①]——“一带一路”倡议。2014年，中央财经领导小组第八次会议指出，“一带一路”倡议有利于扩大和深化对外开放。党的十八届三中全会进一步提出通过推进“一带一路”建设，形成全方位开放新格局。回顾看来，这是党中央围绕全面对外开放所做出的重大战略举措，对于在新时期深度融入世界经济、实现可持续发展具有重大意义。

“十三五”时期，科技创新合作对共建“一带一路”的先导作用越发重要。主要政策改革方向体现在：密切科技沟通和人文交流、加强联合研发和技术转移中心建设、促进科技基础设施互联互通，以及与“一带一路”参与国家开展合作研究等几个方面。2016年，党的十八届五中全会提出打造陆海内外联动、东西双向开放的全面开放新格局；紧接着我国出台了《推进“一带一路”建设科技创新合作专项规划》。党的十九大报告指出，中国开放发展已进入“新时代”，强调以“一带一路”建设为重点，形成“陆海内外联动、东西双向互济的开放格局”。2017年，习近平总书记在“一带一路”国际合作高峰论坛宣布启动“一带一路”科技创新行动计划，开展科技人文交流、共建联合实验室、科技园区合作、技术转移4项行动，“一带一路”科技创新合作成为对外开放的新内容。

2018年两院院士大会[②]上，习近平总书记进一步强调要把“一带一路”建成创新之路，合作建设面向沿线国家的科技创新联盟和科技创新基地，为各国共同发展创造机遇和平台。这表明新时代中国更加

① 乔玉强，罗骞政．党的十八大以来中国对外开放新变化：“一带一路”对中国崛起的重大意义[J]. 传承，2016，0(8)：38-39.

② 即中国科学院第十九次院士大会、中国工程院第十四次院士大会。

主动、更加深化、更高水平的新一轮对外开放战略逐步形成，而科技创新合作在推动“一带一路”倡议的落实中发挥着重要作用。

三、改革实施进展

改革开放以来，我国经历了开放程度由低到高、由浅入深、由窄向宽的过程，探索形成了具有中国特色的“对外开放”理论[①]，逐步推动了开放创新战略的转变。目前，我国已经与160个国家建立了科技合作关系，签署政府间合作协议114项，人才交流协议346项，参加国际组织和多边机制超过200个，初步形成了多方位、多层次、宽领域的开放创新格局。

与主要创新型国家科技合作机制不断完善。截至目前，我国已与美国、欧盟、巴西、俄罗斯等国家和新兴经济体，构建了中美、中欧、中德、中法、中以、中巴、中俄、中加等十大“创新对话”机制，形成了与人文交流、高层对话机制间的有机衔接。中美、中欧、中俄、中法创新对话成为我国与世界主要国家在科技创新领域战略沟通的重要机制。科技合作持续列入中美战略与经济对话，以及中美、中英、中法及中欧等高级别人文交流机制的重要议题，充分发挥了政府间科技创新合作的带动作用。

依托科技伙伴关系与发展中国家务实科技合作深入开展。面向发展中国家建立了中非、中国东盟、中国南亚、上合组织国家、中拉、中阿、中国—中东欧等七大科技伙伴计划，基本实现了对发展中国家的全球覆盖。此外，我国比过去更加重视周边外交的地位和作用[②]，周边地区成为我国对外工作的优先方向，而科技创新是开拓进取的“急

① 陈万灵，蔡春林．对标高水平开放规则　构建中国全面开放新体系[J]．云梦学刊，2018，39（3）：88–94．

② 金新．习近平周边外交战略的改革创新[J]．西部学刊，2019（2）：5–8．

先锋”，有力夯实了我国与亚洲、非洲及拉美等周边及发展中国家的务实合作和共赢的关系。

以科技创新合作为纽带强化命运共同体理念。“一带一路”倡议的提出顺应了我国对外开放区域结构转型的需要，极大地推动了我国同沿线国家创新合作的深入发展，而科技创新合作进一步支撑了“一带一路”建设稳中有进。截至 2019 年 8 月，已有 136 个国家和 30 个国际组织与中国签署了 195 份共建“一带一路”合作文件。许多参与“一带一路”倡议的国家来自金砖国家、东盟、中东和北非，以及撒哈拉以南非洲。自“一带一路”倡议提出以来，我国与沿线国家贸易规模持续扩大，2014—2019 年贸易值累计超过 44 万亿元，年均增长达到 6.1%，我国已经成为沿线 25 个国家最大的贸易伙伴。2017 年 5 月，首届“一带一路”国际合作高峰论坛在北京成功举办。“一带一路”目前已成为中国与包括周边国家在内的沿线各国展开全方位合作的重要平台。

科技创新合作成为主场外交亮点。党的十八大以来，科技外交日益成为国家双多边整体外交的突出亮点。我国始终保持同重要国际组织和区域合作组织的合作，包括与金砖国家（BRICS）、亚太经合组织（APEC）、经合组织（OECD）、20 国集团（G20）、上合组织（SCO）等多边机构的合作，广泛参与和推动多边机制中关于全球议题设置、国际标准制定、大型国际计划的设计和实施等的磋商和务实合作，为全球重大发展议题和挑战提供可行性解决方案，为国际社会创造更多公共产品的同时，推动我国科技发展更加全面地融入全球化进程。此外，在公共卫生领域加强科技创新合作是构建人类命运共同体的重要内容。2020 年新冠肺炎疫情发生之后，我国科研人员秉持人类命运共同体理念，在全力抗击国内疫情的同时，不失时机地推动国际科技合作，得到了国际组织和有关国家政府、媒体的积极评价。

四、思考与展望

改革开放以来对外开放和创新合作，是中国处理与世界关系的核心路径，极大地推动了中国与世界在各领域的互动交流。党的十八大以来，以习近平同志为核心的党中央集体，在坚持已有战略布局的基础上，一方面对原有布局的内涵进行了丰富、发展；另一方面又拓展了新布局的内容，使中国在持续推动互利共赢的国际发展合作中，逐步成为构建平等公正、合作共赢国际经济新秩序的中坚力量。从提出开放创新合作的雏形，到不断丰富和完善开放创新合作的内涵，最终实现科技创新与开放合作的“相辅相成”，这些均是紧密结合国际国内形势变化、理论联系实际的结果。在此基础上，各部门和地方始终以全球视野谋划和推动创新，丰富对外科技合作的内涵，逐步完善与发达国家、新兴经济体和发展中国家的政府间科技合作模式，将开放创新置于对外开放发展大局，最终实现了开放创新战略的转变。

面向“十四五”，我们要继续加强国家科技外交和科技合作的系统设计。深化政府间科技合作，拓宽政府间合作渠道，分类制定国别战略，继续丰富新型大国关系的科技内涵，推进与科技发达国家建立创新战略伙伴关系，与周边国家打造互利合作的创新共同体，拓展对发展中国家科技伙伴计划框架，继续推动“一带一路”建设，实施更大范围、更宽领域、更深层次的对外开放，引领全球开放创新合作。

第 24 章　科技创新体系的对外开放

一、改革背景

习近平总书记强调，科学技术是世界性的、时代性的，发展科学技术必须具有全球视野。新时代我国对外开放战略构想和理论的形成及不断完善，都是在开放发展的实践中逐步积累起来的，科技创新体系的对外开放也不例外。党的十八大以后，党和国家对科技对外开放工作提出了更高要求，并高度重视科技创新在革命、建设和改革中的重要作用。然而我国在科技创新体系的开放程度和国际化水平方面仍显不足，如在科技资金、科技项目方面的开放水平与发达国家有一定差距，吸引全球顶尖人才和团队参与的程度不够，各类科技合作平台的对外开放程度偏低，对在境外建立科技合作平台、吸纳和使用全球创新资源的渠道没有充分拓展等。为提升我国科技体系的对外开放程度，推动科技、经济快速发展，我国积极开展科技体制改革，全面参与全球化进程、持续推进对外开放，全方位、多层次、宽领域的开放特色愈见明显，创新型国家建设迈向新征程。

《关于深化体制机制改革加快实施创新驱动发展战略的若干意见》中提出“全面创新”，同时要求“统筹推进引进来与走出去合作创新，实现科技创新、制度创新、开放创新的有机统一和协同发展”。该文件从鼓励创新要素跨境流动、扩大科技计划对外开放等多个角度提出科技创新体系对外开放的雏形。在逐步形成科技创新体系对外开放思想体系以后，相关文件中也有了体现。例如，《国家“十二五”

科学和技术发展规划》认为深化改革和扩大开放是科技创新的强大动力，要提高科技发展的国际化程度，在更加开放的环境下推进自主创新。《“十三五”国家科技创新规划》进一步提出探索科技开放合作新模式、新路径、新体制，深度参与全球创新治理，促进创新资源双向开放和流动，全方位提升科技创新的国际化水平。自此，我国科技创新体系的对外开放，也加大了改革的脚步。

二、主要改革举措

认识到自身在全球科技格局中的新地位，我国开始逐步转变观念，化被动为主动，在科技的对外开放中发挥引领作用。

（一）有序开放国家科技计划

国家科技计划对外开放是科技创新国际化水平的重要指标之一，是积极主动融入全球科技创新网络的体现。2012 年党中央、国务院《关于深化科技体制改革加快国家创新体系建设的意见》中指出我国科技发展的国际化程度还不够。2015 年党中央、国务院《关于深化体制机制改革加快实施创新驱动发展战略的若干意见》中要求制定国家科技计划对外开放的管理办法，按照对等开放、保障安全的原则，积极鼓励和引导外资研发机构参与承担国家科技计划项目。2015 年中共中央办公厅、国务院办公厅印发的《深化科技体制改革实施方案》中将制定国家科技计划对外开放管理办法、启动外籍科学家参与承担国家科技计划项目实施试点列为一项重要改革举措，与之相配套的相关措施，如科研经费跨境拨付、研发所需设备、样本及样品通关免检等改革举措一并提出。

《国家“十二五”科学和技术发展规划》指出要“逐步加大国家科技计划的开放力度”“支持港澳地区科技人员、机构参与和承担国家科技计划项目”。“十三五”时期的《国家创新驱动发展战略纲要》及科技创新规划进一步支持海外专家牵头或参与国家科技计划项目，参与国家科技计划与专项的战略研究、指南制定和项目评审等工作，不但国家科技计划开放力度进一步加大，海外专家的参与范围也逐步拓宽。同时出台了一系列文件，支持通过组织实施高水平科技创新合作项目，加强与港澳台的科技创新合作。2018年，科技部出台了《科技部关于推进外籍科学家深入参与国家科技计划的指导意见》、科技部和财政部印发了《关于鼓励香港特别行政区、澳门特别行政区高等院校和科研机构参与中央财政科技计划（专项、基金等）组织实施的若干规定（试行）》，极大地推动了科技计划开放程度，促进了内地与香港、澳门的科技合作。

国家在大力推动科技计划对外开放的同时，各省（区、市）也在积极推进落实。2019年，广东出台了《关于进一步促进科技创新的若干政策措施》，提出建立省财政科研资金跨境使用机制，鼓励港澳高校和科研机构承担省科技计划项目，港澳科研力量作为平等开放的参与主体可独立或牵头申报项目，允许项目资金直接拨付至港澳两地牵头或参与单位；建立资金拨付绿色通道等。2019年6月，广东省财政厅、审计厅发布的《关于省级财政科研项目资金的管理监督办法》，也从持续推进科技领域“放管服”改革、服务大湾区科技协同创新的角度，明确资助香港、澳门特区高校、科研机构的省科研项目经费，可按国库集中支付有关规定，由项目主管部门按规定直接拨付至港澳高校及科研机构。2019年10月，深圳为鼓励深圳和港澳地区科学家在粤港澳大湾区国际科技创新中心建设中发挥更大作用，出台了《深圳市财政科研资金在港澳地区使用管理规程（试行）》，对内地财政科研资金在港澳地区的使用做了详细的规定。此外，广西于2020年7月出台了《关于进一步深化科技体制改革推动科技创新促进广西高质量发展的若干措施》，也提出允许跨境联合项目资金拨付至国（境）

外牵头或参与单位。

（二）积极参与和发起国际大科学计划、大科学工程

国际大科学计划和大科学工程是人类开拓知识前沿、探索未知世界和解决重大全球性问题的重要手段，是一个国家综合实力和科技创新竞争力的重要体现。党的十八大之前，我国在国际大科学计划和大工程平台研究中主要是以积极参与的方式做出贡献。习近平总书记洞悉科技发展规律、把握时代大势，充分认识到牵头组织大科学计划（工程）是建设创新型国家和世界科技强国的重要手段，对增强我国科技创新实力、提升国际话语权具有积极深远意义。为推动我国科学家参与和发起国际大科学计划和大科学工程，党的十八大以后，我国加快了改革的步伐。2014 年两院院士大会上，习近平总书记指出“要从我国现实需求、发展需求出发，有选择、有重点地参加国际大科学装置和科研基地及其中心建设和利用”，既说明了其重要性，也表示了要一步一个脚印地向前进。经过多年的发展和精心准备，2018 年两院院士大会上，习近平总书记再一次指出“积极参与和主导国际大科学计划和工程，推动大科学计划、大科学工程、大科学中心、国际科技创新基地的统筹布局和优化”。

《深化科技体制改革实施方案》等文件要求在基础研究和重大全球性问题研究等领域，统筹考虑国家科研发展需求和目标，主动参与和牵头国际大科学工程、研究发起国际大科学计划。同时考虑到我国现实需求和发展需求，还鼓励积极参与、发起和组织大型国际科技合作计划，以为研究发起国际大科学计划做好铺垫，显示出改革的系统性和连续性。在相关文件精神的指导下，《国家“十二五”科学和技术发展规划》指出要“有效参与国际大科学计划和大科学工程，适时推动发起国际和区域性大科学计划，力争启动相关研究计划和大科学工程研究专项”。随着我国科技实力的提升，与“十二五”相比，

《“十三五”国家科技创新规划》明确要“提出并牵头组织国际大科学计划和大科学工程”，为世界科学发展做出贡献。2018 年，党的十九届中央全面深化改革领导小组第二次会议上审议通过了《积极牵头组织国际大科学计划和大科学工程方案》（国发〔2018〕5 号），为新时期牵头组织国际大科学计划和大科学工程、提升我国前沿领域创新能力和国际影响力指明了方向。

为进一步提高我国科技的全球影响力，主动参与全球科技创新治理，在相关文件中还提出参与国际学术组织、标准化组织、科技组织等改革举措。《深化科技体制改革实施方案》将鼓励和支持我国科学家在国际科技组织任职，以及参与国际标准制定、修订作为重要改革举措。此外，由于标准的制定与企业密切相关，《国务院办公厅关于强化企业技术创新主体地位全面提升企业创新能力的意见》（国办发〔2013〕8 号）对该工作也进行了部署。

（三）建设国际科技合作平台

党的十八大以前，建设国际科技合作平台相关任务便已开始有所部署。其目的在于有效地发挥国际科技合作在扩大开放中的促进和推动作用，提升我国国际科技合作的质量和水平，发展“项目—人才—基地”相结合的国际科技合作模式。

党的十八大以后，除了继续支持国际学术机构、跨国公司等来华设立研发机构、联合组建国际科技中心外，我国更加强调“走出去”建设各类科研合作平台，体现了融合全球科技创新资源的思路。相比于“十一五”时期开始建立一批高水平的国际科技合作研发中心和基地，“十二五”时期我国在国际合作基地、平台建设方面的举措更加丰富，如推动国际创新园、国际联合研发中心、国际技术转移中心和国际科技合作创新联盟等基地和平台、基地建设。依托这些平台开展联合研究、国际培训、人才培养和信息服务等，发挥其在国际科技合作中的骨干和引领作用。

“十三五”时期，除了继续强调发挥国际科技合作基地、平台的作用以外，也要注重发挥企业在科技创新合作中的作用，在基础研究、前沿技术、竞争前技术等领域加强和优化国际科技合作平台建设。例如，支持企业“走出去”设立研发中心并开展国际产学研合作；鼓励我国企业、高等院校和科研机构与外国机构或跨国公司合资、合作建立研发机构；鼓励国外跨国公司、研发机构在华设立或合作设立高水平研发机构和技术转移中心等。

此外，为进一步发挥科技创新支撑“一带一路”建设的作用，《推进“一带一路”建设科技创新合作专项规划》部署了技术转移平台、培训中心和培训基地等改革任务。如结合沿线国家的重大科技需求，围绕重点领域共建联合实验室（联合研究中心），联合推进高水平科学研究，开展科技人才的交流与培养，促进适用技术转移和成果转化。同时鼓励各技术转移中心构建国际技术转移服务联盟，共同推动先进适用技术转移。建设一批不同类型的培训中心和培训基地，广泛开展先进适用技术、科技管理与政策、科技评估、科技创业等培训。

三、改革实施进展

党的十八大以来，我国高度重视科技创新开放合作，通过制定与强化国际科技合作政策、机制，加大国际合作经费投入力度，调动科技和社会力量等举措，不断推动中国国际科技合作的发展，使我国科技创新国际化程度不断提升，科技创新资源加速汇聚，科技体制更加完善，与各国科技合作交流向更深、更广方向发展，取得了一系列显著成效。

国际合作论文“质”“量”齐升，成为全球科技创新重要贡献者。我国国际合作论文中受国内经费资助的论文比例，从“十一五”时期的 31.6% 上升到“十二五”时期的 65.2%。2018 年我国发表国际合著论文 11.08 万篇，是 2013 年的 2 倍。国际合著论文占我国发表论文总数的比例达 26.5%，比 2013 年提高 2.2 个百分点。2018 年我国作者为第一作者的国际合著论文占我国全部国际合著论文的 69.1%，比 2013 年提高 3 个百分点；论文合作伙伴涉及 157 个国家（地区），比 2013 年增加 19 个国家（地区）。其他国家作者为第一作者、我国作者参与的国际合著论文为 34 220 篇（是 2013 年的 1.8 倍），合作伙伴涉及 182 个国家（地区），比 2013 年增加 77 个国家（地区）。

国际科技合作平台建设不断深化。党的十八大以来，我国不断加强和优化国际科技合作平台建设，围绕基础研究、前沿技术、竞争前技术领域支持设立了一批国际联合研究中心、海外研发基地等合作平台。国际合作平台网络形成了政府推动“自上而下”和其他科研创新主体合作“自下而上”相结合的发展模式。截至 2019 年年底，科技部共认定了 721 家国家级国际科技合作基地，包括 31 个国际创新园、210 家国际联合研究中心、45 家国际技术转移中心和 435 家示范型国际科技合作基地；据不完全统计，截至 2018 年我国各省（区、市）建设省级国际科技合作平台 1617 家，形成了不同层次、不同形式的国际科技合作与创新平台。

我国科研创新主体“自下而上”建立国际科技合作基地态势活跃。仅 2016—2017 年，教育部所属高校、中科院所属院所，以及地方所属院校和企业“走出去”，与国外科研院所或企业在海外联合建立了 102 家联合研发机构（国际联合研究中心、海外研发基地）。与此同时，我国还积极吸引国际知名科研机构来华联合组建研发中心等，并在此基础上开展了务实的科研合作。例如，2018 年清华启迪控股公司与剑桥大学三一学院、剑桥科技园合作建立的启迪剑桥科技园，在生命科技、数字科学、节能环保等领域开展深入合作。总体来看，国际科技合作基地逐步成为我国有效配置全球科技资源、扩大科技对外影响力等工作中的骨干和中坚力量，并对领域或地区国际科技合作的发展产生引导和示范作用。

积极参与国际科技组织与国际大科学计划（工程）。党的十八大之前，我国在参与“大科学”研究方面的综合实力存在明显“短板”；经过数十年的发展，我国通过参与国际热核聚变实验堆计划、国际综合大洋钻探计划、大型强子对撞机、全球对地观测系统等一系列大科学计划（工程），与美国、日本、俄罗斯等主要科技大国开展平等合作，积极参与国际标准制定、解决全球性重大问题，主动为全球科学进步和创新发展贡献中国智慧和方案。例如，自2008年以来，我国陆续承担了ITER计划18个采购包的制造任务，涵盖了ITER装置几乎所有关键部件。

随着综合国力和科技实力的增强，我国已具备参与国际大科学合作的能力。“十三五”期间，我国新建了一大批重大科研基础设施。500米口径的世界最大球面射电望远镜（FAST）、超大型高超声速激波风洞等一批高水平重大科研设备、科技设施建成，为开展世界级研究、提升我国前沿科学研究水平提供了重要条件。例如，2015年7月正式建成的上海蛋白质中心[①]，吸引了国内外近200家单位、1.3万多人次科学家，开展了2000多项重大前沿创新课题研究。2017年8月，中国科学院合肥物质科学研究院强磁场中心，吸引了哈佛大学8位博士扎根安徽合肥“科学岛”进行大科学研究。

财政科研经费跨境使用机制初步建立。2019年7月，广东省成功将首笔对香港科技大学的科研资助资金跨境拨付，项目财政资金共316.96万元，成功实现粤港澳大湾区科研资金跨境自由流动。此次打通资金跨境的通道和范式，将产生积极的示范效应，进一步吸引港澳

① “大科学”时代已经来临，http：//ex.cssn.cn/zx/201806/t20180602_4333368_1.shtml。

特区高校和科研机构更加积极地参与到广东省科技计划合作项目，促进大湾区科研合作，形成粤港澳三地协同创新新格局。

四、思考与展望

在习近平总书记一系列科技对外开放论述的指引下，党中央、国务院在数项重要文件中，部署了党的十八大之后深化科技创新开放合作的一系列重点任务。各项任务始终坚持以全球视野谋划和推动科技创新，始终以实现自身发展的同时惠及其他更多国家和人民为目的，主动利用和积极贡献国际创新资源，努力构建合作共赢的伙伴关系，并最大限度地用好全球创新资源，全面提升我国在全球创新格局中的位势。在此基础上，各部门展开了科技创新体系对外开放的改革实践，陆续提出了开展多层次的国际科技交流与合作、鼓励人才创新要素自由流动、“引进来”和“走出去”相结合等与科技创新开放合作有关的改革举措，于内推动形成深度融合的开放创新局面，于外努力构建平等合作、互利共赢的创新共同体。充分体现了我国是科技全球化的参与者、受益者，也是推动更广泛创新合作的贡献者、引领者，最终确保了科技创新开放合作改革的成功。

面向“十四五”，我国应进一步扩大科技对外开放，加强创新能力合作，以更加务实的举措、更加良好的环境，欢迎全球各地的合作伙伴。一方面持续加大国家科技计划的开放力度，继续探索国际科技人文交流新模式，积极参与全球科技治理，应对全球共同挑战；另一方面，通过深化体制机制改革，进一步培育和优化国际科技创新合作环境，持续构建全面开放格局及开放型体制、机制及法制，推动有利于全球创新资源聚集的政策环境建设。

第 25 章　打造具有国际竞争力的人才制度优势

一、改革背景

经济全球化使得作为高级生产要素的人才呈现日益国际化并自由流动的趋势。无论是发达国家还是发展中国家，竞相把吸引留置优秀人才上升为国家战略，纷纷通过制定战略规划、调整移民政策、给予优厚待遇等方式，加大吸引全球高端人才力度。与此同时，我国面临自主创新体系尚不成熟、人才创新创业能量未充分释放、全球创新资源吸附能力还不强大、人才发展体制机制障碍依然存在等重点难点问题。亟须深化人才发展体制机制改革，打造具有国际竞争力的人才制度优势。

党的十八大以来，以习近平同志为核心的党中央站在党和国家发展全局的战略高度，顺应经济全球化和人才国际化的发展趋势，统筹和推进外国人才引进工作。党的十八大报告指出“把各方面优秀人才集聚到党和国家事业中来。广开进贤之路，广纳天下英才，是保证党和人民事业发展的根本之举”。《国家引进国外智力“十二五”规划》指出“引进国外智力是实施人才强国战略的重要内容”。2014 年，中央财经领导小组第七次会议要求“实施更加积极的创新人才引进政策，择天下英才而用之，广泛吸引各类创新人才特别是最缺的人才”。经过逐步探索、深思熟虑之后，2016 年发布的《关于深化人才发展体制机制改革的意见》提出加大改革力度，构建“具有国际竞争力的人才制度优势，解放思想观念，破除体制机制障碍”，从管理体制、工作机制和组织领导等方面提出诸多改革措施，以全球化思路改革海外人才引进机制，从真正意义上把人才引进工作提升到国家战略高度。

为形成具有国际竞争力的人才制度优势，聚天下英才而用之，充分开发利用国际人才资源，主动参与国际人才竞争，我国制定了相关政策措施，从管理体制、工作机制和组织领导等方面提出改革措施，完善海外人才尤其是外国专家的引进方式，为其出入境、就业居留提供更加便捷高效的服务，与此同时还积极鼓励国家间人才的双向流动，为世界的科技进步和发展做出了巨大的贡献。

二、主要改革举措

党的十八大以来，为落实党中央、国务院关于实施更加积极、更加开放、更加有效的人才政策，构建具有国际竞争力的人才制度优势、建立健全科研人才双向流动机制、密切科技人文交流，我国各部门主要通过5个方面部署实施相关改革工作。

（一）全面实施外国人来华工作许可制度

外国人来华工作需要获取相关的凭证。在实施改革之前，原国家外国专家局负责审批和办理具有专业技能外国人才的“外国专家来华工作许可”，人力资源社会保障部负责审批和办理其他来华工作的外国人的“外国人入境就业许可”。两种证件办理既存在职能交叉分散、管理多头、政出多门、沟通不畅等诸多障碍，也给部分外国人及用人单位带来困扰。

2015年党中央、国务院印发的《关于深化体制机制改革加快实施创新驱动发展战略的若干意见》中指出要“对符合条件的外国人才给予工作许可便利，对满足一定条件的国外高层次科技创新人才取消来华工作许可的年龄限制”，这些要求为实施更积极、更开放、更有效的人才引进政策指明了方向，显著推动了高效便捷的海外人才来华工作许可制度政策的出台。

2015 年 12 月 31 日，国务院审改办将“外国人入境就业许可”和“外国专家来华工作许可”整合为“外国人来华工作许可”，统一外国人来华工作管理服务，通过“一码”（机构代码）申请、“一窗”受理、“一网”办理、“一号”管理，实现外国人来华工作许可、签证、居留有机衔接，进一步明确工作职责、减少重复审批、提高办事效率，更好地服务于社会经济发展。具体举措包括网上受理、网上预约、限时办结、实时查询、过程留痕及全程监察等。在 2016 年 10 月至 2017 年 3 月，许可制度试点工作取得良好进展，国家外国专家局等四部门联合发布《关于全面实施外国人来华工作许可制度的通知》，并于 2017 年 4 月 1 日起在全国实施。

外国人工作许可证是外国人在我国工作的合法证件，实现一人一码，终身不变，动态管理记录在华工作、服务、信用记录等情况。工作许可制度同时实现了对来华工作外国人的分类管理，将来华工作的外国人分为外国高端人才（A 类）、外国专业人才（B 类）、其他外国人员（C 类）三类。对 A 类人才发放工作许可无数量限制，对 B 类人才许可数量根据市场需求发放，对 C 类人才许可数量限制按国家有关规定执行。其中，A 类人才在办理工作许可证时，可享受“绿色通道”和“容缺受理”服务，即“边受理审批，边补材料”，无须等到材料都齐备后再受理，大大减少了材料准备时间。

（二）推动制定外国人才出入境便利化制度

外国人申请中国多年多次往返签证难，已成为外国人才、外资企业等反映最集中、最突出、最强烈的一个问题，也是我国吸引外国人才的制度性短板。早在 2013 年，《中华人民共和国外国人入境出境管理条例》就增设了人才签证（R 字签证）类别，旨在面向国家急需紧缺的外国高层次人才和专门人才。与此同时，《中华人民共和国出境入境管理法》设立“人才引进”普通签证签发事由，《中华人民共和国外国人入境出境管理条例》作为《中华人民共和国出境入境管理法》配套法规，也相应地增加了人才签证，进一步为“人才引进”类签证的推进实施提供了法律依据。

为激发创造活力，支持境外人才来华创业，《国务院关于大力推进大众创业万众创新若干政策措施的意见》（国发〔2015〕32 号）指出“进一步放宽外籍高端人才来华创业办理签证等条件”。《深化科技体制改革实施方案》也提出“对符合条件的外国人才及其随行家属给予签证和居留等便利”，相关改革文件的出台加速推动了外国人才出入境相关便利政策的颁布和实施。

为进一步健全完善外国人才签证制度，明确申请人才签证的标准条件和办理程序，2017 年，国家外国专家局、外交部、公安部联合印发《外国人才签证制度实施办法》，主要改革举措包括：进一步扩大人才签证发放范围，凡符合《外国人来华工作分类标准（试行）》中外国高端人才标准条件的，符合“高精尖缺”和市场需求导向的科学家、科技领军人才、国际企业家、专门人才和高技能人才等我国经济社会发展需要的外国高层次人才和急需紧缺人才，都可申请人才签证，外国高端人才标准将根据经济社会发展需要和人才资源供求状况实行动态调整；进一步放宽人才签证有效期限和停留期限，经省（区、市）外专局确认符合条件的外国人才，将可获发 5 年或 10 年有效、多次入境、每次停留 180 天的人才签证，其配偶及未成年子女也将获发有效期相同、多次入境的相应种类签证；进一步提高人才签证申办效率，采取全程在线、立审立办方式，大幅压缩审核、审发期限，外国人才资质确认时限压缩至 5 个工作日，高端人才及其配偶子女签证申请最短可在申请次日获得签发；免除申请费用，外国人才及其家属免交签证费和急件费，“零费用”办理。

2018年1月1日，北京、上海、天津、广东、河北、陕西、安徽、四川、云南等9个地区作为第一批试点，开始实施外国人才签证制度；2018年3月1日起制度在全国范围内实施。中国驻外使领馆也于2018年1月1日起开始执行简化后的外国人才签证手续。随着《外国人才签证制度》在全国范围内全面实施，我国各地区出台了外国人才签证的相关配套政策、实施细则等重要文件，进一步明确了《外国高端人才确认函》的发放对象、认定标准、申请程序、申报材料、经办流程、工作时限、家属探访、申请费用等内容。

（三）建立外国人在华永久居留制度体系

外国人永久居留制度是一国对外国人入境后允许其从事活动的范围、时间、空间进行公开管理的基本制度。随着经济全球化的发展，永久居留制度已成为世界各国在全球范围内开展人才竞争、提升自身综合竞争力的重要工具。

随着经济全球化的发展，人才的跨国流动已成为不可逆转的趋势。我国在充分借鉴传统移民国家先进制度和管理方式的基础上，紧密结合我国国情，推动完善外国人在华永久居留权制度。2015年中共中央、国务院发布的《关于构建开放型经济新体制的若干意见》提出"健全引进人才制度，完善外国人永久居留制度"。《关于强化实施创新驱动发展战略进一步推进大众创业万众创新深入发展的意见》（国发〔2017〕37号）提出"进一步放宽外籍高端人才来华创业办理签证、永久居留证等条件"。《深化科技体制改革实施方案》明确将制定外国人永久居留管理意见、加快外国人永久居留管理立法、规范和放宽技术型人才取得外国人永久居留证的条件作为一项重大改革举措。

2004年，我国颁布的《外国人在中国永久居留审批管理办法》正式确立了我国的外国人永久居留制度。2012年，进一步出台了《外国人在中国永久居留享有相关待遇的办法》，以推动落实在中国永久居留的外国人的合法权益及各项待遇。2016年，中共中央印发了《关于加强外国人永久居留服务管理的意见》，第一次较为全面地提出了移民相关制度，对外国人永久居留证的颁发对象和颁发条件做出了明确规定。例如，对建立以市场为导向的人才认定机制、以社会发展容纳能力为基础的定额审批机制、服务和管理并重的社会融入制度、统一管理权责一致的国家移民管理机构的移民体系提出了意见，以吸引和集聚更多的海外优秀人才来华。这些文件的相继出台，充分表明了我国将要实行更加积极有效的外国人永久居留政策，构建更加开放务实的外国人管理体系。2017年，在中央全面深化改革领导小组第三十二次会议上，专题研讨和审议通过了《外国人永久居留证件便利化改革方案》，标志着外国人永久居留证件便利化改革正式启动，将切实增强在华永久居留外国人的获得感。自此，我国初步建立了以《中华人民共和国出境入境管理法》为核心、以《外国人在中国永久居留审批管理办法》为具体规范的外国人永久居留制度。

（四）完善外国人在华居住生活便利化政策

2015年，中共中央、国务院印发的《关于构建开放型经济新体制的若干意见》指出"健全引进人才制度，营造吸引海外高层次人才的良好工作、生活环境"。随后《国务院关于促进外资增长若干措施的通知》（国发〔2017〕39号）等文件的出台，也对外国人安居保障、子女入学、配偶就业，以及医疗、住房、社会保障等方面做出了全面部署。上述相关文件，对推动优化外国人来华居住、生活便利化政策的出台发挥了指导性的作用。

为推动改进和完善外籍专家在华工作、生活环境和相关服务，吸引外国高端人才来华创新创业，2017年国家外专局会同教育部、住房和城乡建设部、卫生和计划生育委员会联合发布了《关于开展外国高端人才服务"一卡通"试点工作的通知》。通知规定将《外国人工作许可证》（A 类）作为外国高端人才的身份证明，以人才安居保障、子女就学、医疗保健等三方面为重点，努力覆盖金融、通信、交通、保险等领域，为外国高端人才提供优质公共服务。

“一卡通”试点工作首先在天津、上海、宁夏及杭州市、济南市、深圳市，及广东、福建自由贸易区施行。该项工作依托外国人来华工作管理服务系统，凡符合标准条件的 A 类人才可享受全国统一实施的优惠政策和公共服务。依托社会公共服务体系，设立专门服务窗口，为落实外国人才及其配偶、未成年子女的待遇等提供高效便捷的服务。2019 年，“一卡通”服务进一步覆盖金融、通信、交通、保险、税务、文旅等社会服务领域。同时各部门还围绕外国人来华以后的工作、居住便利性、薪酬激励、随行人员等出台了一系列政策举措。与此同时开始稳步推进人力资源市场及服务业的对外开放、服务业对外开放等。相应的改革举措，均完成了党的十八大报告中“充分开发利用国际人才资源、积极引进和用好海外人才”的改革部署。

（五）为全球共同发展培养科技创新人才

党的十八大以来，习近平总书记注意到“世界科研资金、技术和研究人员的国际流动日益加快”，为促进国内外资源有序流动和互利共享，要求进一步完善有利于创新要素流动的改革举措和配套政策，提高合作资源利用效率、发挥资源最大效益。与党的十八大之前相比，我国在为全球共同发展培养科技人才方面，做出了巨大的改革，汇聚天下英才的同时，积极为全世界培养和输送人才。

在促进留学生双向流动方面，《中共中央　国务院关于构建开放型经济新体制的若干意见》对扩大留学规模、走出去办学、境外教育合作等做出了顶层指导，提出通过走出去办学、境外教育合作等方式积极为全世界培养人才，同时要求将“走出去”与科技人文交流密切结合。

在《国务院关于印发统筹推进世界一流大学和一流学科建设总体方案》（国发〔2015〕64 号）中，提出加强与世界一流大学和学术机构的实质性合作，开展高水平人才联合培养和科学联合攻关。同时“营造良好的国际化教学科研环境，增强对外籍优秀教师和高水平留学生的吸引力”。2016 年中共中央印发的《关于深化人才发展体制机制改革的意见》中提出“支持有条件的高校、科研院所、企业在海外建立办学机构、研发机构；同时优化外国留学生结构，提高政府奖学金资助标准，出台学位研究生毕业后在华工作的相关政策”。《“十三五”国家科技创新规划》中明确进一步完善留学生培养支持机制，鼓励和支持来华留学生和在海外留学生以多种形式参与创新创业活动。《“一带一路”建设科技创新合作专项规划》进一步结合沿线国家科技创新合作需求，推动科技人文交流合作，提出一系列改革举措，包括“充分依托杰出青年科学家访华计划、援外技术和科技管理政策培训、国际青少年科普活动、来华留学政府奖学金等机制，创造持续交流机会，帮助发展中国家培养科技人才，尤其是广泛开展先进适用技术、科技管理与政策、科技创业等方面的培训”。例如，中科院发起成立了“一带一路”国际科学组织联盟（ANSO），通过设立奖项和奖学金、搭建专题联盟和联合开展培训项目为“一带一路”沿线国家和地区培养高层次科技人才。与此同时，我国还积极推进发展中国家科技特派员工作，鼓励我国科技人员赴沿线国家开展科技志愿服务，解决技术问题，满足技术需求。合作开展科普活动，促进青少年科普交流。

在促进科研人员国际交流方面，《中共中央　国务院关于深化体制机制改革加快实施创新驱动发展战略的若干意见》中对科研人员因公出国进行分类管理，放宽因公临时出国批次限量管理政策。“十三五”时期，我国进一步推进和保障创新型科技人才的国际流动。例如，在《“十三五”国家科技创新规划》中，提出完善教学科研人员因公临时出国分类管理政策。中共中央印发的《关于深化人才发展体制机制改革的意见》中还鼓励支持人才更广泛地参加国际学术交流与合作，完善相关管理办法，通过创立国际人才合作组织，促进人才国际交流与合作。此外，《“十三五”国际科技创新合作专项规划》（国科发外〔2017〕118号）进一步提出优化和放宽科技创新管理、科技评估咨询机构承担国际组织管理及联络工作机构的因公临时出国（境）限量管理政策。

三、改革实施进展

党和国家历来高度重视人才工作，新中国成立以来特别是改革开放以来，提出一系列加强人才工作的政策措施，培养造就了各个领域的大批人才。党的十八大以来，习近平总书记立足于我国全面深化改革及建设创新型国家的现实需求，先后提出“人才是第一资源”“聚天下英才而用之”等一系列新思想、新理念、新论断，形成了系统化、可实践又极具时代性的人才发展观，逐步明确了新时代加快引进海外高层次人才的价值定位、发展目标等重大问题，引才引智成为国家创新体系建设和科技体系化能力提升的重要组成部分。

人才竞争力和制度优势取得较大的提升。从国际视角看，《全球人才竞争力指数》[①]通过衡量一个国家在人才培养、吸引、留存等方面的表现，评估全球各国的人才竞争力，2020年我国位列全球第42位，比“十三五”初期提升6位。在城市人才竞争力方面，我国香港（居第6位）、上海（居第32位）、北京（居第35位）等16座城市上榜（比2019年增加了4座城市）。《2017—2018年全球竞争力报告》显示[②]，在各国对人才吸引力排行中，我国居第23位，比2014—2015

① 由欧洲工商管理学院（Institut Européen d'Administration des Affaires，INSEAD）发布。

② 由世界经济论坛（World Economic Forum，WEF）发布。

年提升4位。《世界人才排名报告》[①]对世界61个经济体在培育当地人力资源及吸引优秀人才的评估结果显示，2019年我国居全球第42位，比2015年提升2位。从国内视角看，《中国区域国际人才竞争力报告》显示[②]，2017年上海、北京、广东和江苏以经济发展、产业创新、国际合作和开放包容等整体优势，形成中国区域国际人才竞争力的第一梯队。第二梯队由其他东部沿海省份及中西部发展较好的省份组成。《国际人才吸引力指数报告》[③]显示，2019年在全球45个主权国家中，我国居第9位。

在外国人来华工作方面。党的十八大以来，我国通过更加务实的人才引进政策，进一步放宽外国人才来华签证申请条件，简化程序，解决引进人才的社会保障、户籍、子女教育等问题，取得了显著成效。我国日益成为世界各国人才创新创业的理想栖息地。2018年中国累计发放外国人才工作许可证33.6万份，在中国境内工作的外国人已经超过95万人。

在来华留学方面。来华留学对推动中外合作交流、为世界培养人才发挥着重要作用，目前我国已成为亚洲最大的留学目的国。2018年，我国为全球196个国家和地区，培养了49万名留学人员，比2013年增加了37.6%。泰国、巴基斯坦、印度、老挝等“一带一路”沿线国家来华留学有较大幅的提升，2019年，在我国学习的“一带一路”沿线国家留学生占比达54.1%[④]。此外，我国还积极为来华留学生提供政府奖学金，且近几年来实现了连续增长。其中，2018年共有6.3

① 由瑞士洛桑国际管理学院（IMD）发布。

② 调查研究：我国对国际人才的吸引力不断增强，http://politics.people.com.cn/n1/2017/1023/c1001-29603085.html。

③ 由上海社会科学院“海外人才研究”团队编制，与上海浦东科创促进中心联合发布。

④ “十三五”教育国际影响力迈上新台阶，http://www.moe.gov.cn/fbh/live/2020/52834/mtbd/202012/t20201223_507073.html。

万名学生获得奖学金，占来华留学生总数的12.81%。截至2020年，我国高校已在近50个国家举办了100多个不同类型和层次的境外办学机构和项目，“走出去”办学也成为我国为世界培养人才的重要内容。

在出国留学方面。留学工作是对外开放的重要组成部分，我国始终保持世界最大留学生生源国地位，为世界各国科技进步做出了自己的贡献。2016—2019年，我国出国留学人数达251.8万人，回国201.3万人，学成回国占比达八成（79.9%）[①]。我国出国留学人员目的地主要集中于欧美发达国家和地区，但是随着“一带一路”倡议的提出，近年来赴沿线国家留学成为新的增长点。2017年，我国共有6.61万人赴“一带一路”沿线国家留学，比上年增长15.7%，超过整体出国留学人员增速。

四、思考与展望

随着世界政治经济格局多极化的深入，我国全球事务参与程度逐渐加深，进一步加强了我国对高层次国际化人才资源的需求。党的十八大以来，以习近平同志为核心的党中央统筹谋划和推进引进外国人才和智力工作，积极为全球共同发展培养科技创新人才，在人才制度上取得了重大突破。在打造具有国际竞争力的人才制度优势中，一方面能牢固确立人才引领发展的战略思路，各项改革的举措是真正为了使中国成为全球科技创新人才的重要驿站。另一方面，通过各项改革举措积极鼓励人才要素的自由流动。不仅积极吸引各国人才特别是青年人才来华学习工作，尤其鼓励外国留学生来华学习，努力为全世

① 教育部：来华留学生结构不断优化，出国学生“回流率”显著，http：//www.moe.gov.cn/fbh/live/2020/52834/mtbd/202012/t20201222_506974.html。

界培养科技创新人才；大力推动更加开放便捷的人才培养和配套服务政策，拓展人才交流渠道，同时鼓励我国人才主动走出去，学习先进的技术和优秀的文化。各项便利人才要素自由流动的改革举措，有效促进了全世界范围内的知识传播、文化交流，推动了全球科技创新共同繁荣。

面向“十四五”，我国应主动适应我国经济社会发展需要，坚定不移地走人才强国之路，以积极应对日趋激烈的国际人才竞争。在引进和培养人才的同时，要更加注重采用精准有效、符合国际规则的方式吸引和集聚国际人才。牢固树立人力资源的全球化观念，做到本国人和海外华人、留学生、外国人一视同仁。采用政府和市场有效衔接的精准引才方式，充分发挥各类人才中介机构的作用，解决人才引进和使用不匹配问题。继续努力营造良好的创新生态，进一步优化引才引智环境，让有志于来华发展的外国人才来得了、待得住、用得好、流得动。

第 26 章 构建以科技为支撑的开放型经济新体制

一、改革背景

“引进来”和“走出去”是我国改革开放 40 余年来经济增长、融入国际分工体系的重要方面，是我国构建开放型经济新体制过程中的主要内容（图 7–2）。当前，国际合作和竞争局面正在发生深刻变化，全球治理体系和规则正面临着重大调整，“引进来”“走出去”在深度、广度、节奏上正发生着深刻变化。

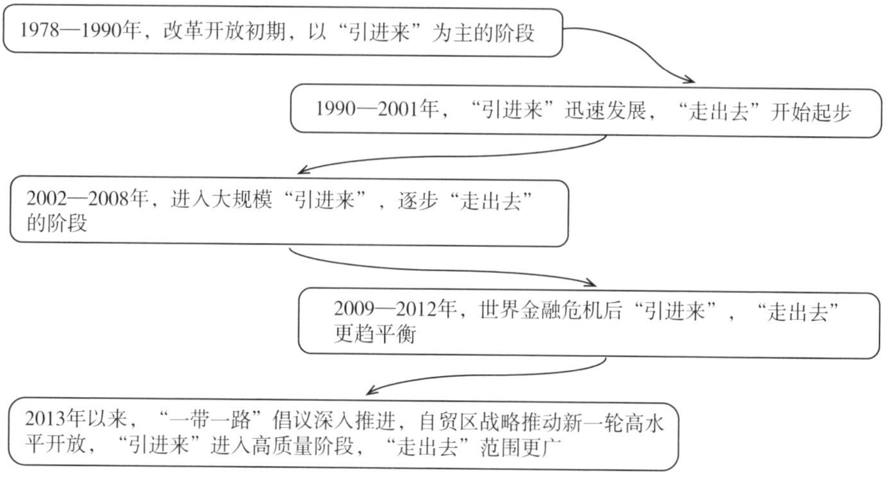

图 7–2 “引进来”与“走出去”的发展历程[①]

① 张建平，刘桓．改革开放 40 年：“引进来”与“走出去”[J]．先锋，2019（2）：37–40．

党的十八大以前，以学习、引进、消化吸收国外先进技术和设备、引进国外高层次专家人才为主，更加侧重“引进来”。伴随着我国综合国力和科技实力的大幅跃升，“走出去”成为我国参与科技全球治理的重要能力。当前，我国经济正处于转变发展方式、优化经济结构、转换增长动力，实现从高速增长迈向高质量发展的关键时期，对“引进来”和“走出去”提出了更高的要求。党的十八大以后，我国在鼓励“引进来”的同时，加快了“走出去”的步伐，“引进来”和“走出去”并行扩大的对外开放新格局正加快构建。从国际资本的净流动来看，我国正经历着从投资输入国向投资输出国转变的关键时期，开放水平已进入新一轮高水平对外开放阶段，需要进一步加大对外开放，实现“引进来”与“走出去”双轮驱动和良性互动发展。

二、主要改革举措

改革开放以来，对外开放始终是我国的基本国策。党的十八大以来，我国更加主动地融入全球创新网络，通过开放合作提升自身科技创新能力，有关部门围绕引导外资、吸引外企、搭建平台、鼓励“双创”、营造环境等方面出台了一系列重大改革举措，从多角度、多层面、多渠道大力推进科技创新开放合作，在与世界交往合作中取长补短，努力构建开放型经济新体制。

（一）大力营造和优化国际化营商环境

党的十八大以来，我国始终坚持以深化“放管服”改革、优化营商环境，扩大全方位主动开放，从打造全球竞争新优势、培育壮大发展新动能等方面，积极建设稳定、公平、透明、可预期的营商环境。通过打造内外资企业一视同仁、公平竞争的营商环境，使我国成为外商投资的首选地之一。2015年，国务院通过的《关于构建开放型经济新体制的若干意见》中指出，改善投资环境，提高引进外资质量。通过统一内外资法律法规、推进准入前国民待遇加负面清单的管理模式，以及完善外商投资监管体系等 3 个方面，推动优化营商环境相关改革。

在大力优化营商环境的同时，我国不断完善外商投资管理制度，积极引导外资投向，鼓励流向我国高技术研发和创新创业领域，为我国科技创新发展注入新动力。《中共中央　国务院关于深化体制机制改革加快实施创新驱动发展战略的若干意见》指出，要引导外资研发中心开展高附加值原创性研发活动。《国务院关于大力推进大众创业万众创新若干政策措施的意见》（国发〔2015〕32 号）中提出要推动创业投资“引进来”与“走出去”，完善外资创业投资机构管理制度。放宽对外资创业投资基金投资限制，鼓励中外合资创业投资机构发展。此外，在《国务院关于加快构建大众创业万众创新支撑平台的指导意见》（国发〔2015〕53 号）中也提出，要有序引导外资参与众创、众包、众扶、众筹的“四众”发展，培育一批国际化“四众”平台企业。

为营造良好的创新创业环境和氛围，持续推动创新创业企业蓬勃发展。《国务院办公厅关于发展众创空间推进大众创新创业的指导意见》（国办发〔2015〕9 号）中提出，积极支持参与国际创新创业大赛，为投资机构与创新创业者提供对接平台。《科技部办公厅关于印发〈国家科技企业孵化器“十三五”发展规划〉的通知》中提出，引导各类孵化器注重链接全球创业资源，广泛开展海外资本、高层次人才、技术项目、跨境孵化等国际化交流与合作，鼓励在孵企业参与国际孵化行业的各项活动和创业大赛。2018 年《国务院关于推动创新创业高质量发展打造“双创”升级版的意见》（国发〔2018〕32 号）中也指出，要推进创新创业国际合作。此外，我国还开展了外商投资企业知识产权保护专项行动，建立外商投资企业投诉工作部际联席会议制度，及时妥善解决投诉反映的突出问题，采取多种手段积极营造和优化国际化营商环境。

（二）着力构建形式多样的科技创新合作平台

我国通过建设联合研究机构、科技园区和孵化器等方式，积极搭建各类科技创新平台，筑巢引凤，推动创新要素加速流动。《关于深化科技体制改革加快国家创新体系建设的意见》中提出，支持企业和科研机构通过到海外建立研发机构、联合研发中心等方式开展国际科技创新合作。《国务院办公厅关于加快众创空间发展服务实体经济转型升级的指导意见》（国办发〔2016〕7号）中提出，要加强众创空间的国际合作。鼓励龙头骨干企业、高校、科研院所与国外先进创业孵化机构开展对接合作，共同建立高水平的众创空间，鼓励龙头骨干企业与国外创业孵化机构合作建立投资基金。《科技部办公厅关于印发〈国家科技企业孵化器“十三五”发展规划〉的通知》提出，加快孵化器国际化步伐，鼓励我国孵化器开拓国际业务，设立海外孵化器。吸引外国孵化机构在中国设立分支机构或共建孵化平台。《科技部关于印发国家高新技术产业开发区创新驱动战略提升行动实施方案的通知》中提出，要加快国际科技与商务合作平台建设，着力引进境外研发机构入驻。

北京、上海、粤港澳大湾区积极推进国际科技创新中心建设，依托建设方案引领，集聚全球高端创新资源，打造全球创新高地。《国务院印发关于北京加强全国科技创新中心建设总体方案的通知》（国发〔2016〕52号）中提出，吸引符合北京功能定位的国际高端创新机构、跨国公司研发中心、国际科技组织等在京落户，鼓励国际知名科研机构在京联合组建国际科技中心，努力使北京成为国际科技组织总部聚集中心，形成面向全球的技术转移集聚区。《国务院关于印发上海系统推进全面创新改革试验加快建设具有全球影响力的科技创新中心方案的通知》（国发〔2016〕23号）中提出，推动形成跨境融合的开放合作新局面。加大对境外创新投资并购的支持力度。大力吸引境内外创投机构落户上海。积极发挥外资研发机构溢出效应。加强国内外创新交流服务平台建设。《粤港澳大湾区发展规划纲要》中明确提出，建设国际科技创新中心。构建开放型区域协同创新共同体，加强科技创新合作，充分发挥粤港澳科技和产业优势，积极吸引和对接全球创新资源，鼓励粤港澳企业和科研机构参与国际科技创新合作，共同举办科技创新活动，支持企业到海外设立研发机构和创新孵化基地，鼓励境内外投资者在粤港澳设立研发机构和创新平台。

（三）加快推进自由贸易试验区和自贸港建设

党的十八大以来，我国积极创新开放模式，提出实施自由贸易区战略，促进沿海内陆沿边开放优势互补，推动同周边国家互联互通。建立自由贸易试验区和自贸港，是在新形势下推进改革开放、进一步扩大同各国各地区利益交汇点，加大双边、多边、区域的开放创新合作的重大改革举措。

2013年11月，《中共中央关于全面深化改革若干重大问题的决定》指出，以周边为基础加快实施自由贸易区战略，加快自由贸易区建设。要切实建设好、管理好，为全面深化改革和扩大开放探索新途径、积累新经验。在推进现有试点的基础上，选择若干具备条件地方发展自由贸易园（港）区。2014年10月，中央全面深化改革领导小组第六次会议上进一步指出，要在推进现有试点的基础上，选择若干具备条件的地方发展自由贸易园（港）区。通过试验取得的可复制可推广的经验，尽快推广到全国。《中共中央国务院关于构建开放型经济新体制的若干意见》中再次提出，实施质量效益导向型的外贸政策，建设自由贸易园区，推动形成全方位的区域开放新格局，以区域开放的提质增效带动经济的协调发展。

党的十九大报告强调要赋予自由贸易试验区更大的改革自主权，为新时代自由贸易试验区建设指明了新方向、提出了新要求。2018年进一步出台了《国务院关于支持自由贸易试验区深化改革创新若干措施的通知》（国发〔2018〕38号），从营造优良投资环境、提升贸易便利化水平、推动金融创新服务实体经济、人力资源领域先行先试等方面，对自由贸易试验区做了更加深入的改革部署。此外，为了探索新的对外开放模式，我国开始探索建设自由贸易港。2018年4月，党中央决定支持海南全岛建设自由贸易试验区，支持海南逐步探索、稳步推进中国特色自由贸易港建设，分步骤、分阶段建立自由贸易港政策和制度体系。2020年6月，中共中央、国务院正式印发了《海南自由贸易港建设总体方案》，以指导将海南打造为我国开放型经济新高地。

（四）积极主动融入全球创新网络

伴随着我国经济实力和科技实力的大幅跃升，我国科技创新合作经历了从被动应对到主动融入全球创新网络的战略性转变。2014年8月18日，中央财经领导小组第七次会议指出“扩大开放，全方位加强国际合作。要坚持‘引进来’和‘走出去’相结合，积极融入全球创新网络，全面提高我国科技创新的国际合作水平”。《“十三五”国际科技创新合作专项规划》提出“通过创新对外合作机制，打造面向全球的科技创新合作体系，进一步融入全球创新网络，培育国际科技创新竞争合作新优势，助力产业结构转型升级，为全面建成小康社会做出积极贡献”。习近平总书记在2018年两院院士大会上指出，要坚持以全球视野谋划和推动科技创新，全方位加强国际科技创新合作，积极主动融入全球科技创新网络。

党的十八大报告提出优化对外开放区域布局，对构建外贸可持续发展新机制做出部署，提出要形成引领国际经济合作和竞争的开放区域，培育带动区域发展的开放高地。为全面发挥科技创新在“一带一路”建设中的引领和支撑作用，2016年科技部等四部委联合发布了《推进

“一带一路”建设科技创新合作专项规划》。2018年，《科技部 国资委印发的〈关于进一步推进中央企业创新发展的意见〉的通知》中提到，以“一带一路”建设为重点，加强中央企业创新能力开放合作，支持中央企业参与实施“一带一路”科技创新行动计划，与“一带一路”沿线国家企业、科研机构和大学开展高层次、多形式、宽领域的科技合作。支持中央企业主动融入全球创新网络，促进先进技术及成果的引进和对外合作，提高全球创新资源配置能力。

三、改革实施进展

党的十八大以来，我国“引进来”与“走出去”的一系列改革举措不断释放政策红利，通过双轮驱动发力，推动我国对外开放力度不断扩大，与各国科技交流合作向更深、更广方向发展，取得了一系列高质量的改革成果，科技创新有力地支撑了开放型经济新体制的构建。

对外投资迅猛发展。据商务部、国家统计局和国家外汇管理局联合发布的《2019年度中国对外直接投资统计公报》显示，2019年中国对外直接投资1369.1亿美元，蝉联全球第二，流量规模仅次于日本（2266.5亿美元）。2019年年末，中国对外直接投资存量达2.2万亿美元，仅次于美国（7.7万亿美元）和荷兰（2.6万亿美元），保持全球第三。中国在全球外国直接投资中的影响力不断扩大，流量占全球比重连续4年超过一成[①]。

融入全球创新网络成效显著。海外知识产权申请有序推进。我国大力实施创新驱动发展战略和知识产权战略，不断加大创新和研发投入，高度重视对海外专利的申请。据世界知识产权组织（WIPO）统

① 商务部等部门联合发布《2019年度中国对外直接投资统计公报》，http：//www.gov.cn/xinwen/2020-09/16/content_5543773.htm。

计数据显示，我国 PCT 申请从 2012 年的 1.8 万多件增加到 2019 年的 5.899 万件，增长了近 3 倍，超过美国（5.784 万件）成为提交国际专利申请量最多的国家。全球排名前十的企业申请人中包括 4 家中国企业，排名前十的高校申请人中 4 所来自中国。华为技术有限公司以 4411 件 PCT 国际专利申请量排名第一；清华大学（265 件）仅次于加利福尼亚大学（470 件）位列世界第二。此外，我国通过马德里体系提交国际商标申请量（6339 件）位列全球第三，这显示出我国国际科技创新合作竞争新优势正在逐步形成中。此外，我国知识产权使用费进出口额由 2015 年的 231.1 亿美元提升到 2019 年的 409.8 亿美元，年均增长 15.4%[①]。截至 2018 年，由我国主导制定 ISO 和 IEC 国际标准 452 项，承担 ISO/IEC 技术机构主席职位 67 个，承担 ISO/IEC 技术机构 87 个秘书处有关工作。

营商环境得到持续提升和改善。打造良好的营商环境是建设现代化经济体系、促进高质量发展的重要基础。党的十八大以来，我国扎实推进“放管服”改革，营商环境建设力度持续加大，营商环境的国际排名持续提升。世界银行于 2019 年发布的《全球营商环境报告 2020》显示，我国营商环境全球排名升至第 31 位，连续两年列入全球优化营商环境改善幅度最大的十大经济体。《2019 中国城市营商环境报告》显示，北京、上海、深圳、广州、重庆、南京、杭州、成都、天津、宁波等城市的营商环境，在综合评价排名中位列全国前十。2016—2019 年中国吸收外资总量达 5496 亿美元，年均增长 1%，2017—2019 年连续 3 年位居全球第二大引资国地位[②]。截至 2018 年年底，跨国公司在华投资地区总部、研发中心超过 2000 家[③]。

① 全面加强知识产权保护 推动构建新发展格局，http://www.gov.cn/xinwen/2021-01/15/content_5580197.htm。

② 商务部，《2020 年中国外资统计公报》。

③ 商务部部长助理李成钢近期参加全国人大常委会专题讲座的演讲。

依托地缘优势发掘重点区域科技创新资源，推动先进技术成果转移转化。科技部与国际组织、各地方政府共同发起成立了技术转移南南合作中心、中国—南亚技术转移中心、中国—东盟技术转移中心、中国—阿拉伯国家技术转移中心、中国—中亚科技合作中心、中国—中东欧虚拟技术转移中心、中非创新合作中心等服务先进技术转移需求的国家级技术转移中心。此外，2013 年 9 月至 2020 年 9 月，先后批准设立了 21 个自由贸易试验区，累计形成了 260 项制度创新成果[①]，初步构建了我国新一轮全面开放格局。

各具特色的区域性对外开放布局基本形成。各地方积极依托产业优势和发展需求开展国际科技合作，以科创中心建设为引领构建开放创新新高地，形成了北京、上海、粤港澳、成渝四大科创中心建设布局。世界知识产权组织（WIPO）发布的《2020 年全球创新指数》中全球 TOP100 科技集群榜单显示，我国深圳、香港、广州、北京、上海等 18 个集群上榜。《自然指数—科研城市 2020》显示，在全球科研城市 TOP20 中，北京位列第一，超过了纽约都市圈、波士顿都市圈及旧金山—圣何塞，上海（第 5 位）、南京（第 8 位）、武汉（第 13 位）、广州（第 15 位）与合肥（第 20 位）；北京与国内外城市形成了密切的科研合作网络，其全球城市间科研合作关系排名进入全球前 10 位，北京与上海的科研合作产出位居全球首位。

四、思考与展望

当前，新冠肺炎疫情全球大流行和世界百年未有之大变局相互影响，要走出世界经济衰退的阴霾，根本的动力源自科技创新。党的十九届五中全会通过的《中共中央关于制定国民经济和社会发展第

① 《中国自由贸易区发展报告（2020）》。

十四个五年规划和二〇三五年远景目标的建议》中提出，要加快构建以国内大循环为主体、国内国际双循环相互促进的新发展格局。构建新发展格局，必须坚持国内国际双循环相互促进，必然要求推动更高水平的对外开放，更深度融入全球经济，从全球视野布局创新。

为此，应更加主动地融入全球创新网络，坚持“引进来”与“走出去”双轮驱动。面对新形势，构建有效的科技合作模式和机制，分层次开展国际创新合作，提升合作效率和质量，实现互利共赢。要进一步完善和优化营商环境，营造鼓励创新、宽容失败的创新创业氛围。充分发挥科技在解决全球共同挑战中的引领作用，在加快构建人类命运共同体中做出中国贡献。坚持开放创新，积极推动建设开放型世界经济，更好地促进世界科技的合作和分享、各国人民的交往和友好。

第八篇
加强创新文化建设

创新文化是科技创新的根基，是实施创新驱动发展战略、实现世界科技强国目标的重要基础。改革开放以来，创新文化建设自始至终跟随着科技体制改革的脚步不断发展，并在国家科技战略中逐渐占据了空前重要的地位。在创新文化建设实践中，我国通过加强知识产权制度建设，努力营造良好的学术环境，弘扬科学精神，着力发展科学普及事业等举措，逐步营造并优化鼓励创新、尊重创新的社会环境。

党和国家一直高度重视创新文化建设，党的十八大以来，习近平总书记明确提出“科技创新、科学普及是实现创新发展的两翼”，要求“弘扬科学精神，普及科学知识”“倡导创新文化，强化知识产权创造、保护、运用”，并在科学家座谈会上勉励广大科技工作者肩负起历史赋予的科技创新重任，大力弘扬科学家精神。党的十九届五中全会强调“坚守学术诚信，健全科学伦理体系”，为未来科学道德和学风建设工作指明了方向。

创新文化全面承载着建设世界科技强国的软环境营造与软实力打造，弘扬科学道德，营造和谐创新环境，促进科研诚信建设和创新文化建设，是全体科技工作者的共同责任。本篇围绕加强创新文化建设，重点关注以下 4 个方面的内容：一是加强科研诚信与作风学风建设，二是健全科技伦理制度，三是推进科技社团发展，四是促进科学普及（图 8−1）。

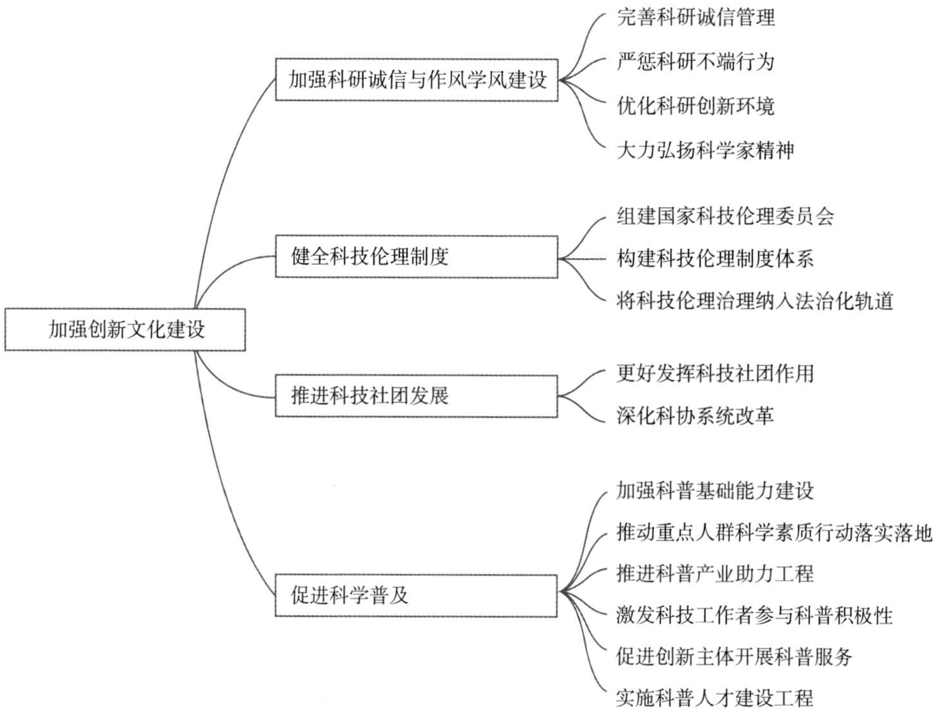

图 8-1　加强创新文化建设重点任务

第 27 章　加强科研诚信与作风学风建设

一、改革背景

科研诚信和作风学风是科技创新的基石。近年来，我国科技事业取得瞩目成就，R&D 经费投入稳步增加，科技论文和专利产出位居世界前列，我国在多个领域取得一批重大原创科技成果，进入创新型国家行列。然而一些不正之风、追名逐利的思想在科技界中依然存在，科研不端行为仍然频见报端，学术成果粗制滥造、弄虚作假现象常有出现，对研究成果的评价鼓吹浮夸现象甚为严重。这些违背科研诚信和良好科研作风学风的行为给我国科技界造成了严重的不良影响。为了营造良好的科研环境，弘扬科学精神，倡导创新文化，党中央、国务院、各有关部门和地方政府持续推进科研诚信与作风学风的改革。

二、主要改革举措

党的十八大以来，我国高度重视科研诚信和作风学风建设工作，党中央、国务院及各相关部门先后出台了 70 余项涉及科研诚信建设和作风学风建设的改革文件，《关于进一步加强科研诚信建设的若干意见》《关于进一步弘扬科学家精神加强作风和学风建设的意见》的出台，标志着我国的科研诚信和作风学风建设工作进入新阶段。

（一）完善科研诚信管理

《国务院关于改进加强中央财政科研项目和资金管理的若干意见》（国发〔2014〕11号）中提出完善科研信用管理，要求建立覆盖指南编制、项目申请、评估评审、立项、执行、验收全过程的科研信用记录制度，由项目主管部门委托专业机构对项目承担单位和科研人员、评估评审专家、中介机构等参与主体进行信用评级，并按信用评级实行分类管理；各项目主管部门应共享信用评价信息；建立"黑名单"制度，将严重不良信用记录者记入"黑名单"，阶段性或永久取消其申请中央财政资助项目或参与项目管理的资格。《国务院印发关于深化中央财政科技计划（专项、基金等）管理改革方案的通知》（国发〔2014〕64号）中要求"进一步完善科研信用体系建设，实行'黑名单'制度和责任倒查机制"。《关于深化项目评审、人才评价、机构评估改革的意见》中指出，要完善调查核实、公开公示、惩戒处理等制度；建设完善严重失信行为记录信息系统，对纳入系统的严重失信行为责任主体实行"一票否决"，一定期限、一定范围内禁止其获得政府奖励和申报政府科技项目等；推进科研信用与其他社会领域诚信信息共享，实施联合惩戒；逐步建立科研领域守信激励机制。《关于进一步加强科研诚信建设的若干意见》中指出，自然科学论文造假监管由科技部负责，哲学社会科学论文造假监管由中国社科院负责；该文件就完善科研诚信管理工作机制和责任体系、加强科研活动全流程诚信管理、进一步推进科研诚信制度化建设、切实加强科研诚信的教育和宣传、严肃查处严重违背科研诚信要求的行为、加快推进科研诚信信息化建设、保障措施等方面做出了具体部署。

（二）严惩科研不端行为

科技部、教育部、国家自然科学基金委员会等分别出台了各自的科研不端行为的处理办法，在调查程序、不端行为的判定、处理方式等方面存在一定的差异。《高等学校预防与处理学术不端行为办法》是教育部处理科研不端事件的重要依据，《中国科学院研究生科研活动行为规范》作为研究生科研活动指南在中科院系统推广实施，《中国工程院院士增选违纪违规行为处理办法》成为中国工程院院士管理的重要依据。《关于印发〈科研诚信案件调查处理规则（试行）〉的通知》中明确了科研失信行为的 7 种类别，科研诚信案件调查处理工作的职责分工，以及科研诚信案件调查处理和申诉复核的详细规则。该文件填补了我国缺少统一明确的科研不端案件调查处理规则的漏洞。

（三）优化科研创新环境

《关于深化体制机制改革加快实施创新驱动发展战略的若干意见》中要求为创新驱动发展提供良好环境。《国务院办公厅关于优化学术环境的指导意见》（国办发〔2015〕94 号）明确了优化科研管理环境，落实扩大科研机构自主权；优化宏观政策环境，减少对科研创新和学术活动的直接干预；优化学术民主环境，营造浓厚学术氛围；优化学术诚信环境，树立良好学风；优化人才成长环境，促进优秀科研人才脱颖而出等 5 项具体任务。《关于进一步加强科研诚信建设的若干意见》中提出了以优化科技创新环境为目标，具体落实举措涵盖科研诚信建设各个方面。《关于进一步弘扬科学家精神加强作风和学风建设的意见》中要求加快转变政府职能，构建良好科研生态。深化科技管理体制机制改革，正确发挥评价引导作用，大力减轻科研人员负担。加强宣传，营造尊重人才、尊崇创新的舆论环境。

（四）大力弘扬科学家精神

《关于进一步弘扬科学家精神加强作风和学风建设的意见》明确

指出要自觉践行、大力弘扬爱国、创新、求实、奉献、协同、育人的新时代科学家精神。近年来，党中央、国务院和有关部门积极开展对科学家典型人物和优秀科技工作者的表彰，授予杰出科学家和优秀科技工作者“共和国勋章”“人民英雄”“时代楷模”等称号。科技部会同教育部、中国科协、中科院、工程院、自然科学基金委共同发布了加强科研作风学风建设“五倡导”。中国科协、中国工程院等相关部门单位积极组织弘扬科学家精神的宣讲、展览活动。国家对科学家精神的教育基地建设持续推进，科学家博物馆目前已采集科学家手稿、书信等实物原件资料 13 多万件，数字化资料近 31.8 万件，音频资料 8785 小时，视频资料 7396 小时。全国各省（区、市）也开展了形式各样的弘扬科学家精神活动。

三、改革实施进展

目前，我国已形成较为完善的科研诚信和作风学风建设制度体系，科研诚信、优良作风学风、科学家精神得到大力宣传，违背科研诚信要求的行为及不良作风学风问题得到有力查处。我国科研诚信和作风学风建设工作取得了长足进步。

（一）制度体系建设取得进展

目前，我国已经形成较为完整的多部门联动、全方位覆盖科研诚信的制度体系。自《关于进一步加强科研诚信建设的若干意见》发布至 2020 年年底，国家相关部门共发布了近 50 份相关文件，内容涉及科研诚信和作风学风建设的各个方面，包括弘扬科学家精神、科研诚信建设规则、科研资金管理办法、科技从业人员职业活动规范、科研人员科研行为规范、科研院所科学道德和学风建设宣讲教育制度、科研院所科研诚信与信用管理办法、失信责任主体联合惩戒办法、科研失信调查认定办法等。各地方也出台了相应的举措，加强地方科研诚信和作风学风建设，积极推动科研诚信和作风学风相关政策的落实。

（二）工作机制基本建立

2007 年，科研诚信联席会议制度建立，该制度在我国科研诚信建设中的作用逐渐增强。目前其成员单位已从成立之初的 6 家扩增至 20 家，基本覆盖了与科研诚信相关的各个部门。科研诚信建设中遇到的重大问题、重大不端事件等均由联席会议讨论决定。截至目前，联席会议共组织召开了七次会议。根据《关于进一步加强科研诚信建设的若干意见》要求，已形成科技部负责自然科学领域的科研诚信管理，中国社会科学院负责哲学和社会科学领域的科研诚信管理，违背科研诚信要求行为人所在单位是调查处理的第一责任主体的管理体系和责任人机制。第一责任主体的确立，对于调动科研单位积极性、切实落实相关文件规定、督促科研机构主动作为具有重要意义。

按照新一轮机构改革的要求，截至 2019 年 3 月，31 个省（区、市）科技管理部门进行了机构调整。其中北京、天津、上海、黑龙江、江西等 16 个省（区、市）的科技厅（委、局）新设立了科技监督与诚信建设处，专门负责科研诚建设管理工作。辽宁、河北、山东、甘肃、福建、海南、西藏等地区科技主管部门虽然没有设立科技监督与诚信建设处，但由政策法规与监督处、监督评估处或政策法规与创新体系建设处等处室兼管科研诚信管理工作。

（三）科研不端和违背作风学风行为得以查处

党的十八大以来，我国出现了多起重大科研不端和有违作风学风的群体性事件及产生恶劣影响的个人事件，包括《肿瘤生物学》107 篇撤稿事件、梁莹“404”事件、贺建奎事件等，被曝光检举的作风学风问题也有很多，这些案件背后是长期以来作风学风问题突出、诚信意识淡薄的体现，这些案件均得到及时调查处理。对有违诚信要求，作风学风问题突出的案件和相关人员进行高效、严厉的处理，一方面对科研人员起到警示作用；另一方面有利于作风学风转变，建立诚信的科研环境。

根据违反科研诚信行为案件产生的社会影响，国家层面的调查与处理有两种不同的方式：一种是产生重大社会影响的案件，该类案件通常先由科研诚信联席会议讨论研究后给出指导意见，再由科技部、教育部等相关部门具体开展调查和进行处理；另一种是常规处理的案件，通常由主管部门指导相关责任单位开展调查，主管部门包括教育部、科技部、卫生健康委、国家自然科学基金委、军委科技委、中科院等。

（四）诚信教育宣传得以落实

对科研诚信和作风进行教育宣传是提高广大科研人员和学生意识、增强自我约束的重要手段。党的十八大以来，中央多个部门开展了多种类型的教育宣传活动，引起社会的广泛反响。其中，较为知名的有全国科学道德和学风建设宣讲教育报告会，已形成每年在北京举行，首都师生代表参会，多地通过视频学习的状态。

教育部依托其所属高校，积极开展诚信教育和作风学风建设宣传。2018年，教育部科技委共组织科技委委员和学部委员开展了192场科研诚信学风宣讲报告，集中宣讲62场，受众达7.9万人次；属地宣讲130场，受众17.7万人次。2019年，教育部科技委专家学风宣讲活动共举办各类宣讲教育活动200余场，受众达24万人次。

四、思考与展望

党的十八大以来，我国科研诚信和作风学风改革取得显著成就，但依然存在多方面的不足，需要在未来的改革中着力提升，未来可围绕以下 3 个方面出台更精准的政策，以促进我国科研诚信建设，营造与建设世界科技强国相适应的良好作风学风环境。一是进一步加强主体责任落实，督促高校、科研院所等科研主体在科研诚信与作风学风教育、案件查处等方面主动作为。二是积极发挥学术共同体作用，学会、协会拥有具体领域、具体行业的专家资源，能够准确地把握各自领域和行业的特征，发挥其在细分领域科研不端行为评判标准制定、案件调查、科学家精神倡导等方面的优势。三是进一步加强科研诚信信息化建设，建立国家层面的面向公众的信息化窗口、翔实准确的数据库资源，增强科研诚信信息化数据的使用与共享。

第 28 章　健全科技伦理制度

一、改革背景

进入 21 世纪以来，全球科技创新进入空前密集活跃的时期。以人工智能、量子信息、移动通信、物联网、区块链为代表的新一代信息技术加速突破应用，以合成生物学、基因编辑、脑科学、再生医学等为代表的生命科学领域孕育新的变革，融合机器人、数字化、新材料的先进制造技术正在加速推进制造业向智能化、服务化、绿色化转型，以清洁高效可持续为目标的能源技术的加速发展将引发全球能源变革，空间和海洋技术正在拓展人类生存发展新疆域。① 科技的快速发展深刻影响着人类社会的发展和人民的生活福祉，也带来了巨大的挑战，其中包括科技伦理方面的挑战。近年来发生在我国的黄军就事件、头颅移植术、基因编辑婴儿等伦理事件，以及 2020 年全球暴发的新冠肺炎疫情，引发了国际社会对伦理问题的广泛关注和担忧。随着新兴技术领域的快速兴起，科技伦理问题日益凸显，迫切要求加强我国科技伦理治理，应对科技伦理风险挑战。

随着我国科技发展进入了新阶段，对科技伦理治理提出了新要求。从国际来看，我国科技伦理治理面临西方国家“双重标准”和“伦理倾销”② 的双重压力，科技创新需要维护我国负责任创新大国形象。

① 2018 年 5 月 28 日习近平在两院院士大会上发表的重要讲话。

② 伦理倾销是指在伦理治理较宽松的中低收入国家开展不符合国际伦理准则的研究，该研究由于不符合伦理准则而无法在研究者所在国开展。

从国内来看，我国现有的科技伦理制度建设主要涉及人的生命医学领域和实验动物领域。例如，生命医学领域伦理制度建设已较成体系，生物技术领域已设立农业转基因生物安全管理部际联席会议制度，人类遗传资源领域已设立人类遗传资源管理办公室，实验动物领域已形成较完善的管理制度体系。但对于新兴的人工智能、大数据、合成生物学、纳米技术等科技领域，尚未建立明确的伦理审查制度，相关的伦理委员会建设相对滞后，亟须加强相关领域的伦理制度规范建设。

科技伦理是科技活动必须遵守的价值准则和行为规范。科技伦理治理是现代科技发展的重要保障，也是现代社会治理的重要内容。党的十八大以来，我国逐渐加快部署国家层面的科技伦理制度建设。2012 年 9 月，中共中央、国务院印发《关于深化科技体制改革加快国家创新体系建设的意见》，对“加强科学道德和创新文化建设”做出部署，提出“建立健全科研活动行为准则和规范，加强科研诚信和科学伦理教育”“加强科研诚信和科学伦理的社会监督，扩大公众对科研活动的知情权和监督权”。2019 年 7 月，中央全面深化改革委员会第九次会议审议通过《国家科技伦理委员会组建方案》。2019 年 10 月，党的十九届四中全会提出“健全科技伦理治理体制”。2020 年 10 月，党的十九届五中全会提出“健全科技伦理体系”。上述决策部署体现了党中央对科技伦理的关注和重视，加强科技伦理制度建设已成为国家治理体系和治理能力现代化建设的迫切需求。

二、主要改革举措

（一）组建国家科技伦理委员会

健全科技伦理治理体制有利于我国在建设世界科技强国进程中抢占科技伦理制高点。2019 年 7 月，中央全面深化改革委员会第九次会议指出，科技伦理是科技活动必须遵守的价值准则，组建国家科技伦理委员会，目的是加强统筹规范和指导协调，推动构建覆盖全面、导向明确、规范有序、协调一致的科技伦理治理体系。要抓紧完善制度规范，健全治理机制，强化伦理监管，细化相关法律法规和伦理审查规则，规范各类科学研究活动。为贯彻落实国家科技伦理委员会组建方案，科技部牵头拟订了《国家科技伦理委员会工作规则》，明确国家科技伦理委员会的组织机构、主要职责、会议制度及秘书处职责、分委员会设置等内容。国家科技伦理委员会的建立是新时代科技伦理建设的里程碑。这一历史性的重大战略举措必将强有力地推动我国科技伦理建设，使之形成更完善的制度规范和更健全的治理机制，更好地为创新驱动导航，使科技强国之路走得更好更快更远。

（二）构建科技伦理制度体系

国家科技伦理制度建设有序开展，科技伦理教育、审查、监管制度初步建立。2012年9月，中共中央、国务院印发的《关于深化科技体制改革加快国家创新体系建设的意见》中提出，建立健全科研活动行为准则和规范，加强科研诚信和科学伦理教育。2019年6月，中共中央办公厅、国务院办公厅印发的《关于进一步弘扬科学家精神加强作风学风建设的意见》中，明确要求有关部门、高校、科研机构和企业等建立健全科技伦理审查有关制度。2019年印发的《科技部、财政部关于进一步优化国家重点研发计划项目和资金管理的通知》，提出要加强科研伦理、科技安全的审查和监管；依托单位应建立健全科研伦理和科技安全管理制度。2019年10月和2020年10月，党的十九届四中、五中全会分别提出“健全科技伦理治理机制”和“健全科技伦理体系”。

（三）将科技伦理治理纳入法治化轨道

一是将从事与人体基因、人体胚胎等有关的医学和科研活动，以及临床试验活动等伦理规范纳入《中华人民共和国民法典》。2020年5月颁布的《民法典》第1007条规定“禁止以任何形式买卖人体细胞、人体组织、人体器官、遗体。违反前款规定的买卖行为无效”。第1009条规定“从事与人体基因、人体胚胎等有关的医学和科研活动，应当遵守法律、行政法规和国家有关规定，不得危害人体健康，不得违背伦理道德，不得损害公共利益”。第1008条规定“为研制新药、医疗器械或者发展新的预防和治疗方法，需要进行临床试验的，应当依法经相关主管部门批准并经伦理委员会审查同意，向受试者或者受试者的监护人告知试验目的、用途和可能产生的风险等详细情况，并经其书面同意。进行临床试验的，不得向受试者收取试验费用”。二是通过《中华人民共和国刑法》（修正案）将违反我国人类遗传资源管理、基因编辑/克隆的人类胚胎植入人体或者动物体内等伦理规范行为处以刑事责任。2020年12月通过的《中华人民共和国刑法》（修正案）第336条规定，“违反国家有关规定，将基因编辑的胚胎、克隆的胚胎植入人类或者动物体内，情节严重的，处三年以下有期徒刑或者拘役，并处罚金；情节特别严重的，处三年以上七年以下有期徒刑，并处罚金”。

三、改革实施进展

（一）相关领域科技伦理制度逐步健全

党的十八大以来，科技部、卫生健康委、农业农村部、工业和信息化部等相关部门不断完善生物技术、生命医学、人工智能、实验动物等领域的科技伦理管理制度，为国家层面科技伦理制度的构建提供了有力支撑。

1. 生物技术领域

一是人类遗传资源管理。2015年科技部发布《人类遗传资源采集、收集、买卖、出口、出境审批行政许可事项服务指南》，详细规定了我国人类遗传资源采集、收集、出口出境的申报审批要求及流程。国家设立中国人类遗传资源管理办公室作为人类遗传资源的管理机构，对人类遗传资源实行分级管理，统一审批。2019年3月，国务院常务会议审议通过《中华人民共和国人类遗传资源管理条例》，自2019年7月1日起施行。该条例既是对我国1998年制定的《人类遗传资源管理暂行办法》的修订完善，又将人类遗传资源管理提升到法规高度，为在新形势下保护和合理利用我国人类遗传资源，维护公众健康、国家安全和社会公共利益，有效应对伦理挑战和安全风险提供了重要的法治保障。2020年12月《中华人民共和国刑法》（修正案）将违反人类遗传资源管理的行为规定了刑事责任。

二是高等级病原微生物实验室管理。2004年实施的《病原微生物实验室生物安全管理条例》分别于2016年和2018年进行了两次修订，高等级病原体微生物实验室的管理制度不断健全。2018年7月，科技部审议通过《关于修改〈高等级病原微生物实验室建设审查办法〉的决定》修改），进一步完善了高等级病原微生物实验室建设审查工作，确保各类建设事项符合科技伦理要求。

三是生物技术研发安全管理。2017年7月，科技部印发的《生物技术研究开发安全管理办法》中，对生物技术研究开发活动进行规范，促进和保障生物技术研究开发活动健康有序发展。2019年3月，科技部牵头起草《生物技术研究开发安全管理条例（征求意见稿）》向社会公开征求意见，该征求意见稿明确规定开展生物技术研究开发活动不得违反伦理道德，禁止开展严重违反伦理道德的生物技术研究开发活动。

四是农业转基因生物安全管理。2001年农业部设立农业转基因生物安全管理办公室，主要负责全国农业转基因生物安全的监督管理工作。党的十八大以来，我国出台了多项政策法规不断规范农业转基因生物安全的监管。《农业转基因生物安全管理条例》自 2001 年发布实施以来，分别于 2011 年和 2017 年进行了两次修订，农业转基因生物安全管理得到不断加强。原农业部分别于 2016 年和 2017 年对《农业转基因生物安全评价管理办法》进行了修订，农业转基因生物安全评价管理不断完善。

2. 生命医学领域

2014 年，国家卫生和计划生育委员会（简称卫生计生委）发布《医学科研诚信和相关行为规范》，强调医学科研人员必须遵守科研伦理原则，保护受试者，尊重实验动物福利要求，并提出医学研究样本采集、过程记录、不良事件处理等方面的行为规范。2016 年卫生计生委修订发布《涉及人的生物医学研究伦理审查办法》，进一步规范涉及人的生物医学研究伦理审查工作。2019 年 2 月，卫生健康委发布《生物医学新技术临床应用管理条例（征求意见稿）》向社会公开征求意见，该征求意见稿规范了生物医学新技术临床研究项目申请与审查、研究过程管理、临床转化应用管理、监督管理，加快我国生命医学领域的科技伦理监管向法制化迈进的步伐。2020 年 4 月，国家药品监督管理局会同卫生健康委发布新修订的《药物临床试验质量管理规范》（GCP），完善并规范了我国药物临床试验研究中的相关伦理监管工作。2020 年 5 月颁布的《中华人民共和国民法典》规定，为研制新药、医疗器械或者发展新的预防和治疗方法，需要进行临床试验的，应当依法经相关主管部门批准并经伦理委员会审查同意。从事与人体基因、人体胚胎等有关的医学和科研活动，应当遵守法律、行政法规和国家有关规定，不得危害人体健康，不得违背伦理道德，不得损害公共利益。2020 年 10 月，卫生健康委医学伦理专家委员会办公室和中国医院协会发布了《涉及人的临床研究伦理审查委员会建设指南（2020 版）》，其中附则八对疫情暴发时期医学研究伦理审查做出了专门规定。

3. 人工智能领域

2017年7月，国务院印发《新一代人工智能发展规划》，指出在大力发展人工智能的同时，必须高度重视可能带来的安全风险挑战，加强前瞻预防与约束引导，最大限度地降低风险，确保人工智能安全、可靠、可控发展，并制定了三步走的人工智能发展战略，其中涉及人工智能伦理的部署为：第一步，到2020年新一代人工智能理论和技术取得重要进展，部分领域的人工智能伦理规范和政策法规初步建立；第二步，到2025年初步建立人工智能法律法规、伦理规范和政策体系，形成人工智能安全评估和管控能力；第三步，到2030年建成更加完善的人工智能法律法规、伦理规范和政策体系。为强化国家新一代人工智能发展规划实施的组织保障和研究支撑，2018年4月，科技部组建了新一代人工智能发展研究中心，旨在对人工智能发展战略和前沿技术方向提供咨询建议。近几年我国的人工智能领域快速发展，取得了显著成效，2019年6月，世界二十国集团（G20）贸易和数字经济部长会议公布了《G20人工智能原则》，标志着中国正式参与构建人工智能伦理全球标准。

4. 实验动物领域

我国实验动物管理制度建设较早，1988年制定的《实验动物管理条例》于2011年和2013年两次修订，已形成较完善的管理制度体系。2019年11月，科技部制定了《自贸区实验动物许可“证照分离”改革工作实施方案》，对全国自贸区实验动物生产许可、使用许可事项改革工作做出了具体部署。

（二）财政资助科研项目科技伦理监管体系初步建立

2018年国家自然科学基金委员会发布《关于进一步加强依托单位科学基金管理工作的若干意见》，提出建立完善的科研伦理和科技安全审查机制，加强伦理审查机制和过程监管。2019 年科技部、财政部印发的《关于进一步优化国家重点研发计划项目和资金管理的通知》和国家自然科学基金委员会、财政部印发的《关于进一步完善科学基金项目和资金管理的通知》均规定，要加强科研伦理、科技安全的审查和监管；依托单位应建立健全科研伦理和科技安全管理制度，加强伦理审查和过程监管，科研人员要自觉接受伦理审查和监管。《2020 年度国家自然科学基金项目指南》要求，涉及科研伦理与科技安全（如生物安全、信息安全等）的项目，申请人应严格执行国家有关法律和伦理准则；依托单位应建立完善科研伦理和科技安全审查机制，建立健全科研伦理和科技安全管理制度，加强伦理审查机制和过程监管等。

长期以来，我国财政资助科研项目在立项申请、项目执行期间对科技伦理的考量相对较少，上述规范性文件的出台，对鼓励和约束科研人员开展负责任研究和创新具有重要意义，不仅为补齐我国科学研究中的科技伦理环节提供制度规范，也为我国建设健全科技伦理治理体制提供重要抓手。

（三）科技伦理相关问题及制度研究不断加强

为加强我国科技伦理制度建设，2019 年以来，科技部组织开展了科技伦理治理重大问题调研，正在抓紧研究制定我国科技伦理基本原则及科技伦理审查相关制度规范。2019 年 10 月，科技部科技监督与诚信建设司联合欧盟委员会科研创新总司在北京召开了首届中欧科技伦理和科研诚信研讨会，就科技伦理政策、审查要求及相关制度进行讨论并分享了经验，积极探索中欧未来科技伦理的国际合作事宜。受新冠肺炎疫情影响，2020 年科技部组织开展了突发应急状态下科技伦理审查制度重大问题调研工作，相关成果将为我国科技伦理审查及应急审查制度的构建提供参考，为健全我国科技伦理治理体系提供决策支撑。

高校院所已开始注重科技伦理制度建设研究。中国科学院学部科学道德建设委员会近年来持续召开科技伦理研讨会，教育部所属部分高校连续召开年度科研诚信与学术规范研讨会，分析我国科技伦理领域的伦理共性问题及应对情况，结合国外经验和做法，探讨符合我国国情的重大科技伦理事件与应对机制，并提出可操作的政策建议。

四、思考与展望

2020年10月，党的十九届五中全会提出“健全科技伦理体系”，国家层面的科技伦理制度体系正在加快构建。根据我国科技伦理治理存在的问题，借鉴发达国家相关经验，从目前的国内外形势和需求来看，我国科技伦理制度建设应着重考虑以下方面：一是对重点领域前沿探索和重大活动的伦理问题、科技活动中具有普遍性的伦理失范问题，以及国际社会和国内公众普遍关切的热点伦理问题，研究制定相应的伦理规范和应对办法，防范伦理事件发生。二是从建立健全科技伦理治理框架、管理制度和伦理审查委员会着手，着力提升我国整体的科技伦理治理能力。不断完善科技伦理相关法规，将科技伦理治理纳入法治化轨道。三是既要遵循国际基本伦理共识和准则，又要立足我国科技和经济社会发展的阶段、特点和文化习俗，探索建立适合我国国情和发展阶段的科技伦理治理体系。组织开展科技伦理研究的国际交流与合作，推动形成国内和国际社会认可的伦理标准和规范。

第29章 推进科技社团发展

一、改革背景

改革开放以来，在党和政府的重视支持下，我国科技社团不断发展改革，在促进科技创新、推动科学普及、服务经济发展、助力对外交往等方面发挥了积极作用。近年来，我国经济社会发展阶段、科技创新实力、面临的内外部环境均发生了新的变化。与新时代党和政府及社会各界的要求和期盼相比，我国科技社团在法规保障、治理机构、治理方式、自身建设等方面还存在一些不足，科技社团凝聚力不够、活力不强、组织松散等问题仍然存在。大力推动科技社团深化改革具有现实必要性和紧迫性。

党的十八大以来，党中央、国务院及有关方面出台了若干重要改革文件，很多涉及科技社团的改革，为科技社团改革指明了发展方向，提供了根本遵循。中共中央、国务院印发的《关于深化科技体制改革加快国家创新体系建设的意见》、党的十八届三中全会通过的《中共中央关于全面深化改革若干重大问题的决定》等对发挥科技社团作用、完善社团管理功能等提出了要求，这为科技社团培育发展和承担公共服务职能带来了历史性机遇。中共中央办公厅印发的《科协系统深化改革实施方案》，对科协系统深化改革提出了总体要求和具体部署。

通过深化改革，目标是力争从根本上解决当前科技社团存在的突出问题，所属学会发展和服务能力显著提升，工作手段信息化、组织体系网络化、治理方式现代化迈上新台阶，科协组织的政治性、先进性、群众性更加突出，开放型、枢纽型、平台型特色更加鲜明，服务科技工作者、服务创新驱动发展战略、服务公民科学素质提高、服务党委和政府科学决策的能力明显增强，真正成为党领导下团结联系广大科技工作者的人民团体，成为提供科技类公共服务产品的社会组织，成为国家创新体系的重要组成部分，为更好地服务党和国家中心工作奠定坚实基础。

二、主要改革举措

党的十八大以来，《关于深化科技体制改革加快国家创新体系建设的意见》《科协系统深化改革实施方案》等重要文件对科技社团改革提出了明确举措。

（一）更好发挥科技社团作用

《关于深化科技体制改革加快国家创新体系建设的意见》中提出，要发挥科技社团在推动全社会创新活动和科技评价中的作用及自律功能，充分发挥科技社团在推动全社会创新活动中的作用，发挥科技社团在科技评价中的作用，发挥科研机构和学术团体的自律功能，引导科技人员加强自我约束、自我管理。

在科技评估方面，充分发挥科技社团在科技评价中独立第三方作用，推动建立健全科技评估制度，提供宏观层面的战略评估，促进科技评价的公平、公开和公正，形成决策、执行、评价相对分开的运行机制。以评估为重点，在国家科研和创新基地评估、科技计划实施情况的整体评估和科研项目完成情况评估三方面开展试点探索。

在工程技术领域职业资格认定方面，围绕推进科技人才评价专业化、社会化的总体要求，突出学会专业属性和技术优势，重点开展专业技术人员专业水平评价类而非行业准入类职业资格认定，以区分学会和行业协会的差异与合理分工。选择信息工程、软件开发等专业性、技术性较强的领域，遴选具备能力要求的学会，经有关政府部门审核确认，参与或承担水平评价类职业资格认定工作。在有关政府部门的指导下，试点探索开展非公有制经济组织的专业技术人员职称评定工作。

在技术标准研制方面，选择3D打印、物联网、工业机器人、新能源汽车、中医药等专业领域，鼓励学会面向新兴交叉学科和市场需求空白，协调相关市场主体共同制定满足市场和创新需要的团体标准，促进形成产学研相结合的团体标准研制模式，增加标准的有效供给，发挥团体标准作为市场自主制定标准的优势，逐步形成政府主导制定标准与市场自主制定标准协同发展、协调配套的新型标准体系。及时总结试点经验，为完善国家标准化工作的相关政策法规提供支撑。

在国家科技奖励推荐方面，按照有关规定，完善国家科技奖励推荐提名制度，在确保质量的前提下，扩大专业学会推荐范围。进一步完善学会推荐的遴选和动态调整机制，引导学会强化自身管理，严格工作规范和程序，稳步提升知名度和影响力。

（二）深化科协系统改革

《科协系统深化改革实施方案》在改革联系服务科技工作者的体制机制、全面改革学会治理结构和治理方式、创新面向社会提供公共服务产品的机制、加强对科技工作者的政治引领等5个方面推出了系列改革举措。

在改革联系服务科技工作者的体制机制方面提出，提高科协领导机构中基层科技工作者代表比例，增强代表性和广泛性；深化科协机关改革，建立更直接服务基层的体制机制；拓宽干部交流成长渠道，培养有活力有能力的科技群团骨干；推动科协组织向基层延伸，扩大有效覆盖；为科技工作者搭建更加广阔的工作平台；建设网上科技工作者之家，打造科技工作者的精神纽带和情感家园；改革人才服务机制，助力科技工作者成长成才。

在全面改革学会治理结构和治理方式方面提出，全面推进会员结构、办事机构、人事聘任、治理结构、管理方式改革，提升服务能力，加强国家级学会与地方科协的协同发展，从根本上解决凝聚力不够、活力不强、组织松散等突出问题，真正把学会做实做强做好。主要改革举措包括：改革团体会员制度，突出科技工作者主体地位；深化学会治理结构改革，建设能负责可问责的中国特色现代科技社团；健全完善学会治理方式，调动激发学会的创新热情和创造活力；探索建立学会联合体，进一步提高凝聚力和权威性。

在创新面向社会提供公共服务产品的机制方面提出，要创新服务学术活动机制，优化学术环境；创新服务科技成果转化机制，引导学会助力创新发展；创新科学文化公共服务机制，建立普惠共享的现代科普体系；创新党委和政府决策服务机制，建设开放高端科技创新智库。

三、改革实施进展

在党的十八大以来一系列改革要求的指引下，我国科技社团改革工作迈出了新步伐。特别是中国科协在推进科技社团改革和科协系统自身深化改革方面取得了积极进展，多项改革举措落地生根、取得实效。

（一）加快推进科技社团功能改革，更好发挥科技社团作用

自改革以来，在科技评估、职业资格认定、标准制定、国家科技奖励推荐等部分领域，科技社团逐步发挥更多作用，积极参与承担相关工作，更好地体现了科技社团作为学术共同体的社会价值。例如，中国科协积极承担了大众创业、万众创新政策、基层公共医疗设施有

关政策、《国家中长期人才发展规划纲要（2010—2020年）》、区域全面创新改革试验等方面的评估工作。国家科技奖励制度改革后，中国科协在国家科技奖推荐、提名方面发挥了重要作用，34个学会先后获得国家科技奖励推荐资格，学会推荐入选国家科技奖数量逐年上升。

（二）科协系统改革扎实推进，取得了积极成效

调研发现，2016年3月以来，中国科协积极落实《科协系统深化改革实施方案》，先后出台或推动出台近60份相关配套文件，遴选确定50家全国学会、31家地方科协作为首批改革试点，以先进典型引路，以攻克改革进程中突出问题为着力点，以关键领域的突破性进展有效带动全局改革。通过改革，科协组织联系服务科技工作者的体制机制得到优化，直接联系科技工作者的渠道得到拓宽，中国科协第九次全国代表大会正式代表中，基层一线科技工作者代表有944名，占代表总数的71.4%，比中国科协“八大”时的57.9%有明显提高；组织覆盖进一步扩大，与国务院国资委、教育部、农业农村部等联合推进在企业、高校、农村建立科协组织，推动阿里、腾讯、小米等一批有影响力的民营企业成立科协，吸纳以“三长”（医院院长、农技站站长、学校校长）为代表的“关键人物”进入基层科协机构兼职、挂职。建设的网上科技工作者之家——“科界”，注册用户超200万个，累计吸引1252个各级学会、2786个各级科协组织和基层组织，以及大批企业、高校、媒体等机构入驻。学会治理更加规范合理。全国学会普遍优化理事会结构，积极推进监事会制度，注重加强专职工作人员队伍建设。128家已经成立监事会，67家全国学会已经开始实行理事会聘任秘书长制。学会联合体建设稳步推进，目前已成立了生命科学、军民融合、清洁能源、信息科技、智能制造、先进材料、生态环境、航空发动机等8个学会／产学联合体。在打造高端科技创新智库、搭建高水平学术交流及国际合作平台、搭建科技成果转化平台、搭建高

端人才培养平台等方面，学会联合体已经开展了大量工作，取得了良好反响。

四、思考与展望

科技社团作为典型的学术共同体，是重要的社会化科技组织，是我国科技创新体系中不可或缺的重要主体之一，其功能具有不可替代性，需要通过进一步深化改革，强化学术共同体在学术行为规范、学术评价、行业自律、国际交流中的重要作用。目前，由于科技社团改革的系统性、复杂性和艰巨性等多重因素影响，目前社团发展仍面临一些突出问题和挑战，如基层科协组织活力不足、强化组织赋能不够、学会治理改革相对滞后、联系服务科技工作者的广度和深度不够、开放型枢纽型平台型组织作用发挥不够充分、引导科技工作者进军科技创新力度不够等。此外，保障科技社团自身建设发展和推动科技社团更好发挥作用等方面依然缺乏健全完善的法规保障和政策支撑，有关改革进展存在国家与地方之间、不同地方之间的不平衡现象，值得关注和重视。进一步深化科技社团改革应当针对以上问题，花大力气、对症施策、力求实效。

一是全面提升全国学会的专业化、社会化和国际化水平。可以借鉴行业协会商会与行政机关脱钩工作的典型做法，扩大试点启动全国学会与行政机关脱钩工作。可以借鉴国际先进科技社团的有益经验，在国际化建设方面推出更多举措。

二是充分发挥科技社团的专业自律作用。科技社团作为科技工作者的群众组织，主业应该是促进本领域科技进步和推动专业自律。有研究表明，全国很多学会在制定完善本领域科研活动自律公约和职业道德准则方面工作力度偏弱，工作成效不足，这是未来相当长一段时期科技社团改革应当予以重视和解决的一个关键问题。

三是更好地发挥科技社团在国际科技合作交流中的重要作用。近年来，在外部国际环境剧烈变化、新冠肺炎疫情影响严重、不确定性因素增加的背景下，使得国际的交流合作遇到前所未有的困难和阻碍。科技社团应当在推动国际科技合作交流中发挥更加重要的作用，更好地助力国际交流合作尽快重返正常化，为人类命运共同体建设做出贡献。

第 30 章　促进科学普及

一、改革背景

习近平总书记指出，科技创新、科学普及是实现创新发展的两翼，要把科学普及放在与科技创新同等重要的位置。科学普及是科技创新的社会基础，为科技创新营造良好的社会氛围。自 2006 年国务院颁布实施《全民科学素质行动计划纲要（2006—2010—2020 年）》（简称《纲要》）以来，各地方各部门联合协作，未成年人、农民、城镇劳动者、领导干部和公务员、社区居民等重点人群科学素质行动扎实推进，带动全民科学素质水平整体提高；科技教育、传播与普及工作广泛深入开展，科普资源得到丰富，大众传媒特别是新媒体科技传播能力明显增强，基础设施建设持续推进，人才队伍不断壮大，公民科学素质建设的公共服务能力进一步提升；公民科学素质建设共建机制基本建立，大联合大协作的局面进一步形成，为全民科学素质工作顺利开展提供了保障。但是也应清醒地看到，目前我国公民科学素质水平与发达国家相比仍有较大差距，全民科学素质工作发展还不平衡，不能满足建设创新型国家的需要。

2015 年 9 月，中共中央办公厅、国务院办公厅印发《深化科技体制改革实施方案》（简称《实施方案》），提出“深入实施全民科学素质行动计划纲要，加强科学普及，推进科普信息化建设，实现到 2020 年我国公民具备基本科学素质的比例达到 10%”的要求。2016 年 2 月，国务院办公厅印发《全民科学素质行动计划纲要实施方案

（2016—2020年）》（简称《纲要实施方案》），确定科普发展和改革的总体目标是：到2020年，科技教育、传播与普及长足发展，建成适应创新型国家建设需求的现代公民科学素质组织实施、基础设施、条件保障、监测评估等体系，公民科学素质建设的公共服务能力显著增强，公民具备科学素质的比例超过10%。

二、主要改革举措

（一）加强科普基础能力建设

国家高度重视科普基础设施建设，政策环境不断改善，相关部门加强对科普基础设施的顶层设计和宏观指导。在《中华人民共和国科学技术普及法》框架下，我国先后出台了《“十三五”国家科普和创新文化建设规划》《科普基础设施发展规划（2008—2010—2015年）》等多项科普基础设施建设相关政策，以及《博物馆事业中长期发展规划纲要（2011—2020年）》等专项政策，使科普基础设施建设从发展理念、发展目标、实施步伐、支撑条件等方面形成较为系统性的布局。“十三五”期间，我国对实施科普基础设施工程提出新的要求：进一步加强对科普基础设施发展的顶层设计和宏观指导、创新完善现代科技馆体系、加强基层科普设施建设、加强科普教育基地建设，并提出推动优质科普资源开发开放及提升科普基本服务能力等新要求。

（二）推动重点人群科学素质行动落实落地

《纲要实施方案》提出未成年人、农民、城镇劳动人口及领导干部、公务员及社区居民等重点人群科学素质行动重点任务，以重点人群科学素质行动带动全民科学素质整体提高。与“十二五”重点人群科学素质行动重点任务举措相比，除持续深化相关举措外，还在充分利用信息技术手段，均衡配置科技教育资源；加强农村科普信息化建设；大力营造崇尚创新创造的社会氛围；利用网络化、智能化、数字化等教育培训手段，扩大优质科普信息覆盖面，满足领导干部和公务员多样化学习需求；大力改善社区科普基础条件等方面提出新要求。

《现代职业教育体系建设规划（2014—2020 年）》提出建设现代职业教育体系，将职业发展教育纳入城镇劳动者培训体系中。《全国农民教育培训教材建设规划（2019—2022 年）》提出培养大批有文化、懂技术、善经营、会管理的高素质农民，以乡村人才振兴促进乡村全面振兴、促进农民全面发展，满足农民教育培训需要。《2018—2022 年全国干部教育培训规划》提出干部教育培训和互联网融合发展，统筹整合网络培训资源，建设兼容、开放、共享、规范的全国干部网络培训体系。《城乡社区服务体系建设规划（2016—2020 年）》提出健全城乡社区服务设施网络，推进城乡社区综合服务设施建设，完善城乡社区综合服务设施功能。

（三）推进科普产业助力工程

科普产业是基于科学技术进步发展起来的一个特殊产业，为科普系统运行提供资源、产品和服务，为助力加强国家科普能力建设提供资源基础。《纲要》在“科普资源开发和共享工程”和“大众传媒科技传播能力建设工程”中均对科普产业发展做出相应部署，明确指出“制定优惠政策和相关规范，鼓励和吸引更多社会力量参与科普资源开发”，“积极培育市场，推动科普文化产业发展”。《纲要实施方案》提出“十三五”期间，将科普产业划为专门的“科普产业助力工程”进行部署实施，通过落实完善科普产业发展支持政策、推动科普产品研发与创新、加强科普产业市场培育等措施，为我国科普能力提供有益助力。《“十三五”国家科技创新规划》提出“以多元化投资和市场化运作的方式，推动科普展览、科普展教品、科普图书、科普影视、科普玩具、科普旅游、科普网络与信息等科普产业的发展”。《中国科协科普发展规划（2016—2020 年）》提出“进一步把政府与市场、需求与生产、内容与渠道、事业与产业有效连接起来，实现科普的倍增效应”，“支持优秀科普作品的产业转化，推动科普产品交易平台建设”。

（四）激发科技工作者参与科普积极性

为实现中华民族伟大复兴的中国梦，进入创新型国家行列，我国越来越重视科学普及工作，深入落实国家中长期科技、教育、人才发展规划纲要，强化政策导向，推动科学家、老科技工作者、传媒从业者投身科普，激励科普科学普及工作地位提升。

在科普激励方面，2014 年 10 月国务院印发《关于加快科技服务业发展的若干意见》，把科普服务作为一项重要内容纳入。《纲要实施方案》明确“搭建科普产品和服务交易平台，加大政府购买科普产品和服务的力度”。

在科研任务考核方面，中国科协会同有关部门推进在国家科技计划项目中增加科普任务调研工作，制定《落实国办会议纪要推进在国家科技计划项目中增加科普任务工作方案》，推动建立完善科研与科普结合的机制。2016 年 6 月国家自然科学基金委员会发布《国家自然科学基金“十三五”发展规划》，指出“鼓励科研人员结合项目研究开展科学普及”。在资助项目结题报告撰写中要求“重点项目、重大项目、重大研究计划项目、国家杰出青年科学基金项目、创新研究群体项目、重点国际（地区）合作研究项目及国家重大科研仪器研制项目必须提供项目成果科普性介绍或展示网站”。2020 年 4 月科技部等六部门联合印发《关于新形势下加强基础研究若干重点举措》，将科学普及作为基础研究项目考核的必要条件。

（五）促进创新主体开展科普服务

为促进创新主体开展科普服务，全民科学素质工作领导小组和相关部门先后出台了一系列跨部门、综合性的政策文件。推动科普制度在科研管理、教育、企业中的建设。建设科普联盟，完善科普合作共享机制。围绕促进创新主体开展科普服务形成全方位、多角度、多层次的制度体系。

一是鼓励高校从事科普服务。2012 年中国科协和教育部印发《2012 年全国高校科普开放日活动实施方案》《2012 年全国青少年高校科学营试点活动实施方案》《2012 年全国青少年高校科学营试点活动实施管理办法》，成立全国管理办公室，推动各省（区、市）成立了由中国科协、教育厅（局）和承办高校共同组成省级管理办公室，承办高校具体落实任务。2013 年教育部发布《关于深化高等学校科技评价改革的意见》《高等学校科技分类评价指标体系及评价要点》，提出将科普工作纳入考核高校科研人员、创新团队、科技项目和创新平台（机构、基地）建设工作科技评价指标。2017 年国家民委印发《关于进一步做好委属高校科普工作的通知》，充分发挥委属高校的特色和优势，促进教育科普资源的开发与共享。

二是鼓励科研院所从事科普服务。2015 年中国科学院和科技部发布《关于加强中国科学院科普工作的若干意见》，要求“中国科学院作为国家战略力量，在科普工作中应发挥国家队的作用，坚守‘高端、引领、有特色、成体系’的科普工作定位”。2020 年科技部办公厅印发《关于开展科技人员服务企业专项行动的通知》，引导科研院所和高校组织科技人员服务企业。

三是鼓励企业从事科普服务。2015 年中国科协与国资委联合印发《关于加强国有企业科协组织建设的意见》，充分发挥国有企业在产品研发、科普设施等方面优势，将企业经营活动与科普活动有机结合起来，面向公众开展开放式科普。

（六）实施科普人才建设工程

《纲要实施方案》提出实施科普人才建设工程重点任务，加强科普人才队伍建设，建立完善科普人才激励机制。与“十二五”相比，在进一步加强科普人才培养和继续教育、加强科普专业队伍建设、大力发展科普志愿者队伍等方面持续深化。同时提出“完善科普人才培养、使用和评价制度”的新要求。

2017 年科技部和中央宣传部发布《“十三五”国家科普和创新文化建设规划》，进一步加强专业型科普人才建设及建立评价考核机制。2018 年中共中央和国务院印发《乡村振兴战略规划（2018—2022 年）》，对科普人才实施职称改革制度，提升科普人才服务能力。2019 年中国科协发布《关于做好 2019 年科普中国信息员队伍建设和传播分享的通知》，以“面向基层、专兼并重、服务全民”为原则，综合利用各种手段建设科普中国信息员队伍，吸纳更多公众成为科学知识的倡导者、传播者、践行者，实现科普信息分类精准推送，营造全民科学素质工作浓厚氛围。

三、改革实施进展

党的十八大以来，各地方各部门认真贯彻习近平总书记关于科学普及和公民科学素质建设的系列重要指示精神，将提升全民科学素质作为攸关国家发展和民族未来的重大基础性社会工程，按照党中央、国务院关于全民科学素质工作总体部署，广泛开展科学普及工作。《纲要实施方案》发布后，各地方各部门围绕科学普及工作展开了一系列改革举措，为实现“两个百年”奋斗目标和建设世界科技强国筑牢创新发展根基。

（一）完善国家科普基础设施体系，提高科普基本服务水平

“十一五”至“十三五”期间，科普基础设施工程始终作为科学普及重点任务进行推进。各地方各部门主动落实相关要求，取得积极进展和成效。

一是完善现代科技馆体系。目前全国达标科技馆192座，农村中学科技馆667座，流动科技馆、科普大篷车累计受益公众3.4亿人次，逐渐建立完善以实体科技馆为龙头和基础，流动科技馆、科普大篷车、虚拟现实科技馆、农村中学科技馆、数字科技馆为拓展和延伸，辐射基层科普设施的中国特色现代科技馆体系。

二是发展基层科普设施及科普教育基地建设。加强科普基础设施建设，提高科普基地的教育、服务能力和水平，为公众提供更好参与科普的途径和机会。科技部、中国科协命名贵州平塘500米口径球面射电望远镜基地（FAST基地）等一批全国科普教育基地。中国科学院全面实施“高端科研资源科普化计划”，打造国家科研科普基地，与旅游局联合发布首批“十大科技旅游基地”。

三是推进优质科普资源开发开放。围绕高新技术和战略新兴产业广泛开展科普工作，为产业转型升级、促进经济保持中高速增长奠定良好基础。教育部推动62所直属高校纳入开放共享的大型仪器和设施超过1.8万台（套）。中科院、工程院、清华大学、北京大学等8000多个科研机构和高等学校定期开展公众开放日活动。

四是提升科普基本服务能力和水平。各地方各部门按照以人为核心的新型城镇化发展要求，紧密结合社区和乡村群众的生产生活需求，推进优质科普服务精准推送和落地。

（二）为创新发展提供高素质人才，营造积极社会氛围

一是青少年教育内容更加丰富有效，科学兴趣逐步激发。2017年

版普通高中课程方案将科学作为8个学习领域之一；2018年近千所高校的3.96万个项目参加“国创计划”，参与学生16.7万人，项目经费共计7.5亿元。工业和信息化部上线运行“产业工人网络学习平台”，已有99个系列课程、1097门短视频微课程，提供免费线上学习。越来越多单位、科普场所引入VR技术，并将其推广到科普教育中，通过虚拟技术模拟危险情况，让体验者实践正确的逃生知识。

二是农民科学素养提高，助推乡村振兴战略实施。原农业部组织实施现代青年农场主培养计划和新型农业经营主体带头人轮训计划，提高新型职业农民培训质量，加快建立新型职业农民教育培训制度。农业部等12个部委每年开展“三下乡”集中示范活动，充分发挥文化科技卫生“三下乡”活动品牌效应和示范作用，助力精准扶贫，补齐“精神短板”。截至2017年年末，中国农技推广APP上线用户数16.5万人，云上智农APP上线用户超过40万人。对“三农科学传播”微信公众平台的栏目、平台服务功能等方面进行改进，开展手机网络知识竞赛、问卷调查、培训班手机报名等工作。

三是城镇劳动者职业技能提高，高技能人才不断壮大。实施国家高技能人才振兴计划、特别职业培训计划、农村劳动力转移培训计划、星火计划、建筑业农民工技能培训示范工程、阳光工程、雨露计划等培训农民工，我国每年组织开展政府补贴性职业培训约1500万人次[①]。2014—2017年，全国开展政府补贴性农民工职业培训3856万人次。全国总工会与教育部联合开展“大国工匠进校园”活动，为各地职业院校师生搭建向大国工匠学习高超技艺和高尚品格的平台。人力资源社会保障部将工匠精神作为全国技工院校学生德育工作的重要组成部分纳入教学安排，纪录片《大国工匠》在全国引起强烈反响。

---

① 赵立新，赵东平．中国公民科学素质建设20年回顾与展望[J]．科普研究，2018，13(6)：59–65．

四是提高决策管理水平，推进国家治理能力现代化。中央组织部统筹制定“一校五院”、委托部委举办地方党政领导干部专题班、中央和国家机关司局级干部专题班、境外培训班等培训活动。中科院组织院士面向领导干部和公务员举办“科学思维与决策”科普讲坛活动，“老科学家科普演讲团”讲座服务地方基层公务员10万余人。科技部依托科技培训基地，开展一系列领导干部和公务员科普活动。

五是社区科普基础条件得到改善，服务能力进一步加强。全国各地开展科普讲座、科普咨询、文艺演出、科普影视播放等科普宣传活动，增强社区居民科学意识和鉴别能力，破除愚昧思想和落后习俗，提高科技文化素质。科技部牵头举办“全国科技周”，紧扣生活热点，展示科技成果，传播科学精神，2018年参与人数突破3亿人次。社区组织和科普志愿者组织引导社区居民参与科普活动，党员先锋岗、工人先锋岗、青年文明岗、巾帼文明岗等发挥带头作用，推动社区科学文化建设。各地发挥社区科普大学、科普示范社区、科普活动站等的功能开展社区科普活动。上海市打造社区科普大学三级教学网络体系，建设社区创新屋，丰富社区科普设施载体。山东省淄博市完善社区科普网络，推动科普楼宇、健康科普小屋、科普e站、科普漂流书亭、四点半学校及科普大学建设。

（三）促进科普产业健康发展，支撑科普事业发展

支持科普产业发展政策得到完善，科普创作能力持续提升，科普图书作品数量持续增长。科普图书出版种数从2006年的3162种发展到2017年的14 059种。果壳网是探索科普产业道路的优秀企业，把科学知识转化成画面精美、有格调的生活日用品，把科学带进了千家万户。2015年刘慈欣凭借长篇科幻小说《三体》在第73届世界科幻年会上摘得第62届雨果奖最佳长篇故事奖。2016年中国科幻作家郝景芳凭借《北京折叠》再获雨果奖，中国科普作家连续两年摘得雨果奖。

科普产业市场培育得到加强。根据2018年《中国科普产业发展研究报告》统计表明，我国科普产业的产值规模约1000亿元，主营科普企业数量约375个，主要分布在京津冀、长三角地区及广东和安徽等地，发展较快且有一定规模的主要有科普展览教育业、科普出版业、科普影视业、科普网络信息业等[①]。中国（芜湖）科普产品博览交易会规模逐年扩大，2018年举办的第八届博览会共吸引海内外443家单位参展参会，交易额达10.6亿元。中国科协举办中国科幻大会，推进“科普科幻青年之星计划”，为科普科幻作者、专家、媒体、影视、产业和读者提供相互交流、融合发展的平台。

（四）发挥政策引导作用，动员广大科技工作者参与科普工作

党的十八大以来，政府出台一系列政策，在税收及政府采购方面支持科技工作者参与科普活动，将科学技术普及纳入国家科学技术进步奖范畴，国家自然科学基金在重点项目、重大项目等增加科普要求，激发科技工作者参与科普活动的积极性。

中央和国家相关部门发挥普及科学知识、弘扬科学精神的引领作用。中央组织部、中央宣传部等多部委广泛开展黄大年、南仁东、李保国、钟扬、王逸平等优秀科技工作者先进事迹宣传，大力弘扬我国科学家科技报国的高尚情操、无私奉献的爱国情怀和坚守创新的科学精神。中央宣传部、发展改革委、科技部等联合举办“伟大的变革庆祝改革开放40周年大型展览”“砥砺奋进的五年”大型成就展，精心打造全国“科技活动周”、全国“双创”活动周、全国科普日等重点活动，大力宣扬FAST、“蛟龙”、“墨子”等我国高精尖科技创新成果。自2004年启动至今“科技列车行”作为全国科技活动周

① 赵立新，赵东平．中国公民科学素质建设20年回顾与展望[J]. 科普研究，2018，13(6)：59–65．

重大示范活动，先后到赣南苏区、长白山区、井冈山区、陕北老区、大别山区、乌蒙山区、大巴山区、沂蒙老区、武陵山区、丹东边境、内蒙古草原、青藏高原、云贵高原、六盘山区等边远贫困地区、边疆民族地区和革命老区，服务17个省、自治区的126个县，普及科技知识，倡导科学方法，传播科学思想，弘扬科学精神，成为科技惠民和服务基层的品牌性科技活动，为推动我国贫困地区创新发展和脱贫攻坚做出积极努力。

发挥科技工作者对科学知识和科学精神的传播作用。为鼓励广大科技工作者牢记使命责任，将每年5月30日定为“全国科技工作者日”。通过广泛弘扬科学精神，深入普及“创新、协调、绿色、开放、共享”的发展理念，让社会公众进一步了解我国科技事业的发展成就。

（五）创新主体开展科普服务形式更加丰富，积极性不断提高

高校和科研院所开展科普服务的形式更加多样。中国科协和教育部联合推动高校开展全国高校科普开放日活动，利用自身教学、科研设备设施和师生优势面向社会公众开展科普活动，普及有关科学知识。中国科学院充分发挥科普资源高端、研究学科齐全、科普人才丰富的优势，支持科普场馆升级改造和信息化建设，形成“公众科学日”“科技创新年度巡展”“老科学家科普演讲团”等科普品牌活动，出版系列科普图书、研发系列科普产品，形成了一支科研人员参与的科普队伍，推动科普期刊、科普网站、新媒体等平台持续发展，形成科普工作体系。

企业参与科普服务积极性提高。企业作为带动科技创新和创新驱动发展的主要力量，履行新时代科普职责的意愿和行动逐渐加强，主要通过举办开放日、与高校合作成立联盟等形式开展科普服务。例如，2014年上海通用汽车首次举办开放日活动，向社会开放其上海、沈阳、烟台、武汉四大基地及泛亚汽车技术中心，借开放日让消费者更直观、

更深入地了解上海通用汽车所拥有的世界级研发和制造体系。

（六）科普人才队伍快速发展壮大，服务水平不断提高

建立科普人才激励机制及技术职务等相关制度。例如，国家科学技术进步奖设有科普类奖项；中国科普作家协会设立全国优秀科普作品奖；科技部每年度组织评选全国优秀科普作品等。2019 年 5 月北京市成为全国首个增设科学传播专业职称的地区，凡是在北京从事开展科普工作的专业技术人员都可以申报科学传播专业职称。

进一步加强科普人才培养和继续教育。加强科普理论研究，至 2019 年我国已经成功举办二十六届全国科普理论研讨会，推动科普理论与实践的结合及科普工作的开展；教育部与中国科协联合开展推进培养高层次科普专门人才试点工作，截至 2018 年 6 所试点高校已累计招生 700 余人，55% 的学生毕业后从事科普工作；加强对技术人才的继续教育，2019 年中国科学院大学设立“国家级专业技术人员继续教育基地”，培育科普人才后备力量；组建全国学会科学传播专家团队，截至 2018 年科学传播专家团队已达 433 个，聘任首席科学传播专家 435 人，其中院士 41 人，在库科学传播专家总人数为 5444 人[①]。

四、思考与展望

党的十九届五中全会提出，要深入实施人才强国战略，激发人才创新活力，加强学风建设，坚守学术诚信，弘扬科学精神和工匠精神，加强科普工作，营造崇尚创新的社会氛围。科学技术的飞速发展，使科普工作面临新的挑战，应深化对新时期科普工作的认识，转变科普

① 张佳，郑洁，李婷．新生代农民工职业培训现状中存在问题及对策研究[J]．职教论坛，2011（30）：44–48．

事业发展理念，厘清科普工作规划思路，创新科普治理体制机制，把握科普实践全球趋势，为新时代科普工作打造新起点。

一是对最新科研技术进行科学普及，使其满足新时代的发展需求。明确科学家及时将最新的科研动向、技术创新成果向公众传播的义务。出台政府采购科普产品实施细则，进一步落实科技人员参与科普工作激励措施，完善科普人才培养、晋升、评聘等制度，调动科普工作者的积极性。

二是进一步加强基层科协的使命和作用，逐步缩小科普差距。完善省、市、县、乡及部门协同推进公民科学素质工作机制，形成省、市、县、乡四级组织网络体系。建立目标考核机制，对相应单位进行激励或问责。组织编制科普地方标准和技术规范，为科普活动提供标准和技术规范指引服务，针对不同地区及人群制定人均科普经费分类标准。

三是进一步提升科普工作战略定位，加强科普宣传工作。加强科普对科技创新促进作用的梳理、总结，广泛开展科技领域经验和典型案例宣传，激发全国的创新热情和民族自信心。利用社会热点问题，借助互联网传播，进行科学思想、科学精神、科学方法的宣传普及。构建专业科学普及平台，鼓励公众通过官方渠道了解科普知识，解决社会问题，破除各种伪科学。

四是不断进行科普创新，增加科普产品的趣味性和互动性。建立与科技创新工作相匹配的科普内容方法和模式创新。根据不同地区经济、社会发展水平差异及不同群体的公民科学素质基础不平衡的状况，建立多层次和多元化的培育方式和内容。针对不同群体需求和条件，采取有针对性的培育手段或传播内容，注重差异化，使科普作品集美感、趣味性和科普性于一体，做到真正的有效传播。